Thomas Weber

Entwicklung und Optimierung von gradierten Wolfram/EUROFER97-Verbindungen für Divertorkomponenten

Schriftenreihe
des Instituts für Angewandte Materialien

Band 17

Karlsruher Institut für Technologie (KIT)
Institut für Angewandte Materialien (IAM)

Eine Übersicht über alle bisher in dieser Schriftenreihe erschienenen Bände finden Sie am Ende des Buches.

Entwicklung und Optimierung von gradierten Wolfram/EUROFER97-Verbindungen für Divertorkomponenten

von
Thomas Weber

KIT Scientific Publishing

Dissertation, Karlsruher Institut für Technologie (KIT)
Fakultät für Maschinenbau
Tag der mündlichen Prüfung: 8. November 2012

Impressum

Karlsruher Institut für Technologie (KIT)
KIT Scientific Publishing
Straße am Forum 2
D-76131 Karlsruhe
www.ksp.kit.edu

KIT – Universität des Landes Baden-Württemberg und
nationales Forschungszentrum in der Helmholtz-Gemeinschaft

KIT Scientific Publishing 2013
Print on Demand

ISSN 2192-9963
ISBN 978-3-86644-993-0

Entwicklung und Optimierung von gradierten Wolfram/EUROFER97-Verbindungen für Divertorkomponenten

Thomas Weber

Institut für Angewandte Materialien
Werkstoff- und Biomechanik

Von der Fakultät für Maschinenbau des
Karlsruher Instituts für Technologie genehmigte Dissertation

Karlsruher Institut für Technologie, Karlsruhe
2012

Tag der mündlichen Prüfung: 08.11.2012
Hauptreferent: PD Dr. Jarir Aktaa
Korreferent: Prof. Dr. rer. nat. Oliver Kraft
Korreferent: Prof. Dr.-Ing. Martin Heilmaier

Kurzfassung

Fusionsreaktoren stellen extreme Anforderungen an die darin verbauten Materialien. Die in dieser Arbeit betrachtete Reaktorbaugruppe, der Divertor, dient zur Befreiung des Fusionsplasmas von Verunreinigungen. Divertorkomponenten zukünftiger Fusionsreaktoren werden hohen Plasmateilchenflüssen ausgesetzt sein, was zu einer sehr starken Oberflächenerosion und hohen Wärmebelastungen (bis zu 15 MW/m²) führt. Als sehr hitzebeständige Materialien zeichnen sich insbesondere Wolfram sowie Wolframlegierungen aus und finden deshalb Verwendung im aktuellen vom Karlsruher Institut für Technologie (KIT) entwickelten heliumgekühlten Divertor. Allerdings ist der Einsatz von Wolfram, aufgrund der Sprödigkeit bei tiefen Temperaturen, auf Bereiche hoher Temperaturen (> 650 °C) der Komponente beschränkt, sodass eine Verbindung zu anderen duktileren Materialien, wie dem ferritisch-martensitischen Stahl EUROFER97 bzw. ODS-EUROFER, notwendig ist.

Eins der schwierigsten Probleme beim Fügen von Materialien mit unterschiedlichen thermischen Ausdehnungskoeffizienten, wie in diesem Fall Wolfram und Stahl, sind die resultierenden thermischen Spannungen, die zum Versagen der Verbindung führen. Der hier gewählte Ansatz zur Reduzierung der thermischen Spannungen ist die Platzierung einer funktional gradierten Schicht zwischen den zu fügenden Materialien.

Mithilfe der Finite-Elemente-Methode wurde zunächst das Potential einer solch gradierten Wolfram/EUROFER97-Verbindung anhand des aktuellen Divertor-Designs untersucht. Dazu wurden elasto-plastische als auch elasto-viskoplastische Simulationen bei Variation der Schichtdicke, Schichtorientierung und Verlauf der Gradierfunktion unter einsatzähnlichen Bedingungen durchgeführt. Die resultierenden Spannungen und Dehnungen dienten als Grundlage zur Auswertung als auch zur Optimierung der Verbindungsschichtparameter.

Zeitgleich dazu erbrachte ein Sichten und Bewerten von Herstellungsverfahren detaillierte Informationen über dessen Eignung für die Herstellung von gradierten Wolfram/EUROFER97-Verbindungen. Darauf basierend wurden vier Verfahren (Magnetron-Sputtern, Vakuum-Plasmaspritzen,

Widerstandssintern unter ultrahohem Druck und Explosivverdichten) ausgewählt und im Rahmen von Instituts-Kooperationen zur Herstellung von Wolfram/EUROFER97-Materialien angewendet. Nach erfolgreicher Produktion und Charakterisierung ungradierter Proben wurden gradierte Schichten mit EUROFER97- bzw. Wolframvollmaterial mittels Diffusionsschweißen gefügt. Abschließende Thermozyklierversuche zwischen Raumtemperatur und 650 °C deckten das Potential der berücksichtigten Herstellungsverfahren auf.

Abstract

Divertor components of future fusion reactors will be subjected to high plasma particles fluxes resulting in very strong surface erosion and high heat loads (up to 15 MW/m^2). As highly heat-resistant materials in particular tungsten and tungsten alloys are promising candidates, and are therefore used in the current helium cooled divertor design, which is developed at KIT. However, the use of tungsten is limited, due to the brittleness at low temperatures, to areas of high temperatures (> 650 °C) of the component. Thus, a joint to other ductile materials, such as the ferritic-martensitic steel EUROFER97 or ODS-EUROFER, is necessary.

One of the most difficult problems when joining materials with different thermal expansion coefficients, as in this case tungsten and steel, are thermal induced stresses that lead to the failure of the joint. The approach taken for the reduction of thermal stresses is the placement of a functionally graded layer between the materials to be joined.

The potential of such a graded tungsten/EUROFER97 joint has been examined using the finite element method based on the current divertor design. Elasto-plastic and elasto-viscoplastic simulations have been performed by varying the layer thickness, layer orientation and transition function. The resulting stresses and strains were used as basis for evaluation and optimization of joining parameters.

At the same time a theoretical screening of manufacturing procedures provided detailed information about its suitability for the production of graded tungsten/EUROFER97 joints. Based thereon, four methods (magnetron sputtering, vacuum plasma spraying, resistance sintering under ultra high pressure and explosive compaction) were selected and applied in cooperation with external institutes for the production of tungsten/EUROFER97 composites. After successful production and characterization of ungraded samples, graded layers were joined by diffusion welding with bulk tungsten and EUROFER97 respectively. Final thermal cycling experiments between room temperature and 650 °C revealed the potential of the considered manufacturing methods.

Inhaltsverzeichnis

1 Einleitung

Die Fusionstechnologie könnte den Wunsch nach einer sauberen, unerschöpflichen und sicheren Energiequelle, wie sie derzeit gefragt ist wie nie zuvor, eines Tages in Erfüllung gehen lassen. Im Vergleich zur Verbrennung von fossilen Brennstoffen ist die Fusionstechnologie emissionsarm und für lange Zeit verfügbar. Sie ist darüber hinaus auch inhärent sicher im Vergleich zur Kernenergie. Abgesehen von der bis dato ungeklärten Problematik der Endlagerung des atomaren Abfalls, birgt die Kerntechnik das Risiko der unkontrollierbaren Kernschmelze. GAU-Szenarien wie in Tschernobyl (1985) bzw. Fukushima (2011) sind bei einem Fusionsreaktor ausgeschlossen. Nichtsdestotrotz ist die wirtschaftliche Nutzung der Fusionstechnologie aufgrund unterschiedlichster technischer Hürden noch nicht absehbar. Insbesondere ist die Materialwissenschaft gefordert, da die eingesetzten Werkstoffe durch Temperatur und Bestrahlung bis aufs Äußerste belastet werden. Das Ziel dieser Dissertation ist, der Bewältigung einer dieser Fragestellungen näher zu kommen.

1.1 Fusionstechnologie

Die Fusionstechnologie basiert auf dem Prinzip der Kernfusion, dem Verschmelzen zweier Atomkerne zu einem neuen Kern. Läuft dieser Prozess umgekehrt ab, so handelt es sich um Kernspaltung. Interessanterweise wurde der Effekt der Kern-Fusion (Ernest Rutherford, 1919) bereits vor der -Spaltung (Otto Hahn, Lise Meitner und Fritz Straßmann, 1938) entdeckt, während die heutige technische Nutzung der Kernspaltung viel weiter vorangeschritten ist. Bedingung für das Zustandekommen des Fusionsprozesses ist die Überwindung der sogenannten Coulomb-Energie, entstehend durch die elektrische Abstoßung der beiden positiv geladenen Kerne, sodass ein genügend kleiner Abstand im Bereich von 10^{-15} m die starke Wechselwirkung zwischen beiden Kernen ermöglicht und diese verschmelzen lässt. Ob eine gegebene Kernfusion endo- oder exotherm verläuft, hängt von der Energiebilanz der Ausgangs- und Endprodukte ab. Zu berücksichtigen sind dabei die kinetischen Energien, die Bindungsenergien und letztlich die Energie der Massen gemäß der Einsteinschen Relativitätstheorie. Von entscheidender Bedeutung für das Zustandekommen einer Kernfusion ist der Wirkungsquerschnitt, der als Maß für die Wahrscheinlichkeit, dass die zusammenstoßenden Kerne miteinander reagieren, betrachtet werden kann. Zieht man das Proton, Wasserstoff-, Helium-, und Lithium-Atom bzw. die entsprechenden Isotope als Reaktionsteilchen in Betracht, so ergibt sich eine beachtliche Anzahl an Kombinationsmöglichkeiten, die jeweils ihren spezifischen Wirkungsquerschnitt und Energiebilanz aufweisen. Als am besten geeignet hat sich die Deuterium-Tritium-Reaktion aufgrund des hohen Wirkungsquerschnittes und der frei werdenden thermischen Energie erwiesen. Doch neben einem hohen Wirkungsquerschnitt sind auch eine hohe Temperatur, eine hohe Teilchendichte sowie eine lange Einschlussdauer elementar wichtig für das Zustandekommen von Fusionsreaktionen. Die hohe Temperatur impliziert große kinetische Energien der Reaktionsteilchen und die hohe Teilchendichte bzw. Einschlussdauer erhöht die Häufigkeit zweier möglicher Zusammenstöße. Zwei verschiedene technische Ansätze, der magnetische und der Trägheits-Einschluss, legen den Schwerpunkt jeweils auf zwei dieser drei Aspekte. Während bei der Trägheitsfusion das Deuterium-Tritium-Gemisch im festen Aggregatszustand ($T < 20$ K [1]) in kürzester Zeit ($\tau < 10^{-10}$ s [2]) extrem verdichtet ($\eta = \sim 10^{30}$ m^{-3} [2]) und aufgeheizt ($T \sim 10^{8}$-10^{10} °C [2]) wird, nutzt man bei der Fusion mittels magnetischen Einschlusses ein extrem heißes ($T \sim 1{,}5 \cdot 10^{8}$ °C [3]) Plasma im Grobvakuum ($\eta = \sim 10^{19}$ m^{-3} [4]) über relativ lange Zeiträume ($\tau > 1$ s [5][6]). Die Themenstellung dieser Arbeit bewegt sich im Bereich der Forschung zur Fusion mit magnetischem Einschluss, welche die Lorentz-Kraft, die im Magnetfeld auf sich bewegende geladene Teilchen wirkt, nutzt, um die Teilchen nahe an den in sich geschlossenen Magnetfeldlinien zu halten. Die geladen Teilchen bewegen sich dabei in helixförmigen Bahnen entlang der Magnetfeldlinien.

Der derzeit größte und fortschrittlichste Experimental-Fusionsreaktor, mit der engl. Bez. International Thermonuclear Experimental Reactor, kurz ITER, wird im Rahmen eines internationalen Forschungsprojektes in Cadarache, Frankreich, gebaut. Beteiligt sind derzeit die Nationen Japan, Russland, Volksrepublik China, Südkorea, Indien, USA sowie die Europäische Atomgemeinschaft. Der geplante Reaktor arbeitet nach dem Tokamak-Prinzip, welches zwei Spulen-Systeme, bestehend aus toroidaler und poloidaler Feldspule, vorsieht um in der Summe mit dem Plasmastrom ein verdrilltes torusförmiges Magnetfeld aufzubauen.

DEMO (engl. DEMOnstration Power Plant) ist ein geplanter, aber noch nicht beschlossener Fusionsreaktor, der nach erfolgreichem Abschluss von ITER als erster Kernfusionsreaktor elektrischen Strom über einen längeren Zeitraum erzeugen soll. Ziel ist die Vorführung eines Kernfusionsreaktors mit einer positiven Energiebilanz.

Neben diversen Problemstellungen, wie z. B. Sicherheit, Abfallmanagement, Plasmasteuerung, Vakuumbehälter, Fernwartung, Brennstoff- und Tritium-Handhabung ist die Materialwissenschaft insbesondere bei der Anwendung von Plasmawand- und Hochtemperaturbauteilen gefragt. Das Zusammenwirken von zyklischer Belastung, bedingt durch das Tokamak-Prinzip, intensiver Teilchenbestrahlung aus dem Plasmainneren, hohen Temperaturen sowie begrenzter Auswahl an chemischen Elementen (lediglich niedrigaktivierbare Elemente mit kurzer Zerfallsdauer stehen zur Verfügung) bildet eine große Herausforderung für die Materialwissenschaft und erfordert deshalb ein umfassendes Verständnis der eingesetzten Materialien. Als Beispiel sei hier die Schädigung durch Bestrahlung im geplanten DEMO-Reaktor genannt, die für Innenwandkomponenten mit 30 dpa pro Jahr abgeschätzt wird [7]. Weiterhin erwartet man eine Transmutation des Wolframs, je nach angenommenen mathematischen Modell, in ~6 At.-% Rhenium und ~3 At.-% Osmium während einer 5 jährigen Betriebszeit [8]. Übliche Strahlenbelastungen in der Kerntechnik erreichen bis zu 60 dpa bei den Kerneinbauten und 10 dpa bei der Brennelementhülle [9] für die gesamte Lebensdauer eines Leichtwasserreaktors. Dies entspricht bei einer Lebensdauer von 40 Jahren rund wenigen dpa pro Jahr. Für die geplanten Kernreaktoren der 4. Generation werden hingegen ebenfalls Materialschädigungen von bis 150 dpa in Betracht gezogen [10]. Strahlungsdosen und -spektren wie sie im DEMO-Reaktor erwartet werden, können derzeit in keiner Anlage reproduziert werden, sodass man auf eine speziell hierfür zu errichtende experimentelle Anlage, wie z. B. der geplanten International Fusion Materials Irradiation Facility (IFMIF), angewiesen ist.

1.2 Divertor-Komponenten

Divertorkomponenten werden in der Fusionstechnologie zum Abführen von Reaktionsprodukten, welche im Reaktorplasma entstehen, verwendet. Das Aufnehmen hochenergetischer Teilchen geht mit einem imensen Wärmefluss einher, der die eingesetzten Materialien stark belastet. Ein sehr geeignetes Material für diesen Einsatzzweck ist Wolfram durch seine hohe Hitzebeständigkeit und extrem hohen Schmelzpunkt. Der Nachteil von Wolfram ist die Sprödigkeit bei Temperaturen unterhalb von 650 °C, sodass der Einsatz von duktilen Materialien wie Kupfer oder Stahl in kälteren Bereichen der Struktur erforderlich ist. Ein vielversprechender Stahl für den Einsatz in Fusionsanlagen ist EUROFER97 [11][12], zum einen wegen der hohen Arbeitstemperatur von 550 °C und zum anderen durch die geringe Aktivierbarkeit durch radioaktive Strahlung [13]. Erreicht wird die geringe Aktivierbarkeit durch den ausschließlichen Einsatz von gering aktivierbaren Elementen. Dabei kommt es lediglich auf den Atomkern an, wohingegen die Elektronenschale irrelevant ist. Die oxiddispergierte Variante von EUROFER97, genannt ODS-EUROFER [14], hat sogar eine vorgesehene Arbeitstemperatur bis 650 °C.

Die Arbeitsgruppe von Herrn Norajitra des KIT entwickelt derzeit Konzepte eines heliumgekühlten Divertors für Fusionsreaktoren nach ITER. Die Überlegungen dieser Dissertation beziehen sich insbesondere auf den „helium-cooled divertor with multiple-jet cooling“ (HEMJ) Designtyp (siehe [15] bzw. Abb. 1.1). Das Design sieht eine maximale Wärmeleistungsabfuhr von 10 MW/m² vor. Es basiert auf eine Verbindung zwischen dem röhrenförmigen Stahlsockel und der Wolframkappe. In einem frühen Entwicklungsstadium sah man einen Kupferschrumpfring vor, der beide Teile verbinden sollte.

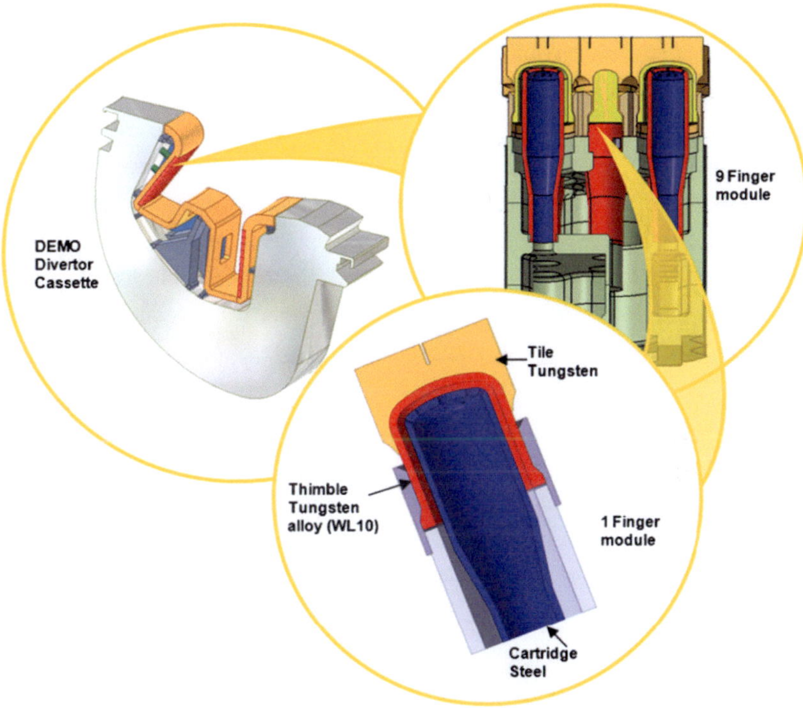

Abb. 1.1: Skizzen der Divertor-Kassette, des 9-Finger-Moduls und eines einzelnen Fingermoduls [16].

Bestrahlungsexperimente mit Elektronen führten jedoch bei dieser Verbindungsmethode bereits nach sehr wenigen thermischen Zyklen zu einem Heliumleck. Ebenso konnten Lötverbindungen dieses Problem nicht beheben [17][18]. Die Idee dieser Arbeit ist der Einsatz gradierter Verbindungsschichten aus Wolfram und EUROFER97 zur Reduzierung von thermisch induzierten Spannungen.

1.3 Funktional gradierte Werkstoffe und Verbindungen

Das Konzept von funktional gradierten Werkstoffen wurde zum ersten Mal in der Weltraumforschung von japanischen Wissenschaftlern im Jahre 1984 aufgegriffen [19]. Die Problemstellung rührte von einem Temperaturgradienten von 1000 K über eine Länge von 1 cm im Bereich des Hitzeschildes

von Raumschiffen her. Zwar bewegte man sich beim Bauteildesign bei sehr hohen Temperaturen im duktilen Bereich, sodass ein Werkstoff ausreichend wäre, aber der starke Temperaturgradient führt zu thermisch induzierten Spannungen, die zum Bruch führen können. Die Wahl von Werkstoffen mit entsprechenden thermischen Ausdehnungskoeffizienten je nach Position und Temperatur im Gradienten war somit die Lösung des Problems.
Auch in der Fusionstechnologie ist der Einsatz von funktional gradierten Materialien nicht neu. Für das geplante ITER-Experiment wurde der Einsatz von gradierten Wolfram-Kupfer-Verbindungen bei wassergekühlten Divertoren untersucht [20][21][22][23][24][25].
Die Problemstellung der vorliegenden Arbeit beinhaltet zwar ebenfalls einen Temperaturgradienten entlang der Divertorkomponente, dieser wird jedoch bei den FEM-Analysen aufgrund der geringen Relevanz (ca. 100 K im Bereich der Verbindung [16]) sogar vernachlässigt. Der Temperaturgradient entlang der gesamten Divertorkomponente (> 1000 K [16]) wirkt sich jedoch auf die Materialwahl aus, da jeder Werkstoff nur in einem gewissen Temperaturfenster einsetzbar ist. Deshalb steht hier die Verwendung zweier Materialien mit unterschiedlichen thermischen Ausdehnungskoeffizienten α_{th} im Vordergrund. Der Sprung von α_{th} entlang der Verbindung führt zu thermisch induzierten Spannungen sowie zum Versagen des Bauteils. Ein stetiger Verlauf des thermischen Ausdehnungskoeffizienten hilft im wortwörtlichen Sinne die Situation zu entspannen.
Natürlich lässt sich der Verlauf des thermischen Ausdehnungskoeffizienten nicht allein festlegen, sondern geht im besten Falle einher mit sämtlichen Eigenschaften der beiden begrenzenden reinen Materialien. Hierbei wird die Formulierung „im besten Falle“ benutzt, da sich es sich bei den beiden Ausgangsmaterialien um Werkstoffe mit optimierten Eigenschaften handelt und es bei der gradierten Zwischenschicht unweigerlich zur Bildung von intermetallischen Phasen und inkohärenten Phasenübergängen kommt.

1.4 Die Strukturmaterialien

Insgesamt vier verschiedene Materialien (Wolfram, Wolfram-Dilanthantrioxid, EUROFER97, ODS-EUROFER) wurden im Rahmen dieser Arbeit in Betracht gezogen und seien im Folgenden kurz vorgestellt.

1.4.1 Wolfram

Von allen reinen Metallen weist Wolfram den höchsten Schmelzpunkt bei 3423±30 °C auf [26][27]. Diese Eigenschaft korreliert meistens mit vorteilhaften Materialeigenschaften bei sehr hohen Temperaturen, wie z. B. einer hohen Hitze- und Kriechbeständigkeit. Des Weiteren ist eine geringe Sputtererosion, hohe Zugfestigkeit, gute thermische Leitfähigkeit sowie eine akzeptabel geringe Aktivierbarkeit zu verzeichnen. Demgegenüber stehen jedoch auch diverse Nachteile. Darunter fallen die Sprödigkeit bei tiefen Temperaturen sowie die Versprödung und Transmutation zu Rhenium [28] durch Neutronenbestrahlung. Der Spröd-Duktil-Übergang liegt je nach Kornorientierung zwischen 370 und 430 °C [29][30]. Das in dieser Arbeit verwendete Wolframvollmaterial wird vom Lieferanten Plansee in einer ersten Verdichtungsstufe durch Matrizen- bzw. kaltisostatischem Pressen, anschließendem Sintern bei 2000-2500 °C, Heißwalzen und abschließendem Glühen [31] hergestellt. Die Herstellerangaben bzgl. thermischen Ausdehnungskoeffizient, 0,2 %-Dehngrenze und Zugfestigkeit sind in Abb. 1.2 dargestellt. Verwendete Wolframpulver werden in den Kapiteln 5.2, 5.3 und 5.4 nochmals gesondert beschrieben.

1.4.2 Wolfram-Dilanthantrioxid

Die österreichische Firma Plansee AG führt unter dem Produktnamen WL10 eine Wolframlegierung mit verbesserten Materialeigenschaften im Vergleich zum reinen Wolfram. WL10 ist eine mit Lanthanoxid dotierte W-Basislegierung. Der Gehalt an La_2O_3 beträgt dabei 1 Gew.-%. Das Gefüge und somit die Eigenschaften des Werkstoffes sind wie beim reinen Wolfram stark vom Umformgrad abhängig. Laut Angaben des Herstellers bietet WL10 folgende Vorteile [31]:

- bessere Kriechbeständigkeit
- höhere Rekristallisationstemperatur
- höhere Warmfestigkeit
- bessere Bearbeitbarkeit

Die Spannungs-Dehnungs-Kurven (Abb. 1.3) von W und WL10 sind nahezu deckungsgleich, weswegen beide Materialien in den FEM-Simulationen nicht weiter unterschieden werden.

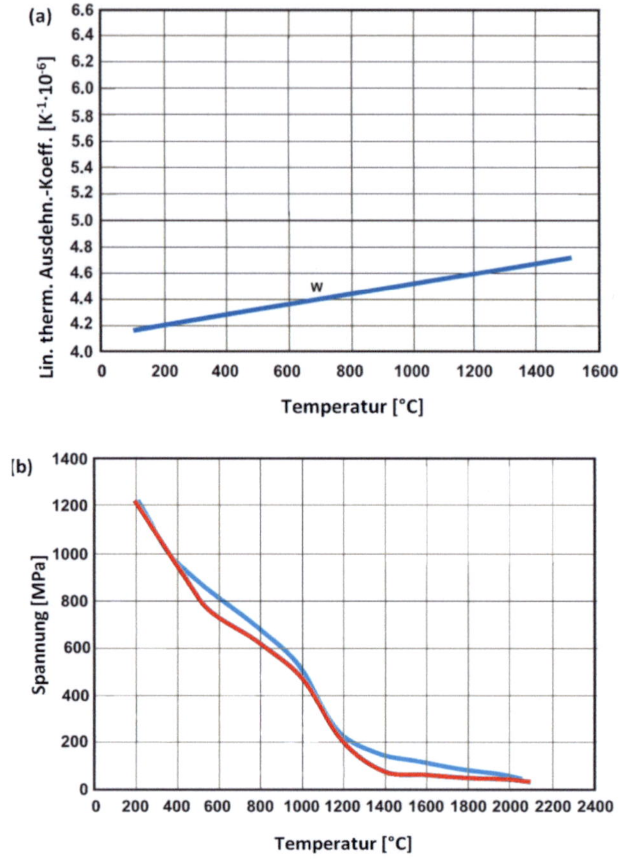

Abb. 1.2: (a) Linearer therm. Ausdehnungskoeffizient sowie (b) 0,2%-Dehngrenze (in rot) und Zugfestigkeit (in blau) von W (Blechmaterial, 1 mm Dicke, spannungsarmgeglüht) in Abhängigkeit der Temperatur [31].

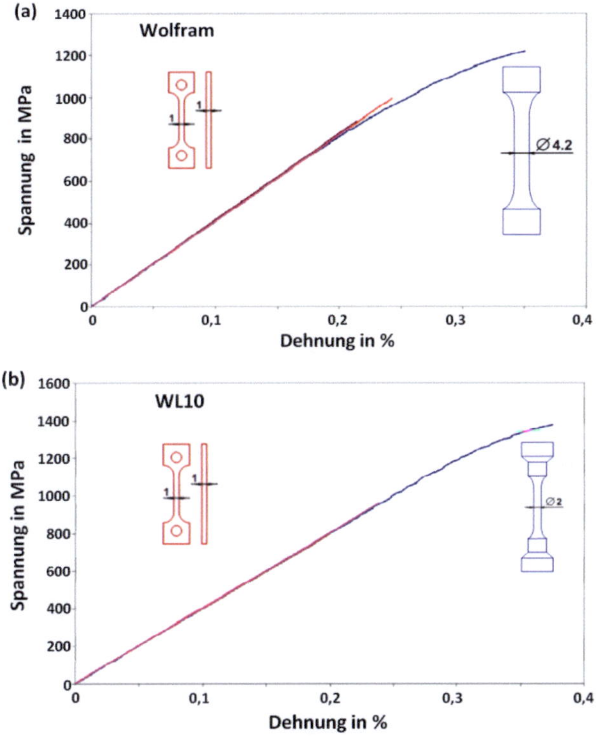

Abb. 1.3: Spannungs-Dehnungs-Kurven von (a) W und (b) WL10 [32]. Die Messung einer Flachzugprobe ist in rot und die einer Rundzugprobe ist in blau dargestellt.

1.4.3 EUROFER97

Stahl ist aufgrund der geringen Kosten und seiner Vielseitigkeit als Strukturmaterial in der heutigen Welt nicht mehr wegzudenken. Auch in der Fusionstechnologie besteht der Bedarf, Stahl als kostengünstigen Werkstoff überall einzusetzen wo es möglich ist. Aufgrund der hohen Strahlenbelastung für das Material in einem Fusionsreaktor und dem Ziel radioaktiven Abfall so gut wie möglich zu vermeiden, erfolgte eine sehr sorgfältige Wahl der Legierungselemente. Im Laufe der Forschungsentwicklung kristallisierte sich hierbei die ferritisch martensitische Mikrostruktur als die vielversprechendste heraus.

Die Entwicklung und Charakterisierung von EUROFER97 erstreckt sich über fast zwei Jahrzehnte, in denen mehrfach Schmelzchargen hergestellt wurden. Insbesondere seien hier die erste größere Charge (3,5 t, Ergebnisse publiziert in [33]) und die zweite größere Charge (8 t, Ergebnisse publiziert in [34]) genannt. Das in dieser Arbeit verwendete EUROFER97 ist zu Platten (25 mm Dicke) gefertigtes Material der zweiten Charge mit der Bezeichnung 993402, welches bei 980 °C für 30 min normalisiert und anschließend bei 760 °C für 90 min angelassen wurde. Die chemische Spezifikation sowie die tatsächlich identifizierte Zusammensetzung bei chemischen Analysen sind in Tab. 1.1 angegeben.

Element	Spezifikation Minimum	Spezifikation Maximum	chem. Analyse d. Herstellers	chem. Analyse KIT-intern
Cr	8,5	9,5	8,95	8,89 ± 0,16
C	0,09	0,12	0,105	0,0096 ± 0,003
Mn	0,2	0,6	0,55	0,530 ± 0,002
P	0	0,005	0,0025	< 0,0015
S	0	0,005	0,001	< 0,001
V	0,15	0,25	0,202	0,180 ± 0,006
B	0	0,001	0,0008	0,00024 ± 0,00001
N_2	0,015	0,045	0,038	0,0370 ± 0,0006
O_2	0	0,01	0,0011	0,0037 ± 0,0002
W	1,0	1,2	1,04	1,059 ± 0,005
Ta	0,05	0,09	0,140	0,148 ± 0,005
Ti	0	0,01	-	-
Nb	0	0,001	0,004	0,000041 ± 0,000001
Mo	0	0,005	0,005	0,00037 ± 0,00001
Ni	0	0,005	0,030	0,0183 ± 0,0006
Cu	0	0,005	0,005	0,0032 ± 0,0002
Al	0	0,01	0,005	0,0155 ± 0,0003
Si	0	0,05	-	-
Co	0	0,005	0,009	0,0032 ± 0,0001
As+Sn+Sb+Zr	0	0,05	< 0,009	< 0,001

Tab. 1.1: Spezifikation sowie Ergebnisse chem. Analysen der Teilcharge 993402 von EUROFER97-2 [34]. (Angaben in Gewichtsprozent)

Zwar wird in der Literatur zur namentlichen Unterscheidung die zweite Charge mit EUROFER97-2 bezeichnet, doch da hier ausschließlich EUROFER97-2 verwendet wurde, wird auf die explizite Angabe des Suffixes „-2“ verzichtet. Kornvergrößerung tritt bei EUROFER97 ab Temperaturen von 1050 °C auf [35]. Eine Teil-Austenitisierung geschieht bereits ab

800 °C und die vollständige Austenit-Bildung bei 900 °C [34]. Die Dichte von EUROFER97 beträgt nach eigener Messung 7,866 g/cm³. Der lineare therm. Ausdehnungskoeffizient wird in [36] mit α_{th}=12,7·10^{-6} K^{-1} angegeben und wurde dabei anhand von Röntgendiffraktometrie-Spektren bestimmt.

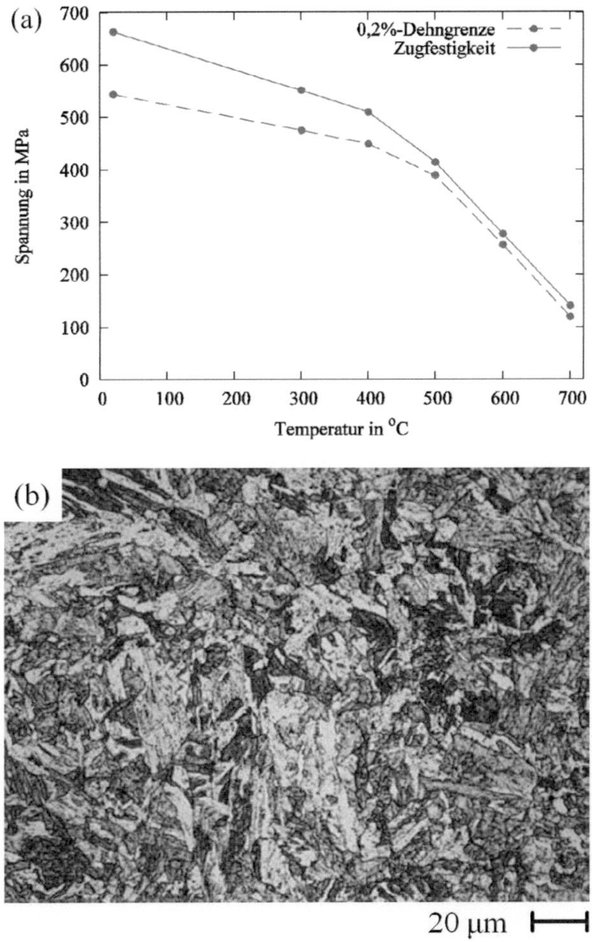

Abb. 1.4: (a) 0,2%-Dehngrenze sowie Zugfestigkeit der Teilcharge 993402 von EUROFER97-2 in Abhängigkeit der Temperatur [34]. (b) Mikrostruktur der geätzten polierten Oberfläche desselben Materials [34].

Die Spröd-Duktil-Übergangstemperatur befindet sich je nach Orientierung im Temperaturbereich zwischen -80 °C und -120 °C [34]. Abb. 1.4 zeigt mechanische Eigenschaften beim einachsigen Zugversuch sowie eine lichtmikroskopische Aufnahme der geätzten Oberfläche.

1.4.4 ODS-EUROFER

Das im vorigen Abschnitt beschriebene EUROFER97 ist für Anwendungen bis zu einer Temperatur von 550 °C entwickelt worden. Zum Zwecke einer weiteren Effizienzsteigerung eines zukünftigen Fusionsreaktors wird die Entwicklung eines oxiddispersionsgehärteten Stahls, welcher für Temperaturen bis zu 650 °C einsetzbar ist, angestrebt. Diese erweiterte Einsetzbarkeit ist hauptsächlich in einem verbesserten Kriechverhalten begründet. Die Oxiddispersionshärtung ist eine Form von Teilchenhärtung, bei der Oxidpartikel ein Hindernis für Versetzungsbewegungen darstellt. Neben der Kriechfestigkeit bei hohen Temperaturen kann somit auch die Zugfestigkeit angehoben werden. Ergebnisse von Zeitstandversuchen und Zugversuchen des hier betrachteten ODS-EUROFER-Plattenmaterials können in Tab. A.1 bzw. in Abb. A.1 des Anhang A eingesehen werden.

Anders als EUROFER97, welches schmelzmetallurgisch produziert wird, sind die bisherigen ODS-Prototypen pulvermetallurgisch entstanden [37]. Diverse Prototyp-Chargen wurden am Centre of Researching Plasma Physics (CRPP) in der Schweiz [38] gefertigt. Dazu wurde zunächst gewöhnliches EUROFER97-Material pulververdüst und gesiebt. Die Partikel mit einem Durchmesser kleiner als 45 µm wurden anschließend mit Y_2O_3-Partikel für 24 Stunden in einer Kugelmühle unter Argon-Atmosphäre vermischt. Der Gewichtsprozentanteil der Yttriumoxide beträgt dabei 0,3 und die Ausgangspartikelgröße 10-30 nm. Der nächste Herstellungsschritt bestand aus dem uniaxialen Vorkompaktieren bei 35 MPa und 1100 °C für 7 Minuten unter leichtem Vakuum bei 150 mBar um die Porosität weitestgehend zu senken. Die abschließende hydrostatische Kompaktierung geschah bei 180 MPa und 1000 °C für 1 Stunde.

1.5 Konzeptionelle Vorgehensweise

Ziel dieser Arbeit ist die Entwicklung und Optimierung einer geeigneten gradierten Fügemethode von Wolfram und EUROFER97 für den Einsatz in Divertorkomponenten. Dazu wurde zunächst auf theoretischer Ebene der zu erwartende Vorteil eines gradierten Übergangs gegenüber einer Direktverbindung bzw. Lötverbindung abgeschätzt. Zu diesem Zweck wurden FEM-Simulationen durchgeführt, die Aufschluss über die auftretenden Spannungen und inelastischen Dehnungen geben. Weitergeführt wurde die Analyse durch eine Abschätzung der Kriechschädigung, Ermüdung und Ausfallwahrscheinlichkeit unter betriebsähnlichen Bedingungen. Diese Informationen ermöglichen es Anforderungsmerkmale der Verbindungsschicht bezüglich Schweißtemperatur, Dicke, Neigung und Gradierungsverlauf abzuleiten. Die Ergebnisse dieser theoretischen Analyse sind in Kapitel 2 dargelegt.

Basierend auf den Anforderungsmerkmalen der gradierten Schicht wurden in einem zweiten Arbeitsschritt geeignete Herstellungsprozesse ausfindig gemacht. Eine umfassende theoretische Betrachtung der technischen Aspekte in Hinblick auf die Machbarkeit und der zu erwartenden Schichtqualität wird in Kapitel 3 beschrieben. Einige Informationen werden dabei anhand bereits vorhandener Erkenntnisse des Wolfram-Kupfer-Systems abgeleitet. Bei dieser Bewertung wurden vier Verfahren ausgewählt und in Kooperation mit externen Partnern experimentell erprobt. Hier sei erwähnt, dass diese Verfahren nicht kompromisslos den abgeschätzten Anforderungen gerecht werden. Jedes Verfahren bietet Vor- und Nachteile und zeigte auch erst im Experiment spezifische Probleme, die sukzessive ausgemerzt werden konnten bzw. teilweise noch ungelöst sind.

Kapitel 4 umfasst eine detaillierte Beschreibung der in dieser Arbeit verwendeten materialwissenschaftlichen Analysemethoden. Die experimentellen Ergebnisse dieser Analysen sind in Kapitel 5 zusammengefasst. Die konzeptionelle Vorgehensweise bei der Herstellung gradierter Schichten war dabei für jedes ausgewählte Verfahren gleich. Zunächst wurde die Machbarkeit experimentell überprüft, ob das jeweilige Verfahren für die Herstellung von ungradierten Wolfram/EUROFER97-Kompositen geeignet ist. Nach erfolgreicher Charakterisierung der ungradierten Proben, folgte in einem zweiten Schritt die Herstellung gradierter Schichten. Diese wurden in einem weiteren Schritt mit Wolfram- und EUROFER97-Vollmaterial gefügt. Ein abschließender Thermozyklierversuch der gefügten Bauteile, welche die relevante röhrenförmige Geometrie aufweisen, belegte die prinzipielle Eignung gradierter Wolfram/EUROFER97-Verbindungen für Divertor-Komponenten.

2 FEM-Analyse

Eine der schwerwiegendsten Problematik beim Fügen von Materialien mit unterschiedlichen thermischen Ausdehnungskoeffizienten, wie z. B. Wolfram und Stahl, sind thermisch induzierte Spannungen, die ein Versagen der Verbindung verursachen können. Eine Möglichkeit diese Beanspruchung zu reduzieren besteht darin, eine funktional gradierte Schicht zwischen den zu verbindenden Materialien einzufügen, die einen kontinuierlichen, statt unstetigen, Verlauf der Materialeigenschaften gewährt. Verschiedene Varianten solch gradierter Verbindungen wurden mithilfe der Finite-Elemente-Methode (FEM) analysiert. Anhand eines vereinfachten Modells wurden sechs verschiedene Übergangsverläufe miteinander verglichen. Betrachtet wurden die direkte, die gelötete und die linear gradierte Verbindung sowie drei weitere Übergangs-Funktionen, die zwei bzw. vier Zwischenschichten sowie einen quadratischen Übergang (siehe Abb. 2.1) repräsentieren. Der quadratische Übergang wird durch eine quadratische Funktion beschrieben, dessen Funktionsargument die y-Position und der Funktionswert das Gradierungsniveau ist. Das Ziel der Simulation ist es, das Potenzial der Gradierung bezüglich der Verringerung der Eigenspannungen und damit verbundenen Verbesserung der thermo-mechanischen Eigenschaften und des Versagensverhaltens der Verbindung zu identifizieren. Somit erlauben die durchgeführten FEM-Simulationen eine Ableitung der optimalen Schichtdicke für die Herstellung der heliumgekühlten Divertorkomponente mit gradierter Verbindungsschicht.

In den numerischen Simulationen entsprechen sämtliche Materialeigenschaften (thermischer Ausdehnungskoeffizient, Streckgrenze, Elastizitätsmodul, Kriechparameter) dem Gradierungsniveau. In den Kapiteln 2.4, 2.5 und 2.6 wurden diese sechs verschiedene Verläufe der Materialeigenschaften entlang der Verbindungsschicht, wie in Abb. 2.1 dargestellt, numerisch analysiert.

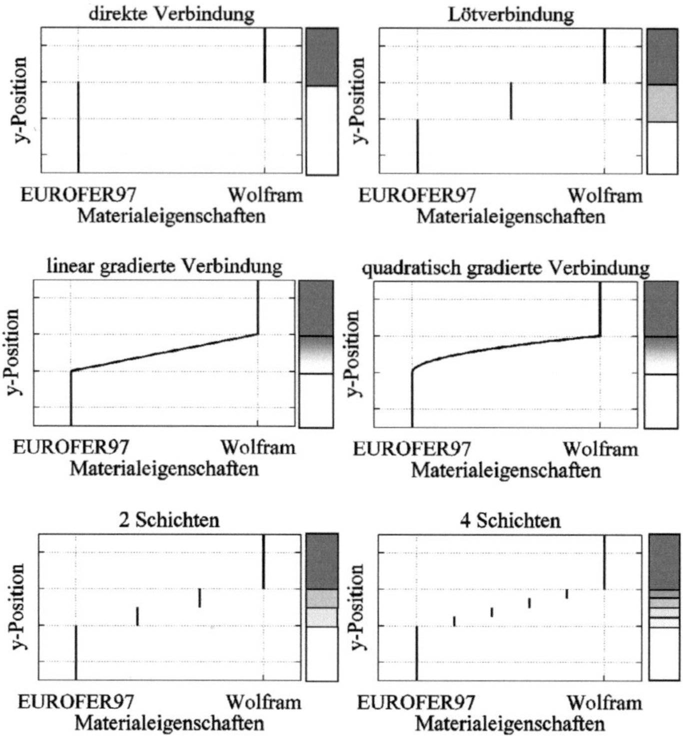

Abb. 2.1: Verlauf der Materialeigenschaften entlang der Verbindung für eine direkte, gelötete und linear gradierte Verbindung sowie für eine Verbindung bestehend aus 2 Schichten, 4 Schichten und einer quadratischen Gradierung.

2.1 Theoretische Überlegungen

In den Simulationen wird davon ausgegangen, dass jede Materialeigenschaft, vom thermischen Ausdehnungskoeffizienten über dem E-Modul bis zur Streckgrenze, in einem linearen Zusammenhang zum Gradierungsniveau steht. Die Berechtigung dieser Annahme soll im Folgenden diskutiert werden.

Die Literatur bietet eine Vielfalt an theoretischen Modellen (Turner [39], Kerner [40], Thomas [41], Tummala & Friedberg [42], Taya [43]) für die Abschätzung des **thermischen Ausdehnungskoeffizienten** α_{th} für zweiphasige Komposite. Weitere Modelle (Schapery, Chamis, Rosen & Hashin) beschreiben unter anderem das Verhalten von faserverstärkten Kompositen. Dabei handelt es sich nicht in allen Fällen um metallische Komposite, sondern auch um Polymere (Turner, Thomas) und Keramiken (Taya). Prinzipiell vorstellbar ist eine Abhängigkeit von α_{th} basierend auf der Volumen-, Massen- sowie Atomkonzentration. Durchgesetzt hat sich jedoch in allen theoretischen Modellen, diese in Abhängigkeit der Volumenkonzentration zu beschreiben. Im Folgenden soll die lineare Variante mit den beiden bekanntesten Modellen, von Turner und Kerner, sowie dem Modell von Thomas miteinander verglichen werden:

Lineare Interpolation: $$\alpha_k = \alpha_m v_m + \alpha_p v_p \quad (2.1)$$

Modell von Turner [39]: $$\alpha_k = \frac{\alpha_m v_m K_m + \alpha_p v_p K_p}{v_m K_m + v_p K_p} \quad (2.2)$$

Modell von Kerner [40]: $$\alpha_k = \frac{\frac{\alpha_m v_m K_m}{3K_m + 4G_m} + \frac{\alpha_p v_p K_p}{3K_p + 4G_m}}{\frac{v_m K_m}{3K_m + 4G_m} + \frac{v_p K_p}{3K_p + 4G_m}} \quad (2.3)$$

Modell von Thomas [41]: $$\alpha_k = {\alpha_m}^{v_m} + {\alpha_p}^{v_p} \quad (2.4)$$

wobei α_i den therm. Ausdehnungskoeffizienten, v_i die Volumenkonzentration, K_i der Kompressionsmodul, ν_i die Querkontraktionszahl und $G_i = \frac{E_i}{2(1+\nu_i)}$ den Schermodul der jeweiligen Phase i darstellt. Die Indizes k, m und p stehen für das Komposit, die Matrix-Phase und die Partikel-Phase. Abb. 2.2 stellt diese drei Modelle sowie die lin. Interpolation einander gegenüber für ein Wolfram/EUROFER97-Komposit. Deutlich erkennbar ist eine Tendenz der Modelle, kleinere Ausdehnungskoeffizienten vorherzusagen als dies bei der linearen Interpolation der Fall ist. Während das Modell von Turner lediglich hydrostatische Spannungen vorsieht, werden im Modell von Kerner auch Scherspannungen berücksichtigt, die durch zufällig verteilte sphärische Körner in einer Matrix-Phase herrühren. Das Modell von Thomas ist zwar für Polymere erdacht worden, soll hier aber dennoch als Abschätzung des Wertebereichs für α_{th} dienen. Zweifelsfrei ist die lineare Interpolation keine exakte Beschreibung, allenfalls gilt sie bei Abwesenheit von Wechselwirkungen der verschiedenen Phasen. Doch da die Abweichungen nur sehr moderat sind und nicht generell eine Antwort gefunden werden kann, welches Modell am geeignetsten ist, dient die lineare Interpolation weiterhin als eine akzeptable Annahme. Die hohe Komplexität von Metallkompositen, etwa weil sich die Konstituenten plastisch verformen, erfordert für eine exakte numerische Analyse eine experimentelle Überprüfung für jedes betrachtete Komposit.

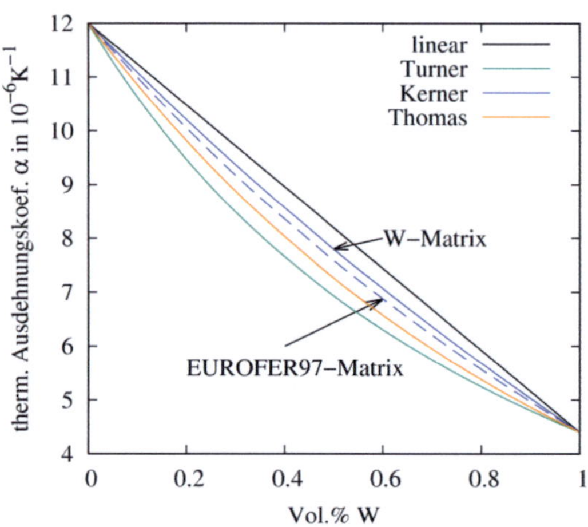

Abb. 2.2: Vergleich verschiedener Modelle für die Abschätzung des therm. Ausdehnungskoeffizienten von EUROFER97-Wolfram-Kompositen.

Die simpelste Mischungsregel für die Abschätzung des **Elastizitätsmoduls** ist die lineare von Voigt [44]. Sie entspricht dem Modell von parallel geschalteten Federn. Eine weitere sehr bekannte Mischungsregel ist die von Reuss [45], welche dem Modell in Reihe geschalteter Federn entspricht und ebenso keine Wechselwirkung zwischen den Phasen annimmt. Die beiden genannten Mischungsregeln bilden zusammen die Ober- bzw. Untergrenze möglicher E-Modul-Werte für zweiphasige metallische Matrixkomponenten. Engere Grenzen wurden von Hashin & Shtrikman [46] vorgeschlagen.

Halpin und Tsai [47] verfolgten einen empirischen Ansatz und entwickelten allgemeine Gleichungen, die über einen Parameter ξ an experimentelle Daten angepasst werden können. Halpin schlägt in seinem Buch [48] für isotrope Partikel-Komposite $\xi = 2 + 40\mathrm{v_p}^{10}$ für die Berechnung des E-Moduls vor. Die Gleichungen zur Abschätzungen des Elastizitätsmoduls gemäß den vier genannten Modellen sind im Folgenden aufgelistet:

Modell von Voigt [44]:
$$E_k = E_m v_m + E_p v_p \tag{2.5}$$

Modell von Reuss [45]:
$$E_k = \left(\frac{v_m}{E_m} + \frac{v_p}{E_p}\right)^{-1} \tag{2.6}$$

Modell von Halpin & Tsai [47]:
$$E_k = E_m \frac{1+\xi\eta v_p}{1-\eta v_p} \tag{2.7}$$
$$\eta = \frac{E_p - E_m}{E_p + \xi E_m} \tag{2.8}$$

Modell von Hashin & Shtrikman [46]:
$$E_k = 9K_k\left(1 + \frac{3K_k}{G_k}\right)^{-1} \tag{2.9}$$
$$K_k^{Unter} = K_m + v_p\left(\frac{1}{K_p - K_m} + \frac{3v_m}{3K_m + 4G_m}\right)^{-1} \tag{2.10}$$
$$K_k^{Ober} = K_p + v_m\left(\frac{1}{K_m - K_p} + \frac{3v_p}{3K_p + 4G_p}\right)^{-1} \tag{2.11}$$
$$G_k^{Unter} = G_m + v_p\left(\frac{1}{G_p - G_m} + \frac{6v_m(K_m + 2G_m)}{5G_m(3K_m + 4G_m)}\right)^{-1} \tag{2.12}$$
$$G_k^{Ober} = G_p + v_m\left(\frac{1}{G_m - G_p} + \frac{6v_p(K_p + 2G_p)}{5G_p(3K_p + 4G_p)}\right)^{-1} \tag{2.13}$$

Die Indizes *k*, *m* und *p* identifizierten das Komposit, die Matrix- und die Partikel-Phase. *E*, *K* und *G* sind der Elastizitäts-, Kompressions- und Schubmodul. Die Volumenkonzentration der jeweiligen Phase wird mit v bezeichnet. Die Gleichungen (2.9) bis (2.13) gelten für linear-elastisches isotropes Materialverhalten und $K_m > K_p$. In Abb. 2.3 ist die Bandbreite der Schätzwerte für den E-Modul von Wolfram/EUROFER97-Kompositen dargestellt. Die zur Berechnungen verwendeten Materialkennwerte bei Raumtemperatur sind aus Tab. 2.3 entnommen.

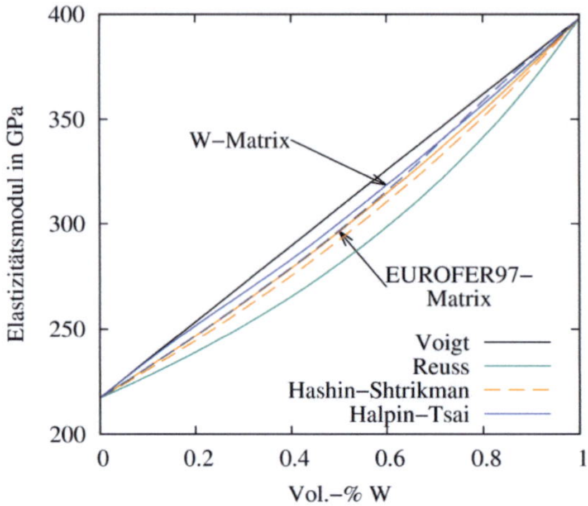

Abb. 2.3: Vergleich verschiedener Modelle für die Abschätzung des Elastizitätsmoduls von EUROFER97-Wolfram-Kompositen.

Kriechparameter und **Spannungskennwerte** wie Streckgrenze, Zugfestigkeit und Bruchspannung hängen nicht bloß von der chemischen Zusammensetzung, sondern in hohem Maße auch von der Mikrostruktur ab. Man denke an die sich stark unterscheidenden Eigenschaften von gehärtetem und vergütetem Stahl mit ein und derselben chemischen Zusammensetzung. Insofern ist eine detaillierte Abschätzung dieser Kennwerte allein anhand der Wolfram- bzw. EUROFER97-Konzentration von geringer Aussagekraft.

Die **Querkontraktionszahl** wird für die beiden zu fügenden Materialien näherungsweise als identisch angenommen, sodass sich eine Diskussion über mögliche Werte innerhalb der gradierten Schicht erübrigt.

Für Stahl wird angesichts der gleichmäßigen Verteilung der Kornorientierungen weitestgehend ein isotropes Materialverhalten beobachtet. Aufgrund der länglichen Körner, die vom Walzen herrühren, ist dies bei Wolfram bzw. WL10 allerdings nicht gegeben. Dies wirkt sich nur im geringen Maße auf den E-Modul aus, sehr wohl jedoch auf die Kerbschlagzähigkeit [30].

Nichtsdestotrotz werden die Materialeigenschaften in den FEM-Simulationen durchgehend als isotrop angenommen.

2.1.1 Abschätzung der Radiusabnahme beim Abkühlen

Dieser Abschnitt soll in einer kurzen Abschätzung die Differenz der Radien der beiden zu fügenden Rohre bei Änderung der Temperatur für eine spätere Diskussion bereitstellen. Angenommen die Anfangstemperatur betrage T_H, so würde ein Abkühlen auf T_L den Radius r eines Rohres mit dem thermischen Ausdehnungskoeffizient α um

$$\Delta r = \alpha \cdot (T_H - T_L) \tag{2.14}$$

verringern. Die Differenz in der Radiusabnahme zwischen eines Wolframrohres ($\alpha_W = 4{,}4 \cdot 10^{-6} \cdot \frac{1}{K}$) und eines Stahlrohres ($\alpha_{Fe} = 12{,}0 \cdot 10^{-6} \cdot \frac{1}{K}$) würde bei $T_H = 1000$ °C, $T_L = 0$ °C und $r = 7$ mm

$$(\alpha_{Fe} - \alpha_W) \cdot r \cdot (T_H - T_L) = 53{,}2\,\mu\text{m} \tag{2.15}$$

betragen.

2.2 Numerisches Modell

Für die Durchführung der FEM-Simulationen wurde die Software ABAQUS (Version 6.9-1) von der Firma Simulia® verwendet [50]. Das FEM-Modell besteht aus einer achsensymmetrischen Schale mit einer Dicke von 1 mm und hat die Form eines 23 mm langen Rohres bei 6,5 mm Innendurchmesser mit einer kugelförmigen Kappe an einem Ende. Es ist unterteilt in drei Sektionen, welche in Abb. 2.4 (a) gezeigt sind. Die obere dem Plasma zugewandte Sektion besteht aus Wolfram und die untere aus EUROFER97. Verbunden sind sie durch eine Verbindungs-Sektion, welche die gradierte Schicht enthält. Die einzige Randbedingung ist ein fixierter Knotenpunkt in y-Richtung, sodass das Modell nicht wegdriften kann. Die x- und z-Achsen sind jeweils senkrecht zur Symmetrieachse ($x = z = 0$), die parallel zur y-Achse verläuft. Belastet wird das Modell über ein homogenes Temperaturfeld, welches sich zeitlich ändert. Äußere Kräfte bzw. weitere

Randbedingungen werden nicht ausgeübt. In Tab. 2.1 sind weitere ABAQUS-spezifische Simulationsdetails zusammengefasst.

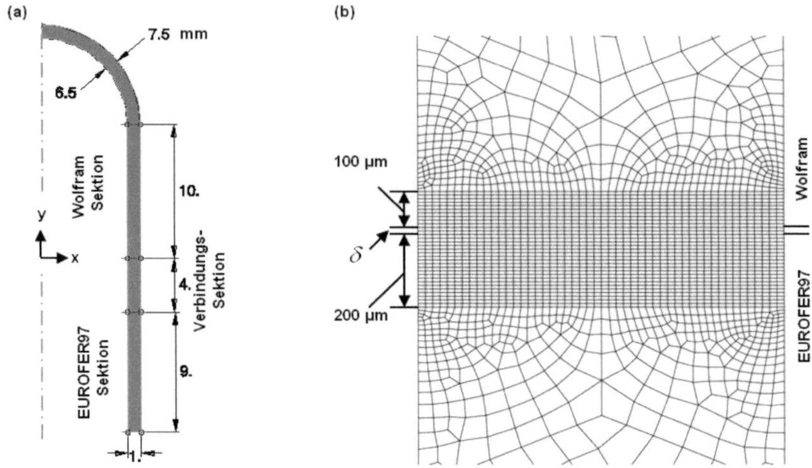

Abb. 2.4: (a) Skizze des FEM-Modells (Abmessungen in mm) und (b) Ausschnitt des Gittermodells mit δ=20 µm.

Parameter	Wert
Prozedurtyp	statisch / viskoplastisch
nlgeom	deaktiviert
cetol	1e-4
Bauteiltyp	achsensymmetrisch verformbar
Verfestigung	ideal-plastisch
Elementtyp	CAX8R

Tab. 2.1: Simulations-Details.

Folgende Dicken für die gradierte Schicht wurden gewählt und durchgerechnet: $d \in \{0, 10, 20, 50, 100, 200, 500, 1000, 1500, 2000, 3000, 4000\}$ µm. Zur Angabe des Gradierungsniveaus wird eine Feldvariable f, deren Wert von 0 bis 1 reicht, verwendet. Dabei entspricht der Wert 0 den Wolframeigenschaften und der Wert 1 den EUROFER97-Eigenschaften. Für Zwischenwerte werden die Materialeigenschaften aufgrund der Vorüberlegungen in Kapitel 2.1 linear interpoliert. Da die Schichtdicke sich über zwei Größenordnungen erstreckt, ist es notwendig für jede Dicke angemessene Gittermodelle zu benutzen. Hierfür wurden sieben Gittermodelle erstellt, wobei die Länge $\delta \in \{20, 200, 500, 1000, 2000, 3000, 4000\}$ µm stets einen Bereich mit feinem Netz, bestehend aus gleichgroßen 10 µm hohen und 20 µm breiten viereckigen Elementen mit waagrechter Orientierung abmisst (Abb. 2.4 (b)). Eine genaue Beschreibung der Gittererstellung ist im Anhang B und eine Diskussion bzgl. der Gitterabhängigkeit ist im Anhang C gegeben. Die Benutzung von gleichgroßen Elementen in den relevanten Bereichen, wo die Spannungen bzw. Dehnungen maximal sind, garantiert die Vergleichbarkeit über die verschiedenen Gittermodelle hinweg. Tab. 2.2 zeigt die verwendeten Kombinationen aus Gittermodell und Schichtdicke.

Bezeichnung	Anzahl	Dicke in µm											
	Elemente	0	10	20	50	100	200	500	1000	1500	2000	3000	4000
m20	2701	●	●	●									
m200	3593				●	●	●						
m500	5113							●					
m1000	7602								●				
m2000	12604									●	●		
m3000	17553											●	
m4000	23181												●

Tab. 2.2: Verwendetes Gittermodell für jede Schichtdicke.

Zur Simulation eines heißen Herstellungsprozesses des Fingerhuts, z. B. Diffusionsschweißen oder Löten, wurde die Anfangstemperatur auf 800 / 900 / 1000 °C festgelegt, was gleichzeitig auch den spannungsfreien Gleichgewichtszustand darstellt. Anschließend wird das FEM-Modell durch Variation der Temperatur beginnend mit einer Abkühlung auf 0 °C innerhalb von 100 s belastet. Hierzu wird eine elasto-plastische Simulation durchgeführt, bei der aufgrund der relativ kurzen Zeitdauer Kriecheffekte vernachlässigt werden. Anknüpfend an diese erste Abkühlphase wird die Temperatur zwischen 0 °C und 650 °C zykliert und entspricht damit dem Operationszyklus eines Tokamak-Fusionsreaktors. Da Kriechen, insbesondere von EUROFER97, zumindest während der langen Haltezeit bei 650 °C [51] entscheidend ist, wird die Simulation elasto-viskoplastischer Art durchgeführt. Die Änderung der Temperaturen während des Zyklierens erfolgt linear. Abb. 2.5 zeigt den Temperaturverlauf der ersten Abkühlung sowie des ersten Zyklus.

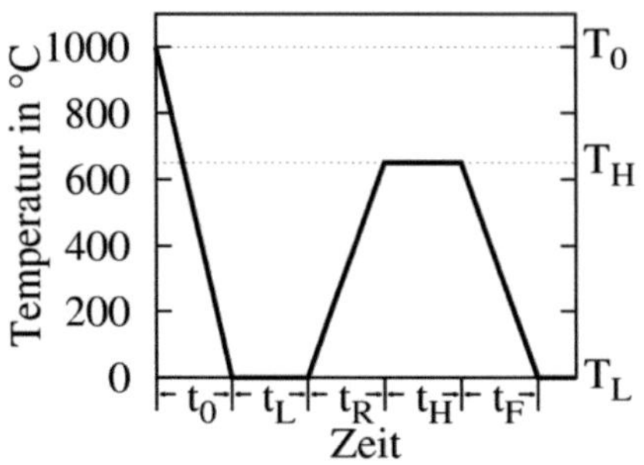

Variable	Wert
T_0	1000 °C
T_H	650 °C
T_L	0 °C
t_0	100 s
t_L	0 s
t_R	3600 s
t_H	86400 s
t_F	3600 s

Abb. 2.5: Temperaturverlauf: Abkühlphase nach der Herstellung und 1. therm. Zyklus.

Die Spannungsberechnung wurde mit dem von ABAQUS zur Verfügung gestellten viskoplastischen Materialmodell durchgeführt. Charakteristisch ist dabei die additive Zerlegung der Gesamtdehnung ε in elastische Dehnung ε_{el}, inelastische Dehnung ε_{in} und thermische Dehnung ε_{th}:

$$\varepsilon = \varepsilon_{el} + \varepsilon_{in} + \varepsilon_{th} \tag{2.16}$$

Die elastische Dehnung ist dabei mit der Spannung über die allgemeine dreidimensionale Form des Hooke'schen Gesetzes verknüpft. In x-Richtung berechnet sich die elastische Dehnung wie folgt:

$$\varepsilon_{el}^{x} = \frac{1}{E} \cdot \left[\sigma_x - \nu\left(\sigma_y + \sigma_z\right)\right] \tag{2.17}$$

Die thermische Ausdehnung wird proportional zur Temperaturänderung angenommen:

$$\varepsilon_{th} = \alpha(T - T_0) \tag{2.18}$$

Die inelastische Dehnung ε_{in} setzt sich dabei zusammen aus plastischer Dehnung ε_{pl} und Kriechdehnung ε_{cr}:

$$\varepsilon_{in} = \varepsilon_{pl} + \varepsilon_{cr} \tag{2.19}$$

Für die plastische Verformung wird dabei auf die von Mises'sche Fließbedingung [52] zurückgegriffen, während die Kriechdehnung durch das Norton'sche-Kriechgesetz beschrieben wird.

2.3 Materialeigenschaften

Die erste Abkühlphase berücksichtigt lediglich elasto-idealplastisches Materialverhalten, wofür ein temperaturabhängiger Elastizitätsmodul E sowie eine temperaturabhängige Streckgrenze R_p, aber ein konstanter thermischer Ausdehnungskoeffizient α_{th} benutzt wird. Zwar ist α_{th} genaugenommen ebenfalls temperaturabhängig, siehe Abb. 1.2, aber nur in vernachlässigbarem Umfang. Sprunghafte Änderungen von α_{th} aufgrund von Phasenumwandlungen werden ebenfalls vernachlässigt, was im betrachteten Temperaturbereich von 0 bis 1000 °C für Wolfram gerechtfertigt ist. Das Eisen-Chrom-System hingegen weist in der Tat eine Phasenumwandlung in die Austenit-Phase ab 800-900 °C auf [34], wenngleich diese bei den Simulationen vernachlässigt wird. Das elasto-idealplastische Materialverhalten bedeutet, dass die Zugfestigkeit gleich der Streckgrenze ist, also $R_m = R_p$. Dies ist mit dem geringen Unterschied beider Kennwerte zu rechtfertigen (siehe Abb. 1.2 und Abb. 1.4). Die einzelnen Werte werden in Tab. 2.3 gezeigt und in Abb. 2.6 illustriert. Während Wolfram und EUROFER97 ausreichend charakterisiert sind, können die Materialeigenschaften für ODS-EUROFER nur abgeschätzt werden. Eine Erläuterung und Diskussion zur getroffenen Wahl wird im Anhang A gegeben. Die Poissonzahl ist jederzeit und überall 0,3. Für die Simulation der darauffolgenden thermischen Zyklen wird in einer visko-plastischen Analyse zusätzlich Kriechdehnung berücksichtigt. Dazu wird folgende Formel zur Berechnung der Kriechdehnungsrate benutzt, die eine naheliegende Annahme, basierend auf der Multiplikation des Gradierungsniveaus f mit beiden Materialkonstanten des Nortons Kriechgesetzt, darstellt:

$$\dot{\varepsilon}_{cr} = f \cdot C \cdot \sigma^{f \cdot n} \tag{2.20}$$

C und n sind ebenfalls temperaturabhängig (siehe Tab. 2.5). Die Kriechdehnung von Wolfram wird vernachlässigt. Eine Diskussion bezüglich der getroffenen Annahme (2.20) ist im Anhang D zu finden.

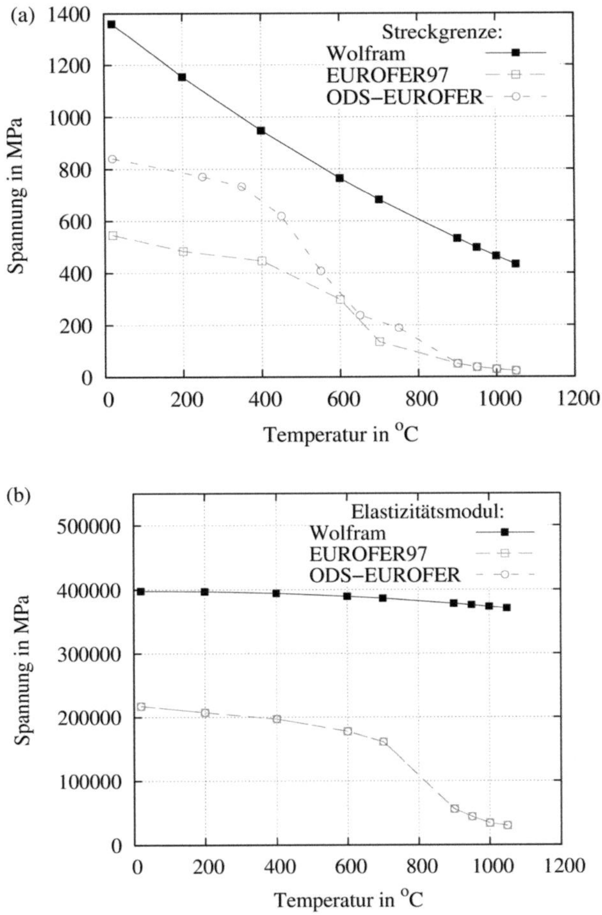

Abb. 2.6: (a) Streckgrenze und (b) E-Modul jeweils in Abhängigkeit der Temperatur aufgetragen.

Temperatur in °C	E-Modul Wolfram in MPa	E-Modul EUROFER97 in MPa	Streckgrenze Wolfram in MPa	Streckgrenze EUROFER97 in MPa	CTE Wolfram in K^{-1}	CTE EUROFER97 in K^{-1}
20	397938	217260	1360,46	545,57		
200	397270	207327	1154,17	483,62		
400	394480	197123	947,86	446,99		
600	389508	177589	764,79	298,32		
700	386210	161024	681,67	134,79	4,4E-6	1,2E-5
900	377970	55800	531,74	50,00		
950	375580	43880	497,57	36,70		
1000	373050	33800	464,69	29,00		
1050	370370	30000	433,09	23,00		

Tab. 2.3: Elastische & plastische Materialeigenschaften der im FEM-Modell benutzten Materialien [53][54].

Temperatur in °C	Streckgrenze ODS-EUROFER in MPa
20	840,91
250	771,02
350	733,25
450	618,95
550	408,30
650	237,39
750	188,91
900	50,00
950	36,70
1000	29,00
1050	23,00

Tab. 2.4: Plastische Materialeigenschaften der im FEM-Modell benutzten ODS-EUROFER [55].

Für Temperaturabhängigkeiten bietet ABAQUS lediglich eine lineare Interpolation für Materialeigenschaften, was zwar für den Parameter n ausreichend ist, nicht jedoch für den Parameter C, welcher sich über sechzig Größenordnungen erstreckt. Dazu wurde eine sogenannte „user subroutine" in der Sprache FORTRAN programmiert um eine logarithmische Interpolation zwischen den bekannten Temperaturpunkten zu verwirklichen. Für die gegebenen Punkte C_1, C_2 , T_1 und T_2 berechnet sich der Wert für C wie folgt:

$$C(T) = 10^{\left(\frac{\lg(C_2)-\lg(C_1)}{T_2-T_1}(T-T_1)+\lg(C_1)\right)} \tag{2.21}$$

Abb. 2.7 zeigt eine doppeltlogarithmische Auftragung der Kriechdehnungsrate der in der FEM-Simulation angenommenen Materialeigenschaften für EUROFER97 über die Spannung bei verschiedenen Temperaturen. Die real gemessenen Daten liegen innerhalb des dargestellten roten Rechtecks, sodass der Bereich außerhalb großen Abweichungen unterliegen kann. Der äußere Wertebereich hat zwar geringen Einfluss auf die Ergebnisse, ist aber dennoch essentiell für die Durchführung der Simulation. Die genauen Datenwerte für die Kriechparameter C und n sind in Tab. 2.5 eingetragen.

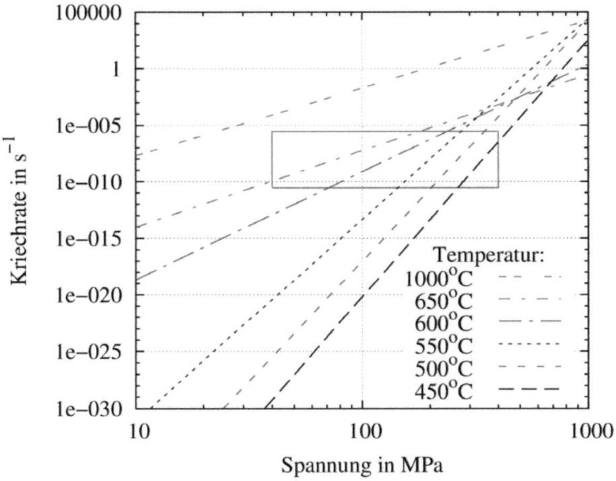

Abb. 2.7: Kriechdehnungsrate des simulierten EUROFER97 bei verschiedenen Temperaturen (Das Rechteck umrandet den Bereich, in dem tatsächlich gemessene Datenpunkte liegen).

Material	EUROFER97		ODS-EUROFER	
Temperatur in °C	n	C in $10^{-6}\,h^{-1}\,MPa^{-n}$	n	C in $10^{-6}\,h^{-1}\,MPa^{-n}$
0	23	1,000E-80	23	1,0000E-76
450	22,718	8,352E-57	22,718	8,3520E-53
500	21,190	1,3758E-50	21,190	1,3758E-46
550	17,769	4,5660E-40	17,769	4,5660E-36
600	9,5095	2,4898E-19	12,121	6,9128E-22
650	6,7473	6,2167E-12	12,121	6,9128E-22
1000	6,0	7,0000E-05	6,0	7,0000E-01

Tab. 2.5: Norton Kriechparameter des simulierten EUROFER97 [56] und ODS-EUROFER [55]. (Werte in grau sind Annahmen)

2.3.1 Vernachlässigte Effekte

Im Folgenden werden Effekte beschrieben, die entweder lediglich einen sehr geringen Einfluss auf die Ergebnisse der FEM-Simulation haben und/oder schlichtweg aus Komplexitätsgründen nicht berücksichtigt werden konnten.

Schockbelastung

Die dem Plasma zugewandten Materialien sind während des Betriebs im Tokamak-Fusionsreaktor diversen kurzzeitigen Temperaturschockbelastungen ausgesetzt. Sogenannte VDEs (engl. für vertical displacement event), das sind z. B. kurzzeitige Aussetzer des Plasmapositionierungssystems, können womöglich irreversiblen Schaden an plasmazugewandten Materialien verursachen [57]. Aber auch der wiederkehrende Kollaps des ELM (engl. für edge localized mode) deponiert eine nicht vernachlässigbare Energiemenge pro Ereignis auf Prallplatten des Divertors. Letztlich können aber auch Plasmaabbrüche und Einschaltstöße zur Schädigung beitragen. In Abb. 2.8 sind die Spitzenbelastungen in Bezug auf den Wärmefluss für die jeweiligen Schockbelastungs-Typen in Abhängigkeit ihrer Dauer aufgetragen. Es handelt sich dabei um Schätzwerte für den geplanten ITER-Testreaktor. Eine Vernachlässigung der soeben genannten Schockbelastungen für das in Kapitel 2.2 beschriebene FEM-Modell ist durchaus gerechtfertigt, da im Wesentlichen nur die Prallplatten des Divertors die zusätzlichen Belastungen, neben dem normalen Betrieb, erfahren.

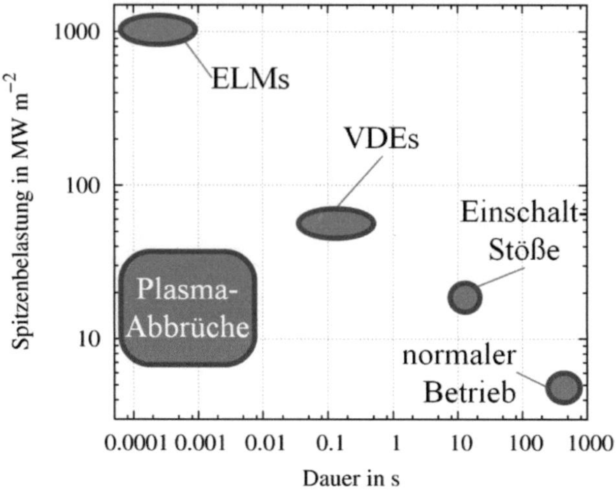

Abb. 2.8: Für ITER abgeschätzte Spitzenbelastung bzgl. des Wärmeflusses von Divertor-Oberflächen, die dem Plasma zugewandt sind [57].

Strahlenbelastung

Die intensive Bestrahlung von reinem Wolfram mit Neutronen aus dem Fusionsplasma führt zu Materialschädigung unterschiedlichster Art. Neben Abnahme der Wärmeleitfähigkeit [58], zusätzlicher Versprödung und Anschwellen durch Helium-Einlagerung [59], findet insbesondere die Transmutation bestimmter Wolframisotope zu Rhenium und daraufhin zu Osmium statt [60]. Die bei der Kernfusion von Deuterium und Tritium entstehenden Neutronen haben eine kinetische Energie von 14 MeV. Das Energiespektrum der Neutronen ist hierbei relevant, da der Wirkungsquerschnitt der Wolframatome für den Transmutationsprozess von dieser Größe abhängig ist. Ein Ansatz, den Einfluss der Neutronenbestrahlung zu mindern, ist z. B. die Beimischung von Rhenium. Somit konnte bereits das Anschwellen [61] bzw. die Abnahme der Wärmeleitfähigkeit [58] wesentlich reduziert werden. Die Materialschädigung durch Neutronenbestrahlung sollte für die hier betrachtete Wolfram-EUROFER97-Verbindung nicht außer Acht gelassen werden, da Neutronenstrahlung, anders als Alpha- und Betastrahlung, nicht gänzlich durch die Prallplatten abgeschirmt wird. In Anbetracht der nicht ausreichenden Eingangsdaten wird jedoch auf eine Parameterstudie mit hypothetischen Werten verzichtet.

Auslagerungseffekte

Zwar tritt bei EUROFER97 erst ab einer Temperatur von ca. 1050 °C Kornwachstum auf, dennoch sollte die Einsatztemperatur 820 °C aufgrund der einsetzenden Austenitbildung nicht überschreiten [35]. Die Rekristallisation von Wolfram findet im Bereich von 1100 bis 1400 °C statt [31] und liegt somit deutlich oberhalb dem für EUROFER97 kritischen Temperaturbereich. Das FEM-Modell simuliert eine Abkühlung von 1000 °C auf 0 °C, berücksichtigt aber nicht explizit die genannte Phasenumwandlung von EUORFER97. Lediglich eine indirekte Berücksichtigung findet statt, durch entsprechende Wahl der Werte für Elastizitätsmodul und Streckgrenze im Temperaturbereich der austenitischen Phase. Die Kriecheigenschaften sind hingegen ohnehin nur bei der thermischen Zyklierung bis 650 °C von Bedeutung.

Kriechbereiche I & III

Die Norm DIN EN 10 291 sieht bei der Ermittlung des Kriechverhaltens von Werkstoffen eine konstante Belastung vor. Die gleichzeitige Messung von Belastungsdauer und Probendehnung liefert bei metallischen Werkstoffen für gewöhnlich eine Kurve mit zunächst hoher Kriechrate (Kriechbereich I), gefolgt von einem Bereich mit konstanter Kriechrate (Kriechbereich II). Bevor die Probe jedoch gänzlich versagt, steigt die Kriechrate nochmals monoton an (Kriechbereich III). Die Nichtlinearität der Dehnung über die Zeit belegt, dass Kriechen eine Überlagerung mehrerer Vorgänge im Gefüge ist, die zu unterschiedlichen Zeitpunkten eintreten. Zu diesen Vorgängen zählen Versetzungs- und Ausscheidungsreaktionen, Porenbildung und Risswachstum. Die hier durchgeführten FEM-Berechnungen greifen lediglich auf Messdaten des Kriechbereichs II zurück. Dieses Vorgehen würde beim spannungsgesteuerten Fall zu einer Unterschätzung der Kriechdehnung führen. Vielmehr liegt hier jedoch der dehnungsgesteuerte Fall vor, welcher zu einer Überschätzung der Spannungen führt, und somit konservativer Natur ist.

Temperaturgradient

Genaugenommen existiert ein Temperaturgefälle entlang der Divertor-Komponente mit höheren Temperaturen auf der Wolfram-Seite und niedrigeren Temperaturen auf der EUROFER97-Seite. Thermodynamische Analysen zeigten jedoch, dass der Temperaturgradient in der Kuppel sehr stark ausgeprägt ist, nicht jedoch entlang der Verbindung zwischen Wolfram und EUROFER97 [16] (etwa 100 K). Da ein derart niedriger Temperaturgradient viel kleinere Spannungen verursacht als die zu erwartenden aufgrund der thermischen Fehlpassung zwischen Wolfram und EUROFER97, sind Temperaturgradienten in dieser Arbeit, die in erster Linie auf die Beurteilung der gradierten Verbindungen zielt, nicht berücksichtigt.

Korrosion

Die Außenwand des Fingerhutmoduls befindet sich während des Betriebs im Grobvakuum und eine chemische Wechselwirkung des als Kühlmedium eingesetzten Heliums mit der Innenwand ist nicht zu erwarten. Folglich kann die Korrosion von Wolfram bzw. EUROFER97 unbeachtet bleiben.

Externe mechanische Belastung

Geplant ist, das Helium bei einem Druck von $p_{He} = 10\,\text{MPa}$ und einer Temperatur von 600 °C durch das Innere des Fingerhuts der Divertorkomponente hindurchzuleiten [16]. Durch lochförmige Düsen trifft es zunächst auf die obere Kappe, um anschließend entlang der Innenwand des Fingerhuts wieder zurückgeführt zu werden (Abb. 2.9 bzw. Abb. 1.1). Neben einer mittleren Radialspannung

$$\sigma_{radial} = \frac{F_{radial}}{A_q} = \frac{2 \cdot r_i \cdot p_{He}}{2(r_a - r_i)} \approx 65\ \text{MPa}, \tag{2.22}$$

wirkt axial eine Zugspannung

$$\sigma_{axial} = \frac{F_{axial}}{A_v} = \frac{A_i \cdot p_{He}}{A_a - A_i} \approx 30\ \text{MPa}, \tag{2.23}$$

auf die Wolfram-EUROFER97-Verbindung. Diese Abschätzung ergibt sich durch Division der wirkenden Druckkräfte F_{radial} bzw. F_{axial} durch die

Flächen A_q bzw. A_v. Die Innen- und die Außengrundflächen $A_i = r_i{}^2\pi$ bzw. $A_a = r_a{}^2\pi$ resultieren aus dem Innenradius r_i bzw. Außenradius r_a des Fingerhuts. Sowohl die Radial- als auch die Axialspannung, herrührend vom Innendruck des Heliums, sind vernachlässigbar klein im Vergleich zu den thermisch induzierten Spannungen direkt am Materialübergang. Tatsächlich problematisch ist die Axialspannung für EUROFER97 bei 650 °C, weswegen hierfür der Einsatz des kriechfesteren ODS-EUROFER notwendig ist.

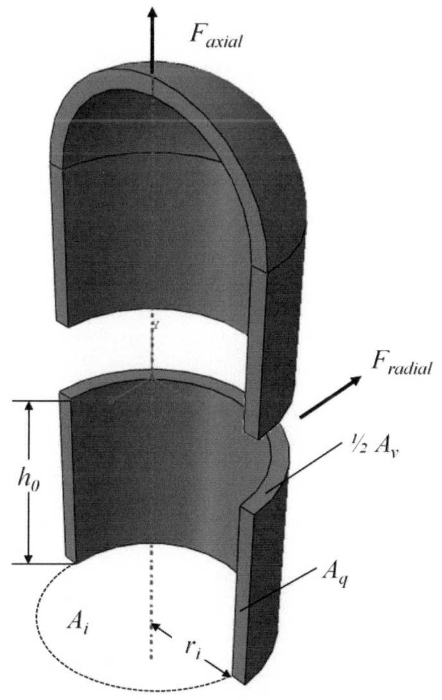

Abb. 2.9: Skizze des Fingerhuts zur Verdeutlichung der Gasdruckspannungen.

2.4 Erste Abkühlphase

Die Bewertung der FEM-Berechnungen sei hier sowohl zeitlich zu Beginn der Simulation als auch im einfachsten Fall, was der elasto-idealplastischen

Variante mit direkter Verbindung ohne Gradierung entspricht, begonnen. Da wie eingangs erwähnt keine Temperaturgradienten bzw. äußere Mechanische Belastungen berücksichtigen werden, ist die Spannungsverteilung weit oberhalb bzw. weit unterhalb der Verbindung zwischen Wolfram und EUROFER97 nahezu null und somit nicht weiter relevant. Aus diesem Grund beinhalten die folgenden graphischen Darstellungen lediglich einen Ausschnitt, der den Materialübergang zeigt. Die Konturplots für die direkte Verbindung dieser Spannungskomponenten sind in Abb. 2.10 zu sehen und zeigen, dass bereits bei dieser einfachen Geometrie der Spannungszustand nicht trivial ist. Im Wesentlichen lässt sich jedoch Folgendes feststellen: Während in x- als auch in z- Richtung Zugspannungen im EUROFER97-Bereich und Druckspannungen im Wolframbereich vorliegen, findet man in y-Richtung tendenziell außen Zug- und innen Druckspannungen vor. Dieser Spannungszustand rührt vom größeren thermischen Ausdehnungskoeffizienten für EUROFER97 und vom kleineren für Wolfram her. Da es sich um eine Abkühlung, beginnend beim Gleichgewichtszustand, handelt, verringert sich das Volumen von EUROFER97 im stärkeren Maße als das Wolfram und wird von diesem am Schrumpfen gehindert. Die außenliegende Zugspannung erklärt sich durch die größere Radiusabnahme des EUROFER97-Bereichs, was sozusagen einem Biegen des Rohres nach innen hin gleichkommt. Die Änderungen des Vorzeichens der Schubspannungen in x-y-Richtungen resultiert von der größeren Abnahme der Wandstärke im EUROFER97-Bereich.

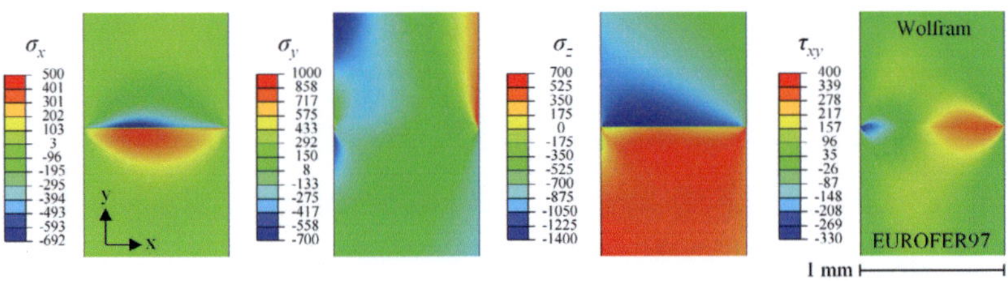

Abb. 2.10: Spannungskomponenten in x-, y-, z-Richtung und Schubspannung in x-y-Richtung nach dem Abkühlen von 1000 °C auf 0 °C bei einer direkten Verbindung (Zugspannung in rot, Druckspannung in blau).

Zwar ist es für das Verstehen des Spannungszustandes wichtig, das Augenmerk auf die einzelnen Spannungskomponenten zu richten, für die Bewertung des Versagensverhaltens ist jedoch das Zusammenwirken der Spannungswerte entscheidend. Des Weiteren ist ein einzelner Skalar im Vergleich zu den betrachteten vier Komponenten einfacher auszuwerten. Solch ein Skalar stellt die von-Mises-Vergleichsspannung

$$\sigma_{Mises} = \sqrt{\sigma_x^2 + \sigma_y^2 + \sigma_z^2 - \sigma_x\sigma_y - \sigma_x\sigma_z - \sigma_y\sigma_z + 3\left(\tau_{xy}^2 + \tau_{xz}^2 + \tau_{yz}^2\right)} \quad (2.24)$$

als fiktive einachsige Spannung dar, die dieselbe Materialbeanspruchung repräsentiert wie ein realer, mehrachsiger Spannungszustand. Bei der Betrachtung der von-Mises-Spannung nach dem Abkühlen der Divertorkomponente von 1000 °C auf 0 °C (siehe Abb. 2.11) erkennt man, dass der EUROFER97-Bereich nahe der Verbindung gleichmäßig auf dem Niveau der Streckgrenze von EUROFER97 bei 0 °C liegt, die in der Simulation 545,57 MPa (siehe Tab. 2.3) beträgt. Lediglich sehr dicke gradierte Schichten ($d > 1500$ µm) weisen eine verringerte von-Mises-Spannung in diesem Bereich auf.

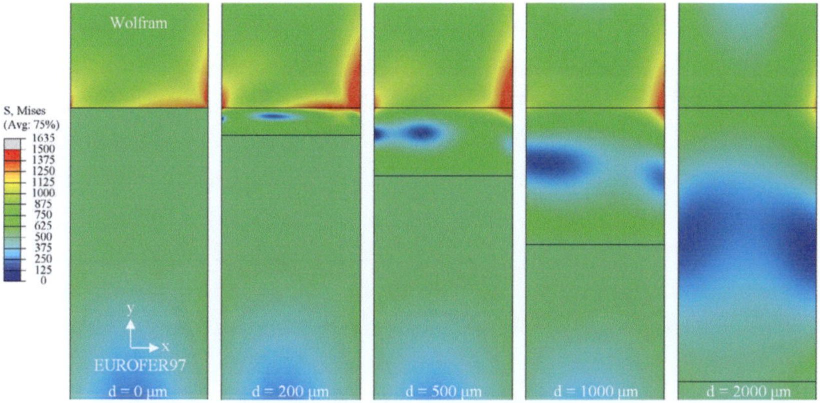

Abb. 2.11: von-Mises-Spannung der direkten bzw. linear gradierter Verbindungen nach dem ersten Abkühlen.

Die elastische Dehnung hat bezüglich der Materialschädigung wenig Aussagekraft und wird deswegen nicht näher betrachtet. Aufgrund ihrer Proportionalität zur Spannung birgt sie auch keine weiteren Informationen. Eine angemessene Größe zur Untersuchung der zu erwartenden Materialschädigung bei der elasto-plastischen Analyse ist dagegen die plastische Dehnung. Die äquivalente plastische Dehnung ist definiert als

$$\varepsilon_{\text{äq}}^{pl} = \sqrt{2/3} \cdot \sqrt{\varepsilon_{I}^{pl} \cdot \varepsilon_{I}^{pl} + \varepsilon_{II}^{pl} \cdot \varepsilon_{II}^{pl} + \varepsilon_{III}^{pl} \cdot \varepsilon_{III}^{pl}} \qquad (2.25)$$

mit ε_{I}^{pl}, ε_{II}^{pl}, ε_{III}^{pl} als den drei Hauptkomponenten der plastischen Dehnung. Betrachtet man nun diese äquivalente plastische Dehnung, so ist ersichtlich, dass die Spannungen nicht ausreichend sind, um plastische Verformung im Wolfram-Bereich (abgesehen von der unteren äußeren Ecke) hervorzurufen. In dieser Ecke tritt bei nicht gradierten Verbindungen eine Singularität auf, die stets zu umso höheren Spannungen führt, je kleiner die Elemente gewählt werden. Aus diesem Grund wird die Elementgröße bei allen Gittermodellen konstant gehalten. Die Gitterabhängigkeit wird in Anhang C ausführlich diskutiert. Abb. 2.12 zeigt Konturplots der plastischen Dehnung nach dem Abkühlen von 1000 °C auf 0 °C. Bei gradierten Schichten dicker als 200 µm ist die plastische Dehnung stark reduziert, bei Schichten jenseits von 1 mm verschwindet sie nahezu. Plastische Dehnungen treten dabei hauptsächlich auf der EUROFER97-Seite auf, da dort die Streckgrenze deutlich geringer ist als auf der Wolfram-Seite. Dies weist auf eine Verbesserung durch einen flacheren Übergang auf der EUROFER97-Seite hin.

In Abb. 2.13 ist die maximale äquivalente plastische Dehnung über die Schichtdicke aufgetragen. Für gelötete und gradierte Schichten dicker als 200 µm ist die plastische Verformung um mehrere Größenordnungen im Vergleich zur direkten Verbindung reduziert. Während die plastische Deformation bei gradierten Schichten mit zunehmender Dicke weiterhin sinkt, erreicht sie bei gelöteten Schichten einen Sättigungswert aufgrund der Diskontinuität der Materialeigenschaften.

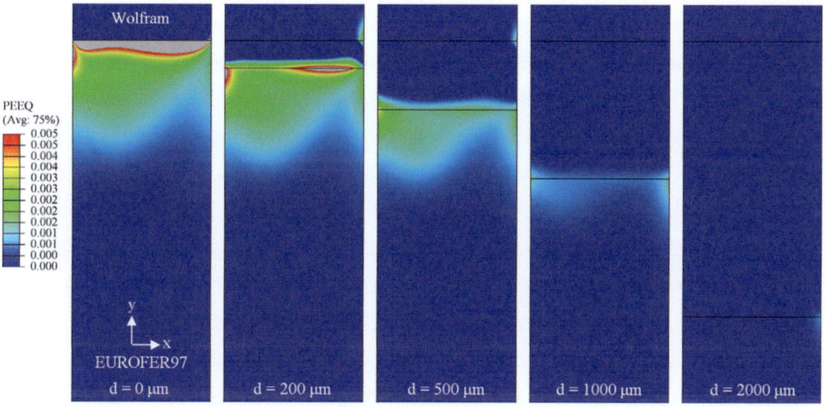

Abb. 2.12: Plastische Dehnung linear gradierter Verbindungen nach dem Abkühlen.

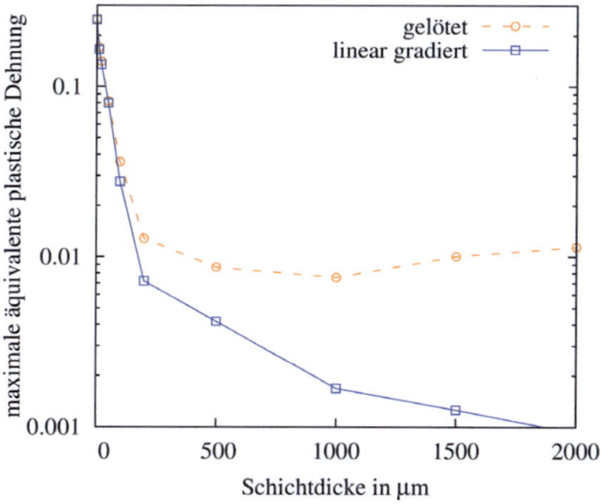

Abb. 2.13: Maximale äquivalente plastische Dehnung über die Schichtdicke.

2.5 Thermische Zyklierung

Die visko-plastische Analyse zeigt, dass in jedem Zyklus bei der Abkühlung von 650 °C auf 0 °C die plastischen Dehnungen denen beim allerersten Abkühlen von 1000 °C stark ähneln. Diese plastischen Verformungen verursachen Spannungen in die Gegenrichtung beim Wiederaufheizen auf

650 °C. Allerdings sind diese Spannungen nicht groß genug um wiederum rückgängigmachende plastische Verformungen zu erzeugen, aber groß genug für eine Relaxation durch Kriechen des Materials. Dieses Zusammenspiel von zyklischer inelastischer Verformung kann dazu führen, dass die Verformung sukzessive mit jedem Zyklus größer wird. Nun kann die sukzessive Zunahme der inelastischen Dehnung (engl. ratcheting) von Zyklus zu Zyklus geringer werden und letztendlich in ein elastisches Einspielen (engl. shakedown) resultieren, bei dem keine weiteren nennenswerten inelastischen Dehnungszunahmen mehr stattfinden. Ob hier im vorliegenden Modell ein theoretisches unendliches Zyklieren zu einer unendlich großen Verformung oder zu einem elastischen Einspielen führt, konnte aufgrund der begrenzten Anzahl simulierter Zyklen nicht abschließend geklärt werden. Der hier beschriebene Sachverhalt trifft jedoch lediglich auf den Übergang von der Zwischenschicht zum EUROFER97-Bereich zu. Die bei der anfänglichen Temperaturreduzierung erreichte plastische bzw. inelastische Dehnung im Wolframbereich ändert sich bei thermischer Zyklierung über alle Schichtdicken hinweg nicht mehr. Begründet werden kann dieses Ergebnis durch das fehlende Kriechverhalten von Wolfram. In Abb. 2.14 ist die äquivalente inelastische Dehnung, die anhand der Hauptkomponenten ε_I^{in}, ε_{II}^{in} und ε_{III}^{in} wie folgt berechnet wird

$$\varepsilon_{\ddot{a}q}^{in} = \sqrt{2/3} \cdot \sqrt{\varepsilon_I^{in} \cdot \varepsilon_I^{in} + \varepsilon_{II}^{in} \cdot \varepsilon_{II}^{in} + \varepsilon_{III}^{in} \cdot \varepsilon_{III}^{in}} \tag{2.26}$$

als Konturplot für verschiedene Schichtdicken dargestellt. Der maximale Wert wird mit weißen Pfeilen markiert.

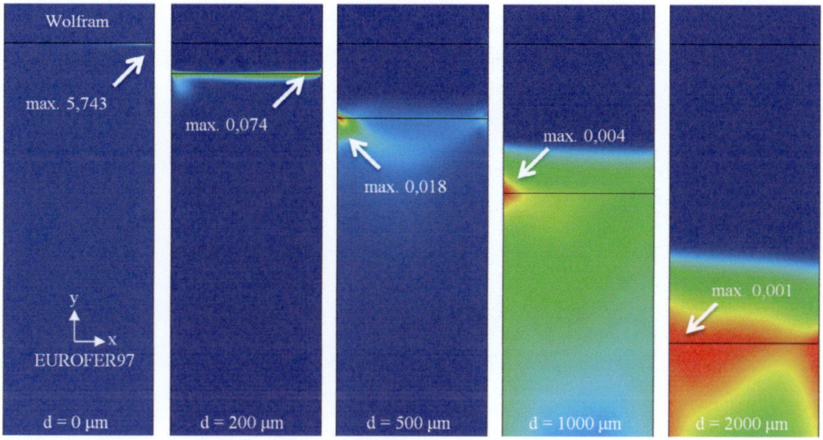

Abb. 2.14: Äquivalente inelastische Dehnung der direkten bzw. linear gradierter Verbindung nach 100 Zyklen bei *T*=0 °C (Farbskalen jeweils individuell gewählt).

Um die Rechenzeit moderat zu halten, wurden lediglich 100 thermische Zyklen simuliert. Da die geforderte Lebensdauer der Divertorkomponente nach der Konzeption für ein Fusionskraftwerk mit 1000 Zyklen abgeschätzt wird [51], wurde eine lineare Extrapolation der Betrachteten Größe für höhere Zykluszahlen durchgeführt. Die lineare Extrapolation ist im Hinblick auf eine abnehmende Rate die eher konservative Option, verglichen mit einer exakten Funktion. Die hier betrachtete Größe ist die maximale äquivalente inelastische Dehnung. In Abb. 2.15 (a) ist die für alle Integrationspunkte maximale äquivalente inelastische Dehnung bei 0 °C für den Fall der linear gradierten Schicht über die Anzahl der Zyklen aufgetragen. Für bis zu 100 Zyklen sind die berechneten Daten gezeigt und linear extrapoliert für höhere Zykluszahlen, wobei eine konstante Steigung, die gleich dem Wert der inelastischen Dehnungsrate im 100. Zyklus ist, angenommen wird. Bei Betrachtung der äquivalenten inelastischen Dehnung wird klar, dass sich die Situation für dünne Schichten extrem verschlimmert. Die maximale äquivalente inelastische Dehnung nach 100 Zyklen (Abb. 2.15 (b)) steigt um eine Größenordnung im Vergleich zur allerersten Abkühlung (Abb. 2.13).

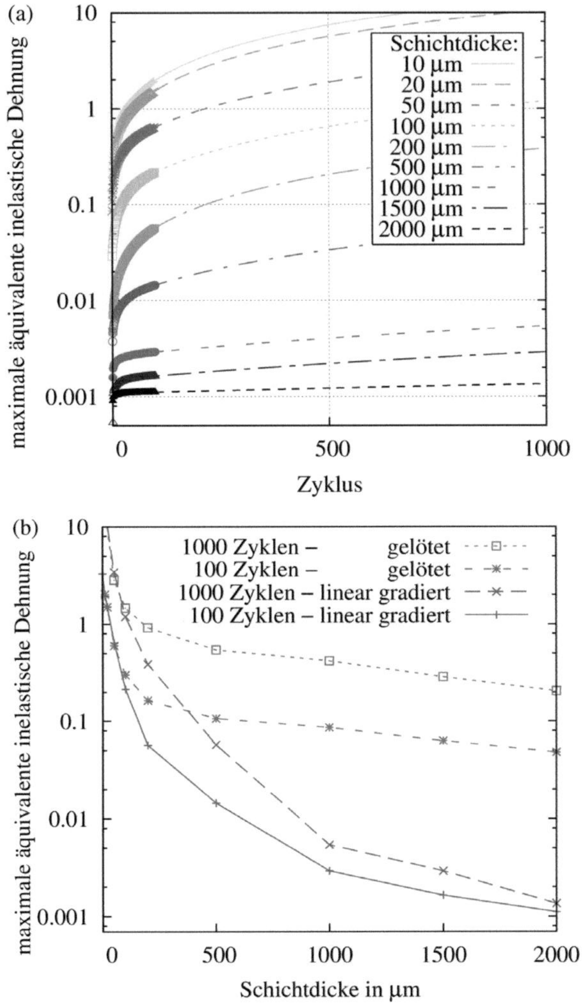

Abb. 2.15: Maximale äquivalente inelastische Dehnung für linear gradierte Schichten über (a) die Zyklenanzahl und (b) die Schichtdicke nach 100 Zyklen und linear extrapoliert für 1000 Zyklen.

2.5.1 Weitere Übergangsverläufe

Bei bestimmten Herstellungsverfahren ist es nicht möglich, einen stetigen Verlauf der chemischen Zusammensetzung zu realisieren. Um diesen Umstand zu berücksichtigen, wurden zwei zusätzliche FEM-Berechnungen mit zwei und vier Zwischenschichten durchgeführt, siehe Abb. 2.16. Der Gradierungsfaktor f wurde innerhalb der Zwischenschichten auf 0,33/0,66 bzw. 0,2/0,4/0,6/0,8 gesetzt. Für die jeweilige Gesamtdicke d der Verbindungsschicht war die Dicke der einzelnen Zwischenschichten $d/2$ bzw. $d/4$. Eine dritte zusätzliche FEM-Berechnung mit einer quadratischen Übergangsfunktion wurde durchgeführt, deren Motivation aus der elasto-plastischen Analyse, bei der die plastischen Dehnungen vor allem auf der EUROFER97-Seite auftreten, herrührt. Die quadratische Übergangsfunktion ist so angeordnet, sodass die Gradierung sanfter auf der EUROFER97-Seite und steiler auf der Wolfram-Seite verläuft (siehe Abb. 2.1). Wie erwartet, liegen die Kurven der maximalen äquivalenten inelastische Dehnung (siehe Abb. 2.16) für den Fall von zwei und vier Zwischenschichten zwischen der gelöteten und der linear gradierten Schicht, während die Verbindung mit der quadratischen Übergangsfunktion eine Verbesserung um ca. einen Faktor 2 birgt.

2.5.2 Geneigte Schichten

In diesem Abschnitt wird der Einfluss der Neigung der gradierten Schicht auf die maximale äquivalente inelastische Dehnung untersucht. Es werden linear gradierte Schichten mit einer Dicke von 20, 100 und 500 Mikrometer bei verschiedenen Neigungswinkeln im Bereich von -40° bis 40° betrachtet. Die Ergebnisse der Simulationen (siehe Abb. 2.17) offenbaren einen Gewinn um den Faktor 2 bei Variation des Neigungswinkels 0° bis -30° (Kippen in Richtung Außenfläche).

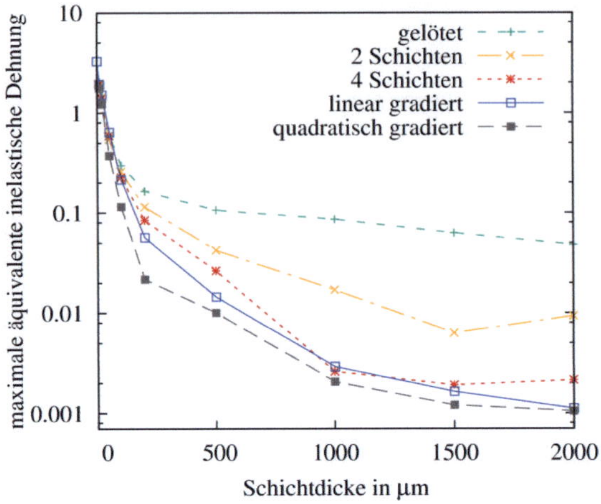

Abb. 2.16: Abhängigkeit der maximalen äquivalenten inelastischen Dehnung nach 100 Zyklen von der Schichtdicke für diverse Übergangsfunktionen.

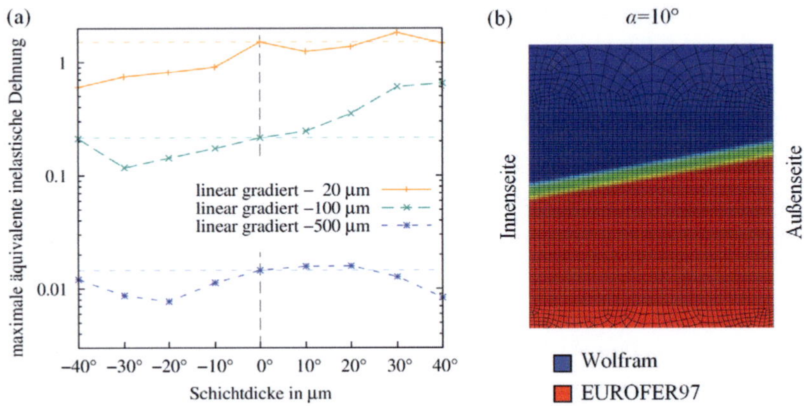

Abb. 2.17: (a) Maximale äquivalente inelastische Dehnung über den Neigungswinkel der Schicht, (b) Konturplot einer um 10° geneigten 100 µm dicken Schicht.

2.6 Lebensdaueranalyse

In diesem Kapitel wird die Lebensdauer der heliumgekühlten Divertor-Komponente mit einer Löt- bzw. funktionell gradierten Wolfram/Stahl-Verbindung, basierend auf den Finite-Elemente-Simulationen und den Design-Kriterien der Materialien, abgeschätzt. Für die Berechnung der Anzahl der zulässigen Zyklen wurden sowohl Ermüdung als auch Kriechschädigung im EUROFER97-Bereich berücksichtigt. Für den Wolfram-Bereich wird Kriechen in der Simulation ohnehin vernachlässigt. Die Lebensdauer der gradierten Verbindungsschicht wird aufgrund mangelnder experimenteller Daten nicht betrachtet. Doch zumindest qualitativ gelten die gewonnenen Erkenntnisse, die der qualitativen Verbesserung der Lebensdauer der gefügten Teile durch Variation der Parameter entnommen werden können, auch für die Verbindungsschicht.

Während die Verwendung von EUROFER97 nur für Temperaturen bis 550 °C vorgesehen ist, kann die oxiddispersionsgehärtete Variante, das ODS-EUROFER, bis zu 650 °C [14] angewandt werden. Besonders das Kriechverhalten von ODS-EUROFER ist verbessert, was zu einer längeren Lebensdauer der betrachteten Komponente führen kann. Zwar erbringt eine höhere Kriechbeständigkeit gewiss im spannungsgesteuerten Anwendungsfall Vorteile, jedoch nicht zwingend im hier vorliegenden dehnungsgesteuerten Anwendungsfall. Darüber hinaus sind endgültige Design-Kriterien sowie die chemische Zusammensetzung für die ODS-Variante noch nicht spezifiziert, sodass nur ein vorläufiger Vergleich zu EUROFER97 durchgeführt werden kann.

Zunächst seien hier die Design-Regeln für die Lebensdauerbeurteilungen vorgestellt und anschließend die berechneten Lebensdauern dargestellt. Basierend auf den Ergebnissen werden abschließend die Vorteile einer linear gradierten Verbindung gegenüber einer Lötverbindung verglichen und diskutiert.

2.6.1 Lebensdauerabschätzung des Stahl-Bereichs

2.6.1.1 Versagen bzgl. Ermüdung

Zur Berechnung der Ermüdungslebensdauer des EUROFER97-Bereichs der Komponente werden die in [62] vorgeschlagen Design-Regeln für EUROFER97 herangezogen. Darin ist eine Design- Ermüdungskurve für dieses Material durch folgende Gleichung für die äquivalenten Dehnungsschwingbreite $\Delta\varepsilon$ gegeben:

$$\Delta\varepsilon = min\left(\frac{1}{2}(a_1+a_2{N_d}^{a_3}),a_1+a_2(20N_d)^{a_3}\right) \tag{2.27}$$

Folglich beträgt die Anzahl der erlaubten Zyklen:

$$N_d = min\left(\sqrt[a_3]{\frac{2\Delta\varepsilon - a_1}{a_2}},\frac{1}{20}\sqrt[a_3]{\frac{\Delta\varepsilon - a_1}{a_2}}\right) \tag{2.28}$$

Die in (2.27) dargestellte Design-Ermüdungskurve ist ein Konstrukt, ausgehend von einer an die Messdaten angepassten Ermüdungskurve der Form

$$\Delta\varepsilon = a_1 + a_2{N_d}^{a_3} \tag{2.29}$$

mit einem Faktor 2 bzgl. Dehnungsschwingbreite bzw. einen Faktor von 20 bzgl. Zyklenanzahl, je nachdem, was den konservativeren Standpunkt beschreibt. Diese Faktoren sollen Effekte wie die der Umgebung, der Skala (zwischen Material und Prüfling), Oberflächengüte und Datenstreuung [63] abdecken. Sie sind auf keinen Fall als Sicherheitsfaktor zu verstehen. Die experimentellen Parameter a_1, a_2 und a_3 wurden in [62] ermittelt für RT, 450 °C, 550 °C und 650 °C. Allerdings ist die Temperatur in den hier betrachteten Simulationen nicht konstant, weswegen der konservative Parametersatz ($a_1 = 2{,}88e - 3$, $a_2 = 1{,}92$ und $a_3 = -0{,}73$) bei 650 °C gewählt wurde, was der Haltetemperatur des FEM-Modells entspricht. Als Berechnungsvorschrift für die äquivalente Dehnungsschwingbreite $\Delta\varepsilon$ kann zwischen dem ASME- und dem RCC-MR-Standard gewählt werden. Beide Standards sind im Anhang E genauer beschrieben und liefern im hier be-

trachteten Anwendungsfall das gleiche Ergebnis. Konkret wird im Rahmen dieser Arbeit stets der RCC-MR-Standard herangezogen.
Bei der Betrachtung der zeitlichen Entwicklung der Größe $\Delta\varepsilon$ kann zunächst eine starke Abnahme während der ersten Zyklen verzeichnet werden, die jedoch mit zunehmender Zyklenzahl schnell ein Sättigungsniveau erreicht (siehe Abb. 2.18). Dies rechtfertigt ein vereinfachtes Vorgehen, bei dem der nach 100 Zyklen erreichte Wert als konstant angenommen wird. Dieser ist für die jeweilige Schichtdicke in Abb. 2.19 eingetragen.

Ein Einsetzen der jeweiligen Dehnungsschwingbreite in Abb. 2.18 führt zur Anzahl erlaubter Zyklen, welche in Abb. 2.20 dargestellt ist. Während die Lötverbindung gemäß den Anforderungen der Design-Ermüdungskurve zu einer Lebensdauer von voraussichtlich einigen hundert Zyklen führt, beträgt die voraussichtliche Lebensdauer für linear gradierte Verbindungen mit einer Schicht dicker als 300 Mikrometer weit mehr als 1000 thermische Zyklen.

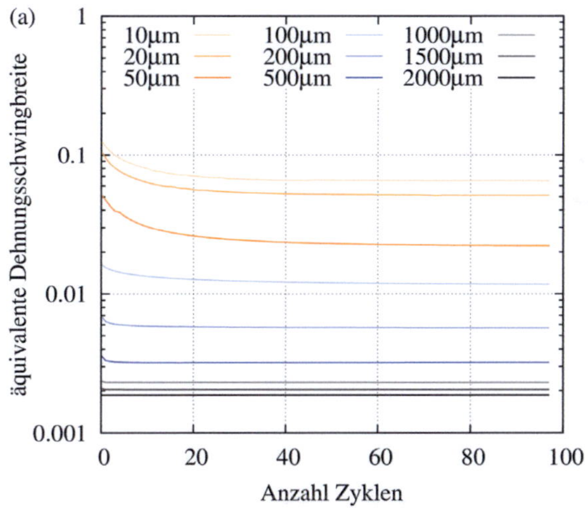

Abb. 2.18: Maximale äquivalente Dehnungsschwingbreite über die Zyklenanzahl für verschieden dicke linear gradierte Schichten.

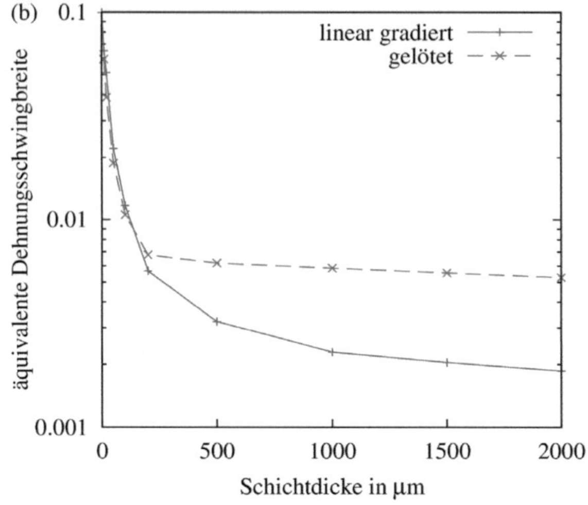

Abb. 2.19: Maximale äquivalente Dehnungsschwingbreite im EUROFER97-Bereich nach 100 Zyklen.

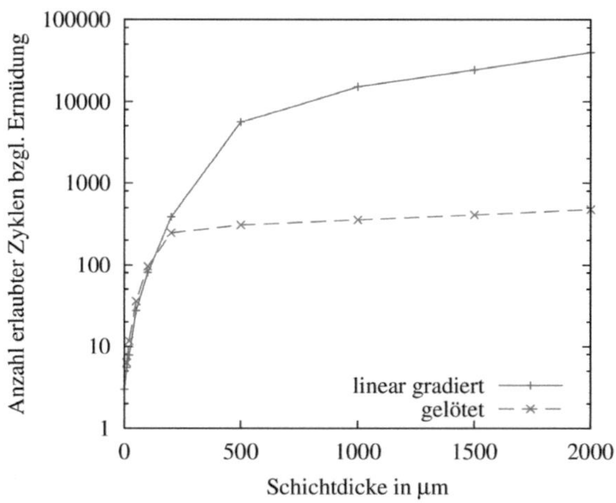

Abb. 2.20: Anzahl erlaubter Zyklen bzgl. Ermüdung im EUROFER97-Bereich.

2.6.1.2 Versagen bzgl. Kriechschädigung

Zeitstandskurven für EUROFER97 sind in [53] basierend auf Kriechversuchen publiziert worden. Die Beziehung zwischen der Zugspannung σ_r in MPa und dem Larson-Miller-Parameter

$$P = [30 + log\,(t_d)] \cdot \frac{\theta + 273}{1000}, \tag{2.30}$$

wobei θ die Temperatur in Grad Celsius und t_d die Haltezeit in Stunden ist, kann durch eine quadratischen Funktion, welche an die Datenpunkte angepasst wurde, darstellt werden. In [53] wird diese Funktion wie folgt angegeben:

$$\sigma_r = 0{,}888324P^2 - 88{,}452P + 1950{,}1 \tag{2.31}$$

Aufgrund statistischer Schwankungen, bedingt durch Versuchsaufbau und Material, empfiehlt es sich, auf konservative Art und Weise die angepasste Funktion soweit nach unten zu verschieben, bis alle Datenpunkte im Larson-Miller-Plot darüber liegen (siehe Abb. 2.21). In [53] wird ein Versatz von 14,1 MPa postuliert:

$$\sigma_r = 0{,}888324P^2 - 88{,}452P + 1936 \tag{2.32}$$

Die daraus abgeleiteten Design-Kriterien in [62] sind gegeben durch die Beziehung:

$$\sigma_r = (0{,}888324P^2 - 88{,}452P + 1936) \cdot 0{,}9 \tag{2.33}$$

Zur Überprüfung der Qualität der Messdaten in [53] kann eine weitere Quelle zum Vergleich herangezogen werden. Bei 980 °C für 27 min normalisiertes und bei 760 °C für 2 h angelassenes EUROFER97 der Charge E83698 wurde in [33] anhand von Kriechversuchen untersucht. Sowohl die einzelnen Datenpunkte als auch die quadratische Anpassung der Form

$$\sigma_r = 1{,}05049P^2 - 97{,}2822P + 2067 \tag{2.34}$$

sind in Abb. 2.21 dargestellt.

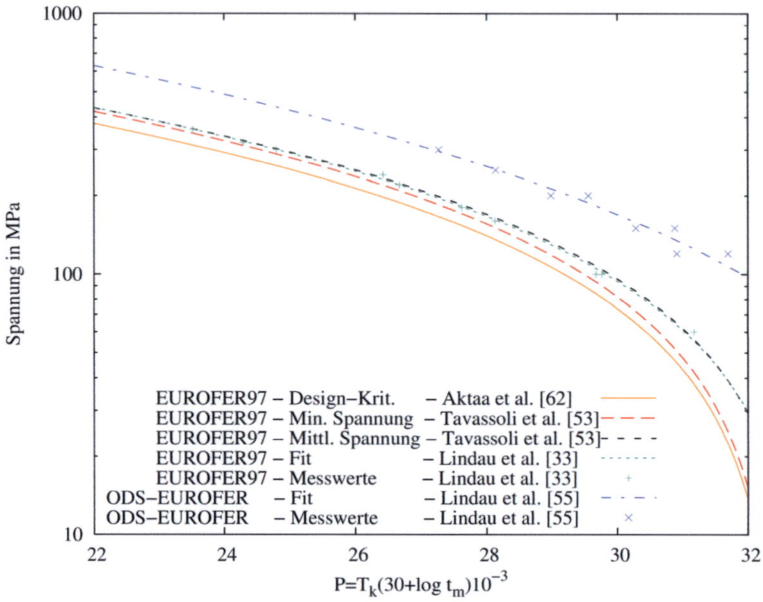

Abb. 2.21: Messwerte bzw. daran angepasste Zeitstandskurven von EUROFER97 und ODS-EUROFER dargestellt als Larson-Miller-Plot.

Die Division von t_d durch die Haltezeit eines Zyklus t_z führt zu einer einfachen Abschätzung der Anzahl erlaubter Zyklen

$$N_{cr} = \frac{t_d}{t_z}. \tag{2.35}$$

Dieser Rechenweg setzt jedoch eine konstante Spannung voraus, was in der hier betrachteten Simulation nicht der Fall ist, sodass das Prinzip der linearen Schadensakkumulation erforderlich ist. Die Kriechschädigung pro Zyklus wird nach diesem Prinzip über folgende Summenformel berechnet:

$$D_{cr} = \sum_{i=0}^{N} \frac{\Delta t_i}{t_d(\sigma_i)} \tag{2.36}$$

Die Anzahl der Zeitschritte wird dabei mit N bezeichnet, die erlaubte Haltezeit mit $t_d(\sigma_i)$, die Spannung zum Zeitschritt i mit σ_i und die Zeitschrittlänge mit Δt_i. Die Anzahl der erlaubten Zyklen N_{cr} ergibt sich nun durch den Kehrwert der Schädigung pro Zyklus:

$$N_{cr} = \frac{1}{D_{cr}} \tag{2.37}$$

Abb. 2.22 skizziert das Prinzip der linearen Schadensakkumulation für einen angenommenen exponentiellen Abfall der Spannung.

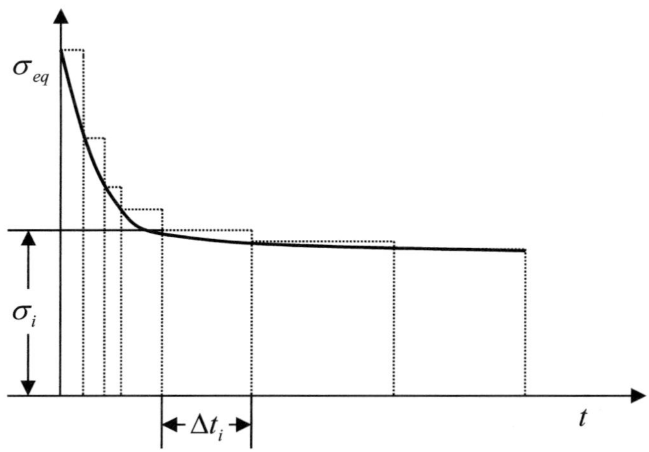

Abb. 2.22: Skizzierte Spannungsrelaxation durch Kriechen im EUROFER97-Bereich.

Auch dieser Rechenweg beinhaltet bereits eine gewisse Voraussetzung, nämlich dass der Spannungsverlauf für alle Zyklen eine konstante Form hat. Dieser Umstand ist jedoch nicht geboten, was beim Vergleich des Spannungsverlaufs des ersten Zyklus (Abb. 2.23 (a)) mit dem des einhundertsten (Abb. 2.23 (b)) ersichtlich wird. Tendenziell ist eine Zunahme der Spannungen bei steigender Zyklenzahl für dünne Schichten festzustellen und eine Abnahme für dickere Schichten. Zwar wurde die Annahme gleichbleibender Spannungsverläufe zunächst in Erwägung gezogen, da somit die

Schädigung eines Zyklus für alle Integrationspunkte berechnet werden kann, aber aufgrund der zu großen Abweichungen wieder verworfen. Der letztlich gewählte Rechenweg beinhaltet die komplette lineare Schadensakkumulation aller Zeitschritte während der Haltezeit bei 650 °C, jedoch nur für einen einzigen ausgewählten Integrationspunkt. Aufgrund begrenzter Arbeitsspeicherkapazität war die Berechnung für alle Integrationspunkte nicht möglich. Als Integrationspunkt wurde derjenige ausgewählt, der die größte Schädigung innerhalb des 100. Zyklus akkumuliert. Obwohl die abgeschätzte erforderliche Lebensdauer der Divertor-Komponente 1000 Zyklen beträgt [51], wurden lediglich 100 thermische Zyklen simuliert, um die Rechenzeit in einem vernünftigen Rahmen zu halten. Für höhere Zykluszahlen wird bei der Berechnung des akkumulierten Schadens der Schaden des 100. Zyklus linear extrapoliert, was einen konservativen Schadenswert ergibt, der über dem tatsächlichen Schadenswert liegt. Die Kriechschädigung für Temperaturen unterhalb von 650 °C wird vernachlässigt.

In Abb. 2.24 ist die akkumulierte Kriechschädigung über die Zykluszahl für den (für jede Schichtdicke individuell) ausgewählten Integrationspunkt aufgetragen. Bis zu 100 Zyklen werden die berechneten Daten angezeigt und auf eine höhere Anzahl von Zyklen linear extrapoliert, wobei eine konstante Steigung angenommen wird.

Die Anzahl erlaubter Zyklen kann nun anhand der akkumulierten Kriechschädigung ermittelt werden. Sie entspricht demjenigen Zyklus, bei dem eine Schädigung mit dem Wert eins erreicht wird. Gemäß dem Design-Kriterium (2.33) erreicht die Kriechschädigung mancher Integrationspunkte bereits nach einem Zyklus Werte größer als eins für Schichten, die dünner als 200 Mikrometer sind (siehe Abb. 2.24).

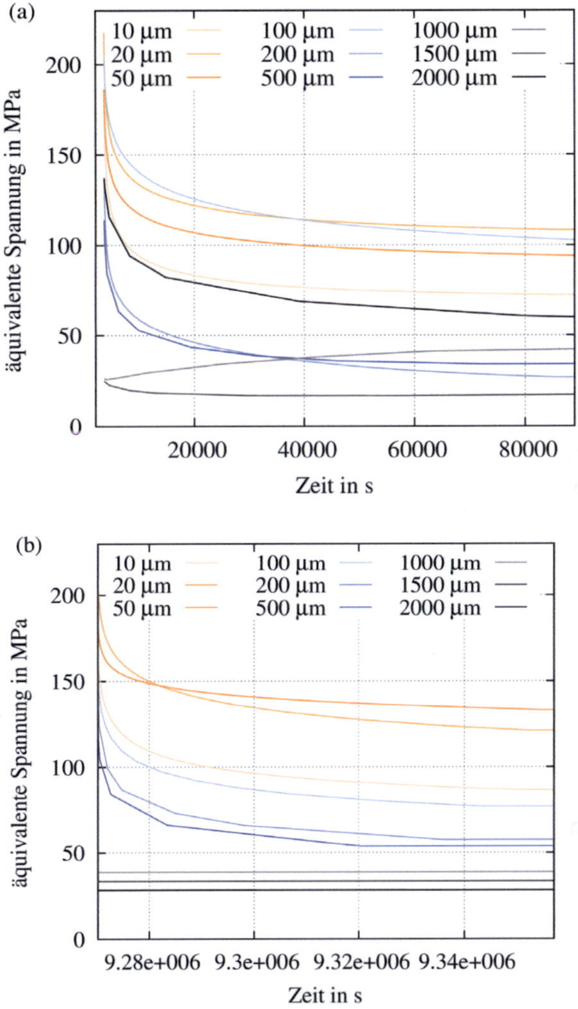

Abb. 2.23: Maximale äquivalente Spannung (RCC-MR) über die Haltezeit bei 650 °C des (a) ersten und des (b) hundersten Zyklus.

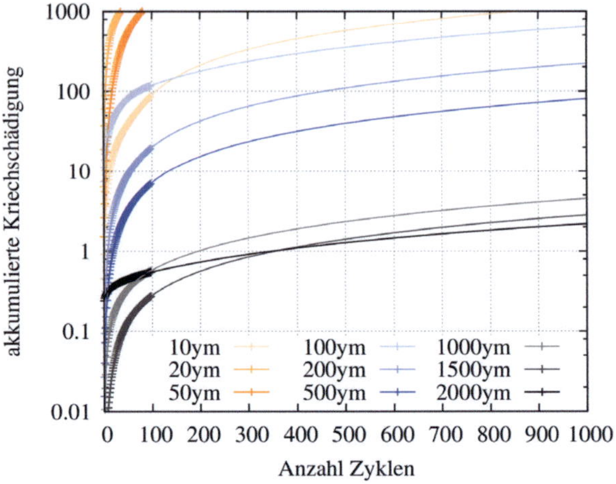

Abb. 2.24: Akkumulierte Kriechschädigung linear gradierter Verbindungen gemäß dem Design-Kriterium (2.33) über die Anzahl Zyklen für den jeweiligen ausgewählten Integrationspunkt im EUROFER97-Bereich.

In Bezug auf die Anzahl der erlaubten Zyklen aufgrund von Kriechschädigung (Abb. 2.25 (a)) ist eine klare positive Korrelation zur Schichtdicke festzustellen. Für den Fall gelöteter Zwischenschichten erreicht unabhängig von der Schichtdicke mindestens ein Integrationspunkt eine Kriechschädigung von eins beim allerersten Zyklus. Zwei Millimeter dicke linear gradierte Schichten erlauben eine Zyklenanzahl von immerhin 347 gemäß dem Design-Kriterium (2.33) bei einer Anfangstemperatur von 1000 °C. Eine Senkung der anfänglichen Temperatur, bei der sich das Modell im spannungsfreien Zustand befindet, auf 800 °C erbringt eine Erhöhung der Anzahl erlaubter Zyklen auf 493. Die Variation der Neigung der Zwischenschicht (Abb. 2.25 (b)) steigert nochmals die mögliche Zyklenanzahl bei positiven Neigungswinkeln. In Abb. 2.17 (b) ist die Bedeutung positiver Neigungswinkel verdeutlicht.

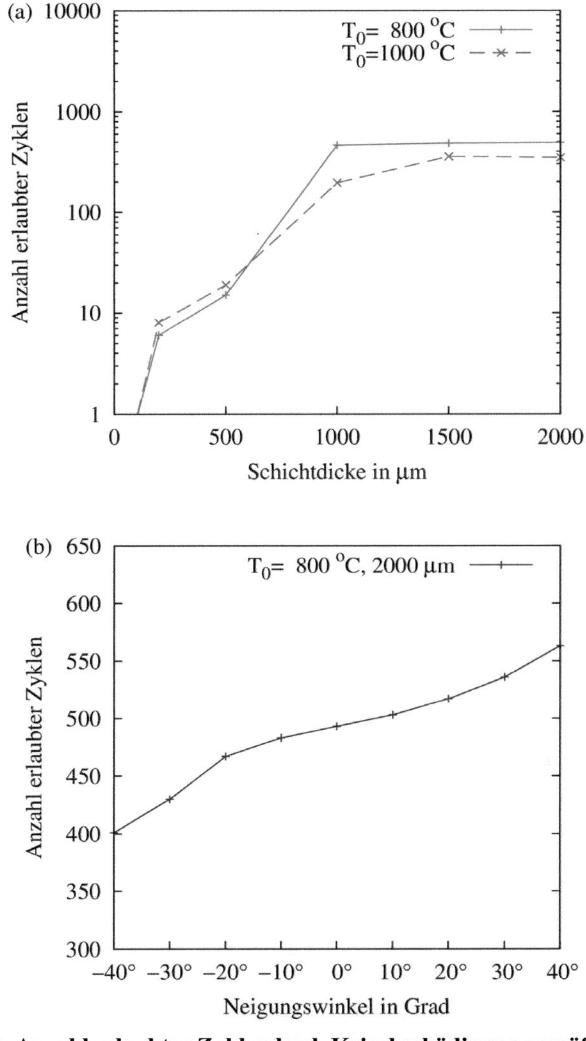

Abb. 2.25: Anzahl erlaubter Zyklen bzgl. Kriechschädigung gemäß dem Design-Kriterium (2.33) im EUROFER97-Bereich unter Annahme einer konstanten Schädigungsrate nach dem 100. Zyklus in Abhängigkeit (a) der Schichtdicke und (b) des Neigungswinkels bei linear gradierten Schichten.

Anhand dieser Analyse geht ebenfalls hervor, dass eine weitere Steigerung der Schichtdicke selbst auf bis zu 4 mm, keine weitere Minderung der Kriechschädigung bei thermischer Zyklierung mit sich bringt. Die Ursache hierfür ist struktureller Natur, bedingt durch Biegespannungen, die von der Radiusdifferenz der Wolfram- zur EUROFER97-Hülse herrühren (siehe Abb. 2.26). Ein wesentlicher Vorteil linear gradierter Zwischenschichten ist die Reduzierung von Spannungen, welche unmittelbar beim Materialübergang vorliegen. Ab ca. 1 mm Schichtdicke sind diese Spannungen jedoch weitestgehend ausgemerzt, sodass die zuvor genannten Biegespannungen überwiegen. Diese Biegespannungen erstrecken sich für den in Abb. 2.26 gezeigten Fall über mehr als 5 mm in Axialrichtung, sodass erst bei Schichtdicken in dieser Größenordnung eine weitere Minderung der Kriechschädigung zu erwarten ist.

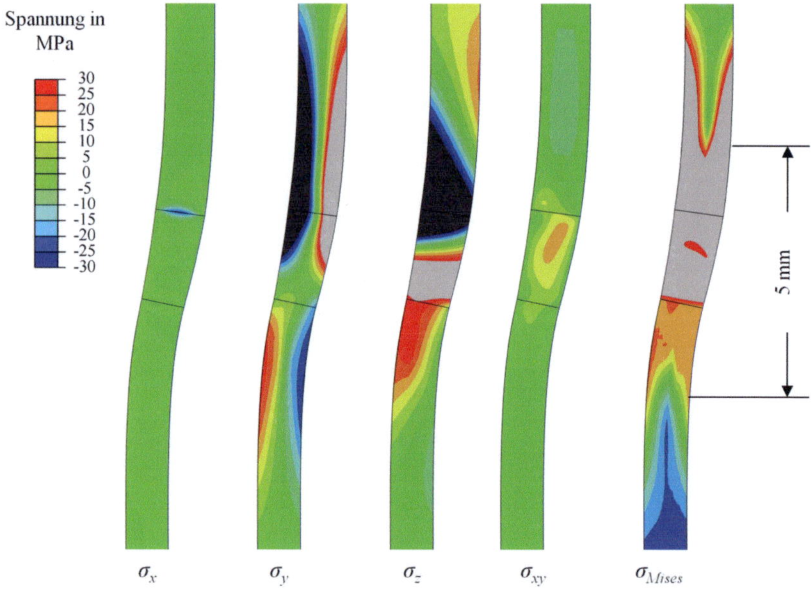

Abb. 2.26: Konturplots verschiedener Spannungen für eine 2 mm dicke linear gradierte Schicht nach dem 100. Zyklus bei 650 °C. Deformationen sind 100-fach vergrößert dargestellt.

2.6.1.3 Vergleich zwischen EUROFER97 und ODS-EUROFER

Ein anderer Ansatz um die erlaubte Anzahl Zyklen bzgl. Kriechschädigung zu erhöhen ist die Wahl eines kriechfesteren Werkstoffes. Dazu sei in diesem Kapitel das in Abschnitt 1.4.4 dargelegte dispersionsgehärtete ODS-EUROFER mit EUROFER97 verglichen. Die Herkunft der Eingangsparameter für die FEM-Simulation sowie die getroffenen Annahmen werden im Anhang A beschrieben. An die in Abb. A.2 bzw. Tab. A.1 aufgelisteten Datenpunkte aus [55] für ODS-EUROFER-Plattenmaterial (in transversaler Richtung getestet) konnte folgende Funktion angepasst werden:

$$\sigma_r = 2{,}1602P^2 - 169{,}949P + 3323{,}63 \tag{2.38}$$

Diese Funktion dient bei der Berechnung der Kriechschädigung in diesem Abschnitt als Bewertungskriterium. Da für ODS-EUROFER noch kein Design-Kriterium vorliegt, kann ein Vergleich mit EUROFER97 nur in Zusammenhang mit Funktion (2.31) durchgeführt werden. Abb. 2.27 zeigt das Ergebnis dieser Analyse.

Es zeigt sich, dass die Verwendung des kriechfesteren ODS-EUROFER nicht zu einer Erhöhung der Anzahl erlaubter Zyklen führt. Ursache hierfür sind die im Vergleich zum EUROFER97 geringen Kriechraten und der somit einhergehenden verringerten Spannungsrelaxation. Beim Vergleich beider Materialien liegt nach der gleichen Anzahl Zyklen beim ODS-EUROFER eine erheblich höhere RCC-MR-Spannung (102,3 MPa) vor als dies beim EUROFER97 der Fall ist (29,8 MPa), siehe Abb. 2.28. Zwar eignet sich der dispersionsgehärtete Stahl für den Einsatz in einer spannungsgesteuerten Umgebung, nicht aber in jedem Fall für dehnungsgesteuerte Anwendungen, wie dies hier der Fall ist. Das hier präsentierte Ergebnis basiert jedoch stark auf den getroffenen Annahmen und benutzten Eingangsparametern (siehe Anhang A). Eine abschließende Klärung, ob der Einsatz von ODS-EUROFER nicht doch Vorteile birgt, lässt sich nur durch eine präzise Erhebung von Messdaten für Design-Kriterien realisieren.

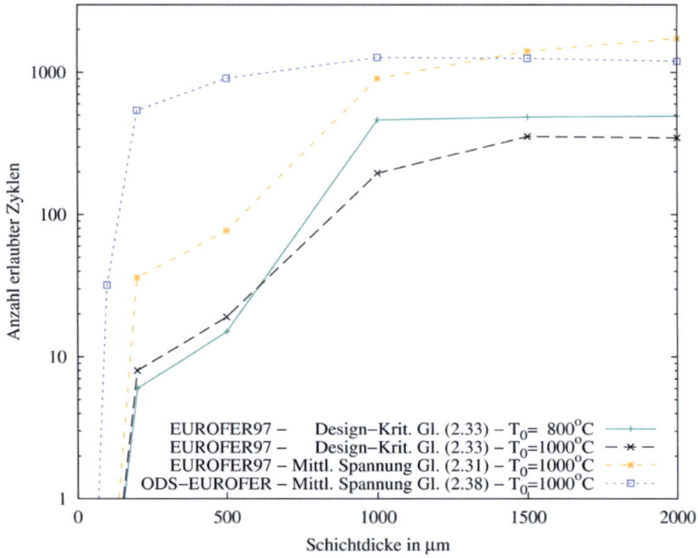

Abb. 2.27: Anzahl erlaubter Zyklen bzgl. Kriechschädigung bei linear gradierten Schichten.

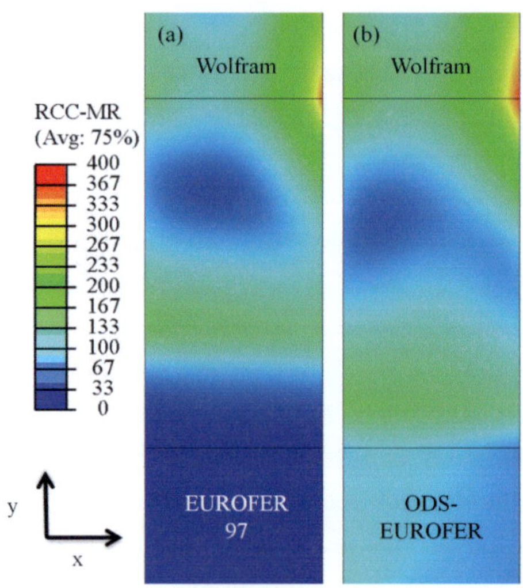

Abb. 2.28: Konturplots, welche die RCC-MR-Spannungen nach 100 Zyklen bei T=0 °C für 2 mm dicke linear gradierte Schichten und T_0=1000 °C für (a) EUROFER97 und (b) ODS-EUROFER zeigen.

2.6.1.4 Generelle Überlegungen

In diesem Unterkapitel soll anhand von Gedankenexperimenten mit einfachen Modellen eine analytische Abschätzung für die Kriechschädigung eines fiktiven EUROFER97-Elements während der Hochtemperatur-Phase bei 650 °C gemacht werden. Die Erkenntnisse der analytischen Berechnungen werden anschließend mit den numerisch berechneten Ergebnissen verglichen.

Angenommen sei ein eindimensionales finites Element mit dem Elastizitätsmodul E, das mit einer konstanten Gesamtdehnung

$$\varepsilon_0 = \varepsilon_{el} + \varepsilon_{cr} + \varepsilon_{pl} \tag{2.39}$$

belastet wird und durch Kriechen relaxiert. Die elastische Dehnung $\varepsilon_{el} = \frac{\sigma}{E}$ sei durch das Hooke'sche Gesetz und die Kriechdehnungsrate $\dot{\varepsilon}_c = C \cdot \sigma^n$ durch das Norton-Gesetz beschrieben, wohingegen die plastische Verformung $\varepsilon_{pl} = 0$ vernachlässigt wird. Der zeitliche Spannungsverlauf beginnend beim Ausgangswert $\sigma_0 = E \cdot \varepsilon_0$ kann somit mit

$$\sigma(t) = \sigma_0 \cdot [1 + \sigma_0^{n-1} \cdot (n-1) \cdot E \cdot C \cdot t]^{\frac{1}{1-n}} \tag{2.40}$$

beschrieben werden. Die integrale Formulierung des akkumulierten Schadens zur Zeit t ist gegeben durch

$$D(t) = \int_0^t \frac{1}{t_D\big(\sigma(t)\big)} dt \tag{2.41}$$

und die erlaubte Zeit in Stunden t_d durch die beiden Beziehungen (2.33) und (2.30). In Abb. 2.29 ist der akkumulierten Schaden bei der Temperatur $\theta = 650\,°C$ über die Anfangsspannung σ_0 für ein Element mit dem E-Modul $E = 169{,}3\,\text{GPa}$ und den Kriech-Parametern $C = 1{,}72686 \cdot 10^{-21}\,\text{s}^{-1}\text{MPa}^{-\text{n}}$ und $n = 6{,}7473$ aufgetragen. Man kann erkennen, dass ein Großteil der Schädigung in der ersten Minute bei hohen Anfangsspannungen geschieht, während für niedrigere Anfangsspannungen der Schaden langsam im Laufe der Zeit zunimmt.

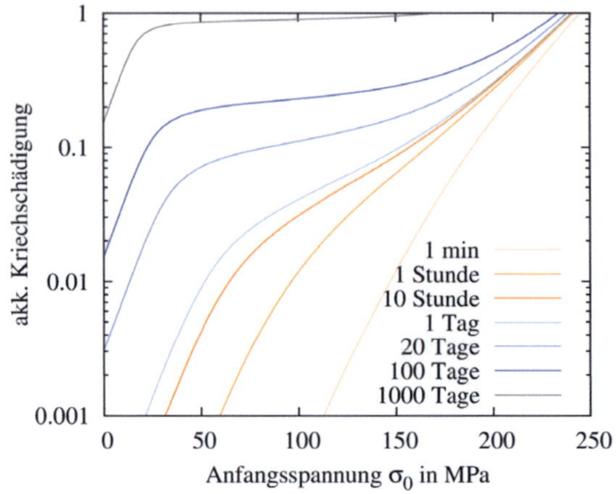

Abb. 2.29: Akkumulierte Kriechschädigung gemäß dem Design-Kriterium (2.33) bei konstanter nominaler Dehnung und 650 °C für ein fiktives EUROFER97-Element.

2.6.1.5 Wechselwirkung zwischen Kriechen und Ermüdung

Der Kriechschaden D_{cr} darf nicht unabhängig vom Ermüdungsschaden D_f ebenfalls den Wert eins annehmen. Aufgrund der Wechselwirkung beider Schadensmechanismen kann ein Versagen des Bauteils bereits auftreten, bevor die Summe beider Schadensarten den Wert eins erreicht. Der nach derzeitigem Erkenntnisstand erlaubte Wertebereich von D_{cr} und D_f ist graphisch in [62] und in Abb. 2.30 skizziert.

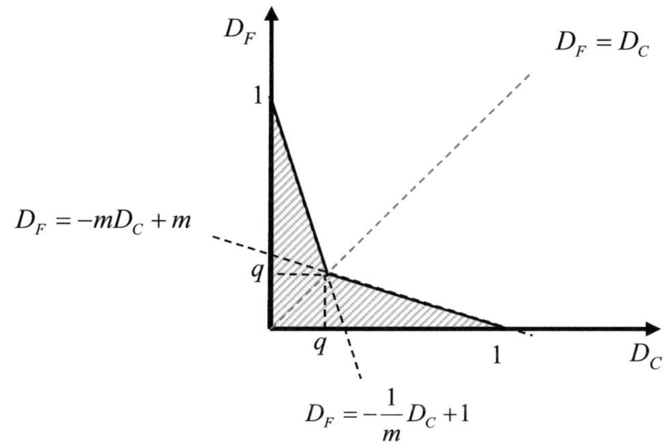

Abb. 2.30: Erlaubter Wertebereich für die Kombination von Kriech- und Ermüdungsschädigung (schraffierte Fläche).

Unter Berücksichtigung dieser Wechselwirkung folgt, dass die Gesamtanzahl erlaubter Zyklen mit

$$N_t = max\left(\frac{1}{\frac{1}{mN_{cr}} + \frac{1}{N_f}}, \frac{1}{\frac{1}{N_{cr}} + \frac{1}{mN_f}}\right) \tag{2.42}$$

berechnet werden muss, wobei N_{cr} die Anzahl erlaubter Zyklen bzgl. Kriechschädigung, N_f die Anzahl erlaubter Zyklen bzgl. Ermüdung und

$$m = \frac{q}{1-q} \tag{2.43}$$

ist. Da jedoch bisher noch keine experimentellen Daten für EUROFER97 erhoben wurden, wird ein eher konservativer Wert $q = 0{,}1$ angenommen [62]. Abb. 2.31 zeigt die Gesamtzahl erlaubter Zyklen für den EUROFER97-Bereich unter Berücksichtigung der Kriech-Ermüdungs-Wechselwirkung. Die vielfach schwerwiegendere Kriechschädigung gegenüber der Ermüdung führt dazu, dass die Kurven in Abb. 2.31 und Abb. 2.25

(a), wo nur Kriechschädigung allein betrachtet wird, nahezu deckungsgleich sind.

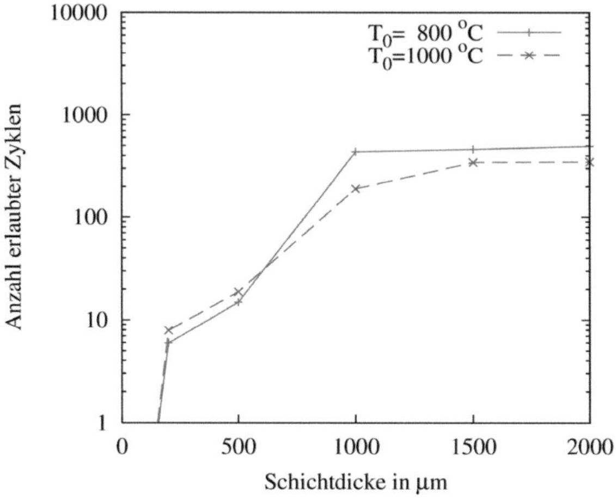

Abb. 2.31: Gesamtanzahl erlaubter Zyklen gemäß dem Kriterium (2.33) im EUROFER97-Bereich.

2.6.2 Lebensdauerabschätzung des Wolfram-Bereichs

2.6.2.1 Versagen bzgl. Ermüdung

Die äquivalente Dehnungsschwingbreite in Abhängigkeit von der Anzahl der Zyklen bis zum Versagen ist für Wolfram in [186] durch die von Coff-in-Manson [187] und Basquin [188] erstellte Gleichung

$$\varepsilon_{total} = a_1 \cdot N_f^{b_1} + a_2 \cdot N_f^{b_2} \tag{2.44}$$

gegeben. Der erste Summand repräsentiert dabei die plastische Dehnung und der zweite die elastische Dehnung. $a_1 = 7{,}895$, $b_1 = -0{,}48$, $a_2 = 3{,}4546$ und $b_2 = -0{,}24$ sind Parameter einer Anpassung von experimentellen Daten für wärmebehandeltes Wolfram bei 815 °C.

Die Dehnungsschwingbreite ist für den Wolfram-Abschnitt auf die gleiche Weise wie für den EUROFER97-Bereich für den 100. Zyklus gemäß dem RCC-MR-Standard berechnet worden. Die Ergebnisse sind in Abb. 2.32

dargestellt. Für eine gegebene äquivalente Dehnungsschwingbreite $\Delta\varepsilon$ wurde die Anzahl erlaubter Zyklen N_d durch numerisches Lösen folgender Gleichung ermittelt:

$$\Delta\varepsilon = min\left\{\frac{1}{2}\left(a_1 \cdot N_d^{b_1} + a_2 \cdot N_d^{b_2}\right), a_1 \cdot (20N_d)^{b_1} + a_2 \cdot (20N_d)^{b_2}\right\} \quad (2.45)$$

In Anbetracht der geringen Dehnungsschwingbreiten ist die Anzahl erlaubter Zyklen, siehe Abb. 2.32, sehr hoch, sie liegt weit über 1000 Zyklen für lineare gradierte Schichten und rund 1000 Zyklen für gelötete Verbindungen.

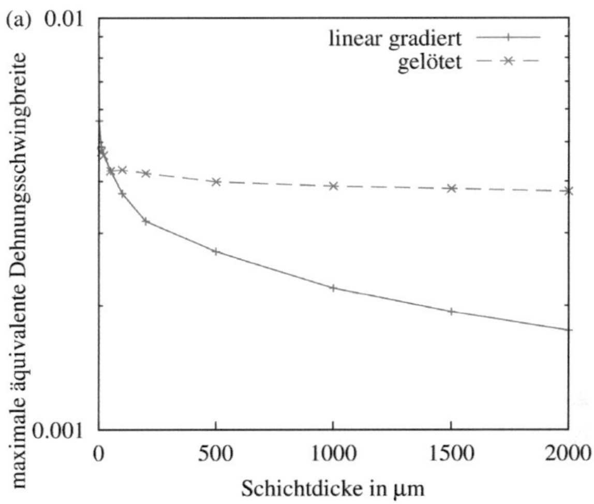

Abb. 2.32: Maximale äquivalente Dehnungsschwingbreite.

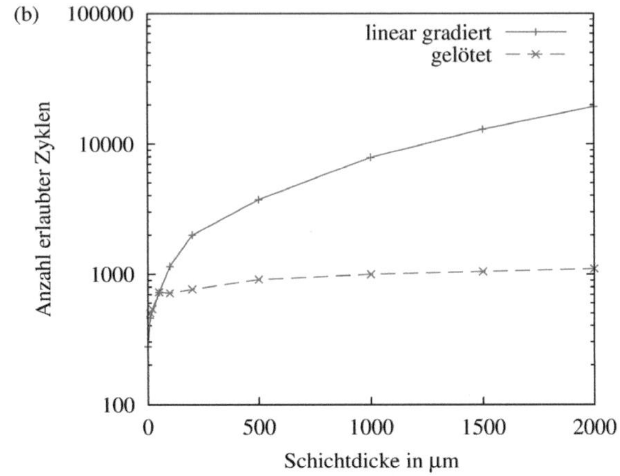

Abb. 2.33: Anzahl erlaubter Zyklen bzgl. Ermüdung im Wolfram-Bereich.

2.6.3 Zusammenfassung

Die Ermüdungsanalyse zeigt, dass die auftretenden Dehnungsschwingbreiten, für linear gradierte Schichten dicker als 300 µm, im Wolfram- und EUROFER97-Bereich ausreichend klein sind um 1000 Zyklen zu überstehen. Diese Zyklenzahl wurde für ein zukünftiges funktionsfähiges Fusionskraftwerk abgeschätzt [51]. Im Gegensatz dazu ist die Verwendung von Lötverbindungen gemäß den in Betracht gezogenen Design-Kriterien auf nur wenige hundert Zyklen beschränkt.

Wichtiger als die Ermüdung im EUROFER97-Bereich ist jedoch die Kriechschädigung, die bereits nach wenigen Zyklen für dünne Schichten schwerwiegend ist. Die bereits nach einem einzigen Zyklus hohe akkumulierte Kriechschädigung ergibt sich durch den Umstand, dass im EUROFER97-Bereich das Material bereits bis zu seiner Streckgrenze belastet ist, sobald die Spannungsrelaxation durch Kriechen nach dem Erhitzen beginnt. Die Streckgrenze für EUROFER97 bei 650 °C in der durchgeführten FEM-Simulation beträgt 216,5 MPa. Beginnt die Spannungs-Relaxation mit diesem Spannungs-Wert im Gedankenexperiment, so führt dies bereits zu einem akkumulierten Kriechschaden nach einem Tag gemäß Design-Kriterium von 0,48, siehe Abb. 2.29. Höhere akkumulierte Schäden für dünne Schichten und direkte Verbindungen können leicht erreicht werden,

wenn die Gesamtdehnung in Gleichung (2.39) nicht konstant ist, sondern sogar ansteigt, wenn das Wolfram die Dehnung vorgibt. Die Expansion der lediglich elastisch belasteten Wolfram-Elemente geht mit der Abnahme der Spannung einher. Bildlich gesprochen, wirkt das Wolfram wie eine Feder, die das EUROFER97 durch Kriechen in die Länge zieht.
Die durchgeführte Lebensdauerabschätzung, die sowohl Ermüdung als auch Kriechen berücksichtigt, zeigt die wichtige Bedeutung der funktionell gradierten Schichten bei der Fügung von Wolfram und EUROFER97. Zwar bewirken auch Lötschichten eine Reduzierung der thermisch induzierten Spannungen, sind aber in Bezug auf die Lebensdauer bzgl. Kriechschädigung gemäß dem EUROFER97-Design-Kriterium lediglich auf wenige Zyklen begrenzt, da das Material bei Beginn der Haltephase stellenweise bis zur Streckgrenze belastet wird.
Abschließend seien zwei Gedanken bzgl. der Aussagekraft der durchgeführten Lebensdaueranalyse im EUROFER97-Bereich aufgelistet:

a) Die angenommenen Kriechraten in der FEM-Simulation sind Mindestkriechraten, die während des gesamten Kriechversuchs bei der Materialcharakterisierung gemessen werden. D. h. in Wirklichkeit sind höhere Kriechraten und somit niedrigere Spannungen zu erwarten. In Kombination mit den hier verwendeten Design-Kriterien, die vielmehr für den spannungsgesteuerten Fall konzipiert sind, führt dies zu einer konservativen Abschätzung der Lebensdauer.

b) Aufgrund begrenzt zur Verfügung stehenden Computerarbeitsspeicher war es nicht möglich die akkumulierte Kriechschädigung aller Integrationspunkte zu berechnen, um anschließend denjenigen mit der höchsten Schädigung auszuwählen. Folglich gibt es womöglich Integrationspunkte, die eine höhere akkumulierte Schädigung aufweisen als hier in den Ergebnissen dargestellt. Dies würde bedeuten, dass die tatsächliche Anzahl erlaubter Zyklen geringer ist. Dies gilt besonders für dünne Schichten, während dicke Schichten eine ziemlich gleichmäßige Spannungsverteilung aufweisen, sodass es nahezu irrelevant ist, welcher Integrationspunkt gewählt wird. Die räumlich gleichmäßige Spannungsverteilung rechtfertigt zugleich, lediglich einen einzigen Integrationspunkt auszuwerten und eliminiert die Notwendigkeit ein Mindestvolumen auszuwerten. Korrekt ist auf jeden Fall die Aussage: Es gibt mindestens einen Integrationspunkt, der lediglich jene in den Abb. 2.25 und Abb. 2.27 dargelegte Anzahl Zyklen gemäß den Design-Kriterien erlaubt.

2.7 Ausfallwahrscheinlichkeit

In diesem Kapitel werden Ausfallwahrscheinlichkeiten für den Wolfram-Bereich des Fingerhuts im Hinblick auf die Weibull-Statistik und der linear-elastischen Bruchmechanik (LEBM) mithilfe des STAU-Postprozessors [65] berechnet. Der Name des Postprozessors ist ein Akronym für Statistische Auswertung. Eine kurze mathematische Beschreibung der internen Berechnungen von STAU ist im Anhang F gegeben. Aufgrund der Sprödigkeit bei niedrigen Temperaturen und der Versprödung durch Neutronenbestrahlung von Wolfram liegt die Durchführung einer probabilistischen Schadensanalyse nahe, um weitere Erkenntnisse über die zu erwartende Zuverlässigkeit der Divertorkomponente zu sammeln. Sprödes Materialverhalten ist eine Folge der geringen Widerstandsfähigkeit des Werkstoffes gegenüber der Ausbreitung von Rissen, weshalb einzelne kleine herstellungsbedingte Fehler als Ausgangspunkte des Materialversagens betrachteten werden. Spannungsspitzen an diesen Fehlern können in spröden Materialien nicht durch plastische Verformung abgebaut werden. Die große Streuung der mechanischen Eigenschaften, insbesondere der Festigkeit, ist auf die statistische Verteilung der Fehlergröße und der Fehlerlage zurückzuführen. Bei der Dimensionierung von Bauteilen muss letztlich der Zusammenhang zwischen Versagenswahrscheinlichkeit und vorgegebener Belastung berücksichtigt werden. Der Einfluss der Dicke und des Neigungswinkels der gradierten Wolfram/EUROFER97-Verbindung auf die Ausfallwahrscheinlichkeiten wurde untersucht. Die Weibull-Parameter für WL10 wurden in Vier-Punkt-Biegeversuchen bestimmt und als Eingangsdaten für die Fehleranalyse des Fingerhutmoduls benutzt. Der STAU-Code greift auf die Theorie des schwächsten Glieds zurück, gemäß derer das Versagen eines Bauteils durch instabile Ausbreitung des gefährlichsten Risses, der von Natur aus in jedem Material vorliegt [66][67][68], geschieht. Der kritischste Riss wird dabei entsprechend der Bruchmechanik anhand der ungünstigsten Konstellation von Größe, Position und Orientierung für ein gegebenes Spannungsfeld bestimmt.

Das zugrundeliegende FEM-Modell entspricht bis auf folgende Abänderungen dem gleichen wie dem in Kapitel 2.2 beschriebenen: Unter der Annahme eines heißen Herstellungsprozess wurde die anfängliche Temperatur, bei der das FEM-Modell spannungsfrei ist, mit den drei Werten 800 °C / 900 °C / 1000 °C variiert. Wie gehabt wird das FEM-Modell durch die Absenkung der Temperatur auf 0 °C belastet. Der temperaturabhängige E-Modul, die Streckgrenze und der thermische Ausdehnungskoeffizient bleiben unverändert für EUROFER97 und den gradierten Bereich. Für den Wolfram-Bereich ist jedoch die Entfernung der Plastizität unterhalb der spröd-duktilen Übergangstemperatur (DBTT) [69] notwendig (Abb. 2.34), da die LEBM keine plastische Verformung vorsieht. Eine Begrenzung von Spannungen durch Setzen einer Fließgrenze zur Simulation plastischer Verformung führt zu einer zu geringen Ausfallwahrscheinlichkeit. Der Sprödbruch kann nämlich gemäß der Weibull-Verteilung auch bei Spannungen oberhalb der im Modell angenommenen Fließgrenze auftreten. Die höchste Wahrscheinlichkeit für einen Sprödbruch im Wolfram-Bereich ist bei Temperaturen unter DBTT zu erwarten, wenn diese maximal sind, sodass nur der Zustand bei 0 °C für die Schadensanalyse berücksichtigt wird. Tab. 2.6 fasst die in der STAU-Analyse verwendeten Konstanten zusammen.

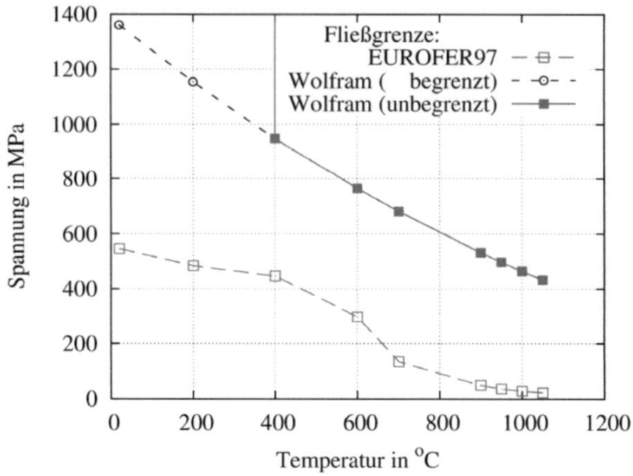

Abb. 2.34: Verwendete Fließgrenze für die STAU-Analyse.

Beschreibung	Wert
Höhe des 4.-Biegebalkens	3,0 mm
Breite des 4.-Biegebalkens	4,0 mm
Innere Spannweite der Auflager	20,0 mm
Äußere Spannweit der Auflager	40,0 mm

Tab. 2.6: Verwendete Konstanten in der STAU-Analyse.

2.7.1 Ermittlung der Weibull-Parameter

Um die erforderlichen Weibull-Parameter für die STAU-Analyse zu erhalten, wurden Vier-Punkt-Biegeversuche bei Raumtemperatur mit gewalztem Stabmaterial aus gesintertem WL10 des Herstellers Plansee AG, Österreich, durchgeführt. Der Versuchsaufbau ist im Kapitel 4.13 beschrieben und entspricht der Norm DIN EN 843. Die Größe der Biege-Proben beträgt 3x4x45 mm, der Abstand der inneren Auflager 20 mm und 40 mm für die äußeren. Die langen Kanten der Proben liegen parallel zur Rotationsachse des Ausgangsmaterials, sodass die Biegekraft an der Randfaser die gleiche Orientierung im Material hat wie die maximale Hauptspannung im betrachteten Anwendungsfall der Divertor-Komponente. Die Konformität der Lastrichtung im Biegeversuch und im Anwendungsfall ist in Anbetracht der starken Anisotropie der Bruchzähigkeit wichtig [70]. 40 Proben wurden per Draht-Funkenerosion zugeschnitten und anschließend geschliffen. Eine leichte Abschrägung der Kanten verhindert eine Rissinitiierung an diesen. Die Oberflächenrauhigkeit (siehe Kapitel 4.12) wurde mit einem Oberflächenprofilometer des Typs Tencor P-10 Surface Profiler gemessen, wobei die folgenden maximalen Werte von vier Messungen resultierten: $R_a =$ 556 nm, $R_q = 739$ nm, $R_t = 4887$ nm und $R_z = 3223$ nm. Die gemessenen Daten sind im Weibull-Diagramm in Abb. 2.35 dargestellt und zeigen, dass diese einer 2-Parameter Weibull-Verteilung gehorchen. Die ermittelten Weibull Parameter sind $m = 12{,}8$ und $b = 1583$ MPa. Die einzelnen Messwerte sind im Anhang G in Tab. G.1 zu finden.

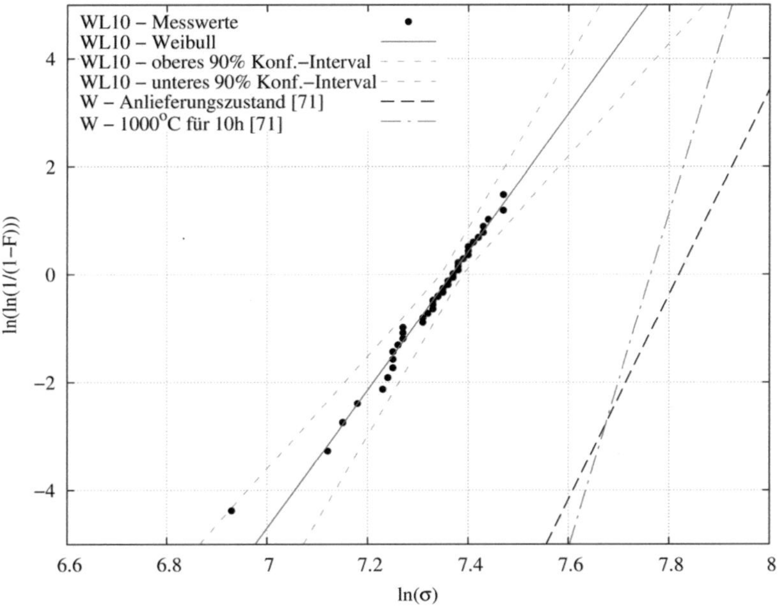

Abb. 2.35: Weibull-Diagramm für WL10 und W.

Am Institut für Plasmaphysik in Garching, Deutschland, wurden die Weibull-Parameter für warmgewalzte reine Wolframplatten vor und nach einer Wärmebehandlung bei 1000 °C für 10 h bereits ermittelt [71]. Höhere Biegefestigkeiten sowie eine geringere Streuung von reinem Wolfram kann im Vergleich zu WL10 festgestellt werden, was sich durch die Lanthan-Oxid-Teilchen, die als Rissquelle wirken, erklären lässt. Ein zweiter Grund könnte der Einfluss der Oberflächenmorphologie sein [72], was bedeutet, dass bei abnehmender Oberflächenrauheit größere Weibull-Parameter-Werte gemessen werden.

2.7.2 Ergebnis der STAU-Analyse

Bereits im Kapitel 2.4 wurde beschrieben, dass die kritischste Stelle im Wolfram-Bereich in der unteren rechten Ecke, genaugenommen in der Nähe der äußeren Oberfläche und dem Übergang zum gradierten Bereich, ist. Abb. 2.36 zeigt die maximale von-Mises-Spannung im Wolfram-Bereich für die beiden Fälle mit und ohne Plastizität für Wolfram unter 400 °C, nach der Abkühlung von 1000 °C auf 0 °C. Nur Schichten dicker als 1500 µm verformen sich nicht plastisch nach dem Abkühlen. Dieser Umstand zeigt, dass entweder eine optimierte Design-Geometrie der Verbindung oder ein spannungsfreier Zustand bei einer niedrigeren Temperatur angestrebt werden muss. Der spannungsfreie Zustand bei 1000 °C, wie hier betrachtet, entspricht dem Diffusionsschweißen von EUROFER97 [73][74] oder dem Löten von Wolfram mit Hilfe einer Zwischenschicht [18].

Mit dem STAU-Code kann sowohl eine Ausfallwahrscheinlichkeit ausgehend von Oberflächendefekten als auch eine ausgehend von Volumendefekten berechnet werden (siehe Anhang F). Abb. 2.37 (a) zeigt die Ausfallwahrscheinlichkeit nach dem Abkühlen und präsentiert einen höheren Wert für Oberflächenanrisse als für Anrisse im Volumen. In der Tat entspricht dieses Ergebnis dem Umstand, dass Spannungen an der äußeren Oberfläche des Wolfram-Bereichs konzentriert sind. Bei dieser Analyse stellt sich heraus, dass sich linear gradierte Übergänge dünner als 500 Mikrometer ungünstiger verhalten als gar keine Zwischenschicht. Aufgrund der Tatsache, dass die Zwischenschicht in dieser Simulation eine höhere Streckgrenze als reines EUROFER97 besitzt, sind erhöhte Spannungen im Wolfram-Bereich die Folge. Dicke Schichten können diesen Umstand ausgleichen, sodass kleinere Ausfallwahrscheinlichkeiten im Vergleich zu einer direkten Verbindung erreicht werden.

Der große Unterschied der Weibull-Parameter zwischen reinem Wolfram [71] und WL10 hat einen starken Einfluss auf die berechneten Ausfallwahrscheinlichkeiten. Um den Einfluss der Weibull-Parameter abzuschätzen, wurde ein Vergleich der Ausfallwahrscheinlichkeiten, die sich aus den experimentell ermittelten Parametern für reines Wolfram und für WL10 ergeben, durchgeführt. Die Ergebnisse sind in Abb. 2.37 (b) vorgestellt.

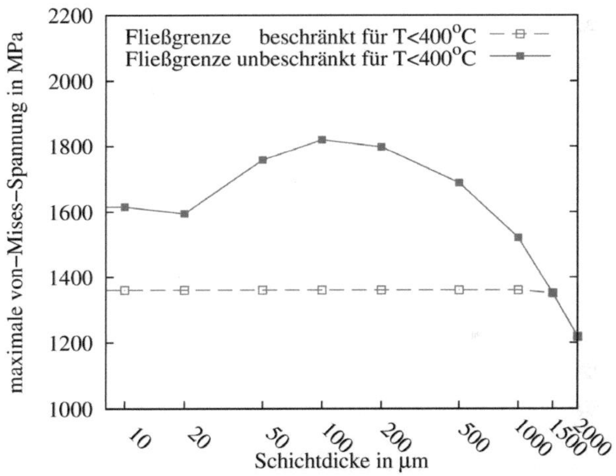

Abb. 2.36: Maximale von-Mises-Spannung im Wolfram-Bereich über die Schichtdicke für einen linear gradierten Übergang nach dem ersten Abkühlen von 1000 °C auf 0 °C.

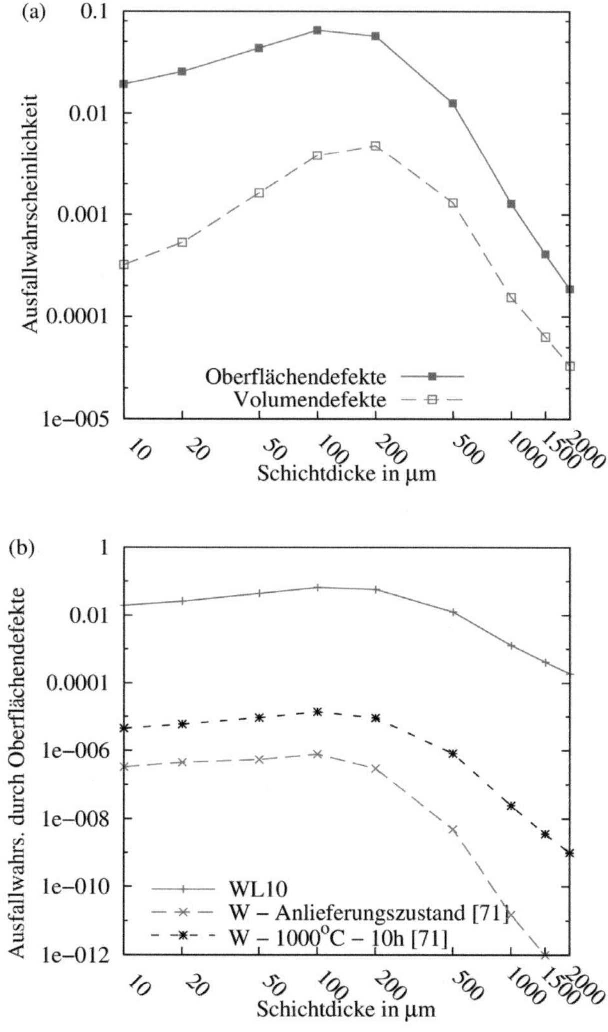

Abb. 2.37: Ausfallwahrscheinlichkeiten ausgehend von (a) Oberflächen- und Volumendefekten für WL10 und (b) Oberflächendefekten für WL10 und W (jeweils nach dem Abkühlen von 1000 °C auf 0 °C).

Eine Möglichkeit zur Reduzierung von Spannungen ist die Neigung der gradierten Schicht entlang der Verbindung wie in [75] gezeigt. Dieser Aspekt wurde untersucht durch die Beobachtung in welchem Maß die Ausfallwahrscheinlichkeit des Wolfram-Bereichs durch die Wahl eines geeigneten Neigungswinkels reduziert werden kann. Die Ergebnisse in Abb. 2.38 zeigen, dass die Ausfallwahrscheinlichkeit durch Oberflächenanrisse auf ein Minimum von 1,831e-5 um eine Größenordnung verringert werden kann, bei einem negativen Neigungswinkel zwischen -30° und -40°. Ein negativer Neigungswinkel bedeutet, dass die Schicht in Richtung der äußeren Oberfläche nach unten gekippt wird.

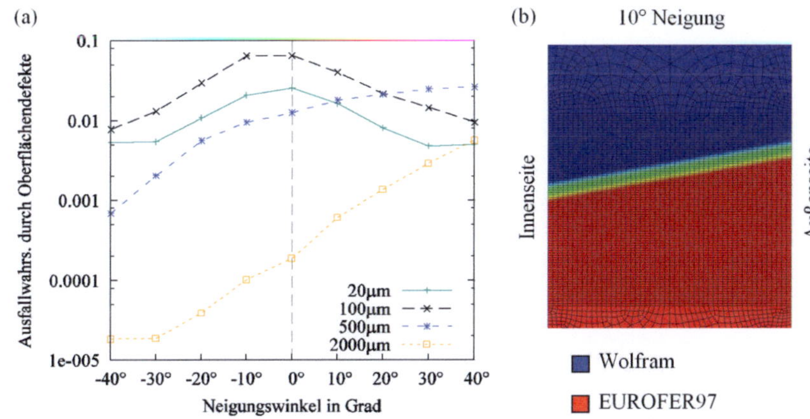

Abb. 2.38: (a) Ausfallwahrscheinlichkeit ausgehend von Oberflächenanrissen nach dem Abkühlen von 1000 °C auf 0 °C mit geneigter gradierter Schicht. (b) Beispiel einer um 10° geneigten gradierten Schicht.

Eine zweite Möglichkeit, um die auftretenden Spannungen zu reduzieren, ist die Ausgangstemperatur zu senken. Abb. 2.39 (a) zeigt die resultierende Ausfallwahrscheinlichkeit durch Oberflächendefekte für drei verschiedene Ausgangstemperaturen. Die in Kapitel 5.5 beschriebenen Diffusionsschweiß-Experimente bestätigten die Möglichkeit, EUROFER97 bei 800 °C zu verbinden. Dieser Umstand vermag die Oberflächen-Ausfallwahrsch. ebenfalls um mehr als eine Größenordnung zu senken, auf 1,064e-5 für 2 mm dicke linear gradierte Schichten ohne Neigung.

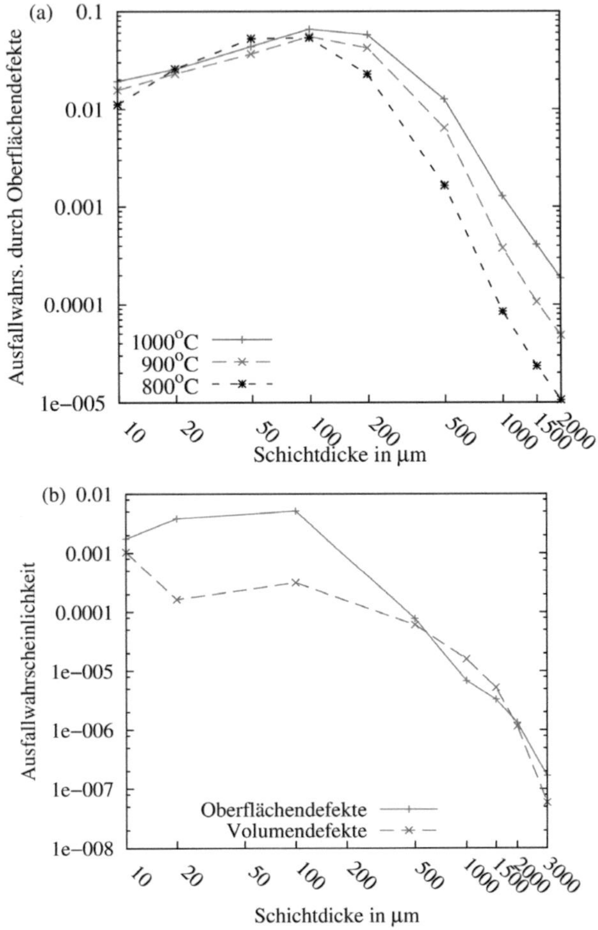

Abb. 2.39: Ausfallwahrscheinlichkeit für WL10 (a) nach dem Abkühlen ausgehend von drei unterschiedlichen Anfangstemperaturen ohne Neigung der Übergangsschicht und (b) nach dem Abkühlen mit geneigter linear gradierte Schicht (-30°) und 800 °C Ausgangstemperatur.

Die dritte Option für eine weitere Reduzierung der Ausfallwahrscheinlichkeit ist die Verwendung von noch dickeren Übergangsschichten. In der Veröffentlichung [76] wird die Möglichkeit, Wolfram-Beschichtungen dicker als 2 mm mittels Plasmaspritzen zu fertigen postuliert und in [20] die

Herstellung von 2-3 mm dicken funktional gradierten Schichten aus W/Cu mit selbigen Verfahren beschrieben. Andere Prozesse, z. B. Widerstandssintern unter extrem hohem Druck, ermöglichen die Herstellung von Wolfram/EUROFER97-Proben von einigen Millimetern Größe in jeder Dimension [77]. Die Kombination aller drei genannten Maßnahmen führt zu sehr geringen Oberfläche-Ausfallwahrscheinlichkeiten im Wolfram-Bereich, wie in Abb. 2.39 (b) zu sehen ist, sodass eine minimale Oberflächen-Ausfallwahrscheinlichkeit von 1,676e-7 erreicht werden kann.

2.7.3 Veränderung der Ausfallwahrscheinlichkeit durch Bestrahlungsversprödung

Während der Betriebszeit eines zukünftigen Fusionsreaktors führt die Neutronenbestrahlung zu einer Versprödung der Werkstoffe - so auch bei Wolfram. Diese Versprödung muss in einer Zuverlässigkeitsanalyse der Komponenten berücksichtigt werden. Da jedoch Weibull-Parameter von bestrahltem Wolfram noch nicht ermittelt wurden, ist hier nur eine qualitative Diskussion möglich. Bedingt durch die Konstruktion eines Tokamak Fusionsreaktors müssen Temperaturwechsel, mit Haltezeiten bei hohen Temperaturen und Stillstandszeiten bei Raumtemperatur, berücksichtigt werden. Ein Sprödbruch im Wolfram während der Haltezeit, in der die Komponente sich näher am spannungsfreien Zustand befindet, ist unwahrscheinlich aufgrund der geringeren Belastungen, der Aktivierung von Gleitsystemen und der Erhöhung der Duktilität. Von viel größerer Wichtigkeit ist die Ausfallwahrscheinlichkeit nach Abschaltvorgängen eines Fusionsreaktors. Die maximalen Spannungen bei Raumtemperatur sind nach dem ersten thermischen Zyklus niedriger verglichen mit der Situation nach der ersten Abkühlung, dennoch könnte die Ausfallwahrscheinlichkeit als Folge der Bestrahlungs-Versprödung des Wolframs einen höheren Wert annehmen.

Ein weiterer dynamischer Aspekt im Bereich der probabilistischen Schadensanalyse ist das unterkritische Risswachstum, welches vor allem durch Spannungsrisskorrosion induziert wird. Doch in der Helium-Atmosphäre ist dieser Effekt aller Wahrscheinlichkeit nach vernachlässigbar im Vergleich zur Versprödung durch Neutronenbestrahlung.

2.7.4 Abschätzung der erforderlichen Ausfallwahrscheinlichkeit

Betrachtet man schätzungsweise $N = 300.000$ [78] Fingerhutmodule, die in einem zukünftigen Fusionsreaktor verbaut werden müssten, kann eine erforderliche Ausfallwahrscheinlichkeit P_F für jeden einzelnen Fingerhut durch die Formel

$$P_F = 1 - (1 - P_D)^{\frac{1}{N}} \tag{2.46}$$

abgeschätzt werden. P_D ist dabei die Ausfallwahrscheinlichkeit aller Fingerhutmodule, $1 - P_D$ also die gewünschte Zuverlässigkeit des gesamten Divertors. Unter der Annahme $P_D = 0{,}05$ folgt (dies bedeutet, dass mit 95% Wahrscheinlichkeit kein Fingerhut ausfällt), dass die Ausfallwahrscheinlichkeit P_F für einen einzigen Fingerhut kleiner als 1,7097e-7 sein muss.
Eine Gesamtzuverlässigkeit von 95,1 % kann erreicht werden, wenn alle drei Optimierungsmaßnahmen realisiert werden (3 mm Dicke, Neigungswinkel von -30°, Anfangstemperatur von 800 °C). Allerdings kann die Verwendung von reinem Wolfram [71] statt WL10 (Abb. 2.37 (b)) und/oder eine kleinere Oberflächenrauigkeit [72] die Neigung der gradierten Zwischenschicht erübrigen bzw. dünnere Zwischenschichten erlauben. Die prinzipielle Machbarkeit der diskutierten Optimierungsmaßnahmen ist zwar sowohl beim Vakuum-Plasmaspritz-Verfahren als auch beim Widerstandssintern unter extrem hohem Druck geboten aber mit entsprechendem Aufwand verbunden.

2.8 Zusammenfassung der FEM-Simulationen

Die durchgeführten FEM-Simulationen zeigen, dass eine funktional gradierte Verbindung zwischen Wolfram und EUROFER97 die thermisch induzierten Belastungen in der Divertor-Komponente drastisch verringern kann und damit zur Verbesserung des Versagensverhaltens bei Temperaturschwankungen beiträgt. Allerdings muss die gradierte Schicht über eine ausreichende Dicke verfügen sowie die Fügung zum Vollmaterial bei ausreichend niedriger Temperatur geschehen. In Bezug auf die bruchmechanische Ausfallwahrscheinlichkeit des Wolframbereiches ist eine 3 mm dicke, um 30° nach außen geneigte, bei 800 °C gefügte und linear gradierte Zwischenschicht ausreichend, um eine Gesamtzuverlässigkeit von 95,1 % aller Fingerhutmodule zu erreichen (siehe Kapitel 2.7.4). Die Ermüdung ist sowohl im EUROFER97- als auch im Wolframbereich für Schichten dicker als 0,5 mm unkritisch (siehe Kapitel 2.6.1.1 und 2.6.2.1). Anders die Kriechschädigung, welche in Anbetracht der hier gewählten Designkriterien, stets größer eins ist, sofern eine Zyklenanzahl von 1000 als Anforderung gewählt wird (siehe Abb. 2.25). Geometriebedingte Biegespannungen führen unabhängig von der Schichtdicke zu einer Zugspannung im inneren EUROFER97-Bereich während der Haltephase (siehe Abb. 2.26). Nichtsdestotrotz, darf dieses Ergebnis nicht als endgültig betrachtet werden, da die abschätzten Zyklenzahlen sehr empfindlich von den Eingangsdaten abhängen (siehe Abb. A.4). Darüber hinaus sind die Designkriterien großzügig konservativ gewählt. Eine genauere experimentelle Überprüfung der Kriechraten und der Designkriterien in den relevanten Spannungs- und Temperaturbereichen ist aufgrund der hier vorliegenden Eingangsparametersensitivität unumgänglich. Wenn auch die exakte Anzahl erlaubter Zyklen bzgl. Kriechschädigung aus den genannten Gründen derzeit nicht zugänglich ist, so kann dennoch schlussfolgert werden, dass ab 1 mm Schichtdicke eine weitere Steigerung der Dicke keinen nennenswerten Nutzen zu erwarten lässt. Ebenso ist der Einsatz von ODS-EUROFER kein Erfolgsgarant, da die Spannungsrelaxation durch Kriechen langsamer abläuft (siehe Abb. 2.27).

Nicht alle Herstellungsverfahren gestatten ausnahmslos beliebig gestaltete gradierte Verbindungsschichten. Für Herstellungsprozesse, die z. B. keinen kontinuierlichen Übergang der chemischen Zusammensetzung ermöglichen, sondern auf schichtweises Abscheiden basieren, ist in Bezug auf die maximale äquivalente inelastische Dehnung ein merklicher Nachteil bei lediglich zwei Schichten vorhanden. Jedoch reichen bereits vier Schichten aus, um ein akzeptables Ergebnis zu erreichen (siehe Abb. 2.16). Ebenso kann die Schichtdicke experimentell eine Limitierung darstellen. Mit der hier geschaffenen Datenbasis, resultierend aus den durchgeführten FEM-Simulationen und den anschließenden Zuverlässigkeitsbewertungen, kann die Lebensdauereinbuße rasch abgeschätzt werden.

3 Analyse potentieller Herstellungsverfahren

Mehrere Experimente zeigten bereits die Machbarkeit der Herstellung von funktional gradierten Wolfram/Kupfer-Verbindungen durch Vakuum-Plasmaspritzen (VPS) [20][21], physikalische Gasphasenabscheidung (PVD) [79], Widerstandsintern unter extrem hohem Druck (RSUHP) [23], Kupfer-Infiltration [80], Laserauftragsschweißen [22] und letztlich spreng-technische Verfahren [81]. Dieses Kapitel beleuchtet nach einer kurzen Beschreibung des jeweiligen Herstellungsprozesses dessen Anwend- und Übertragbarkeit auf das Wolfram-Eisen-Chrom-System. Basierend auf dieser Einschätzung wurde eine Auswahl an Verfahren getroffen, die im Rahmen der hier zur Verfügung stehenden Möglichkeiten im Experiment das tatsächliche Potential aufdecken sollen. Experimentelle Details der ausgesuchten und durchgeführten Versuche werden neben den Ergebnissen in Kapitel 5 beschrieben.

3.1 Die Herstellungsverfahren

Bevor auf die einzelnen Herstellungsverfahren eingegangen wird, seien diese in Abb. 3.1 sowohl in deutscher als auch in englischer Sprache zum besseren Überblick für den Leser aufgelistet.

3.1.1 Laserstrahlgestützte Beschichtungsverfahren

Metallische Legierungen und Komposite lassen sich mithilfe von Laserstrahlen auf verschiedene Arten und Weisen herstellen. Die Anzahl an Bezeichnungen für die einzelnen Fertigungsverfahren grenzt an die Anzahl der Institute, die auf diesem Gebiet Forschung betreiben. Je nach Literaturquelle werden die Verfahren zu verschiedenen Oberbegriffen zugeordnet, sodass eine eineindeutige Kategorisierung nicht möglich ist. Nichtsdestotrotz sei in Abb. 3.2 der Versuch einer zusammenfassenden hierarchischen Anordnung der laserstrahlgestützten Beschichtungsverfahren angestrebt.

3.1.1.1 Selective Laser Sintering (SLS)

SLS ist ein Verfahren, welches im Jahre 1980 entwickelt worden ist und zur Kategorie der Rapid-Prototype-Technologien zählt [82]. Das Pulver wird hier nicht in den Strahlgang eingesprüht, sondern liegt bereits auf dem Substrat, sodass Schicht für Schicht ein dreidimensionales Objekt aus Keramik, Metall, Glas oder Polymer erzeugt werden kann, siehe Abb. 3.3. Es können beliebige dreidimensionale Geometrien auch mit Hinterschneidungen gebildet werden, z. B. Werkstücke, die sich in konventioneller mechanischer oder gießtechnischer Fertigung nicht herstellen lassen. Im Zusammenhang mit Metallen ist dieses Verfahren auch unter dem Namen Direct Metal Laser Sintering [83] bekannt.

Abb. 3.1: Übersicht der betrachteten Herstellungsprozesse.

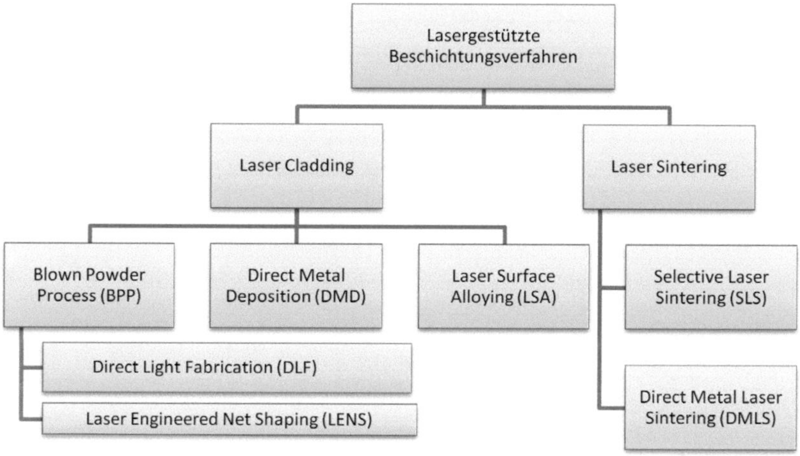

Abb. 3.2: Hierarchie der Laserverfahren.

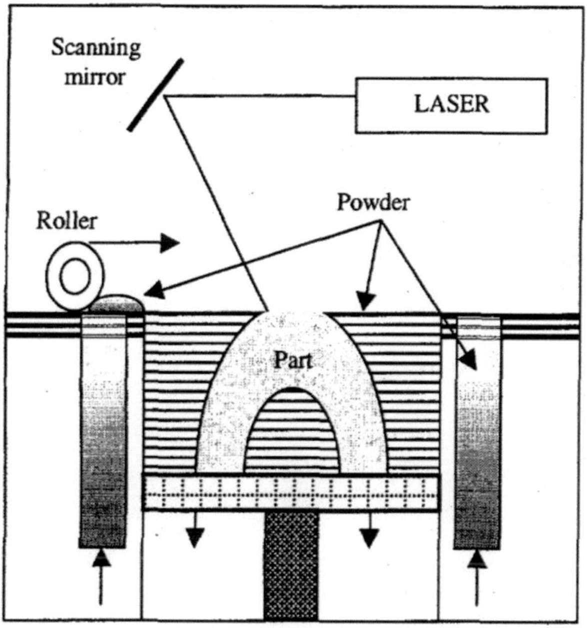

Abb. 3.3: Skizzierung des SLS -Verfahrens [82].

3.1.1.2 Laserstrahl-Auftragsschweißen

Bei dieser Variante wird eine Legierungskomponente in den Strahlengang des Lasers eingesprüht, während die zweite Legierungskomponente das Substrat selbst ist, welches durch die Energiezufuhr aufgeschmolzen wird (siehe Abb. 3.4). Man kann dabei noch unterscheiden, ob das Pulver bereits im Laserstrahlengang schmilzt oder erst sobald es sich im Kontakt mit dem Schmelzpool befindet. Durch die relative Bewegung des Lasers zum Substrat erstarrt das Material rasch. CCD-Kameras liefern ein Bild des geschmolzenen Pools um anhand dessen Größe die Leistung des Lasers zu regeln [84]. Das Laserstrahl-Auftragsschweißen findet ebenfalls beim Rapid-Prototyping Anwendung [24]. Es existiert eine ganze Reihe (teilweise registrierter) Namen für Verfahren, die auf diesem Prinzip basieren. Dazu zählen unter anderem Laser Engineered Net Shaping (LENS) [82], Direct Light Fabrication (DLF) [82], Blown Powder Process (BPP) [85], Laser Surface Alloying (LSA) [86] und Direct Metal Deposition (DMD) [82].

Bei Experimenten am NRC-IMTI in London, Kanada, wurde gezeigt, dass ein Abscheiden von Wolframpulver mit einer Korngröße von 5,5 µm bei einer Laserleistung von 3 kW und einem Spotdurchmesser von 7,5 mm ohne Heizen des Substrates möglich ist [24]. Bei diesen Parametern führte das Einsprühen von Kupferpulver mit einer Korngröße von 32 µm jedoch bereits zum Verdampfen des Kupfers im Strahlengang und dadurch zu einem erheblichen Leistungsverlust beim Schmelzen durch die Plasmabildung. Um die Verdampfung von Cu zu vermeiden wurde die Laserenergie auf ein Niveau von 2,5 kW gesenkt. Zwar konnte dadurch eine W/Cu-Schicht mit 60 Vol.-% Cu mit gut verteilten W Teilchen innerhalb der Cu-Matrix hergestellt werden, allerdings war die Haftung am W-Substrat schwach oder gar nicht vorhanden, da dieses wegen der geringen verwendeten Leistungsdichte nicht geschmolzen ist. Daraus folgt ein entscheidender Nachteil der lasergestützten Herstellung von gradierten Wolfram-Kupfer Verbindungen, nämlich dass die Abscheidung auf einem Kupfersubstrat stattfinden muss. Ein Fügen der gradierten Schicht auf der Wolframseite gilt es in dieser Arbeit möglichst zu vermeiden.

Ein weiterer Aspekt ist die Bildung von Oxiden, da Laserstrahl-Auftragsschweißen für gewöhnlich nicht im Vakuum stattfindet. Abhilfe schafft ein Verfahren mit dem Namen Low Pressure Laser Spraying (LPLS) [88], welches bei einem Druck von 1.400 Pa stattfindet. Eine Alternative dazu ist die Abscheidung unter Argonatmosphäre [25].

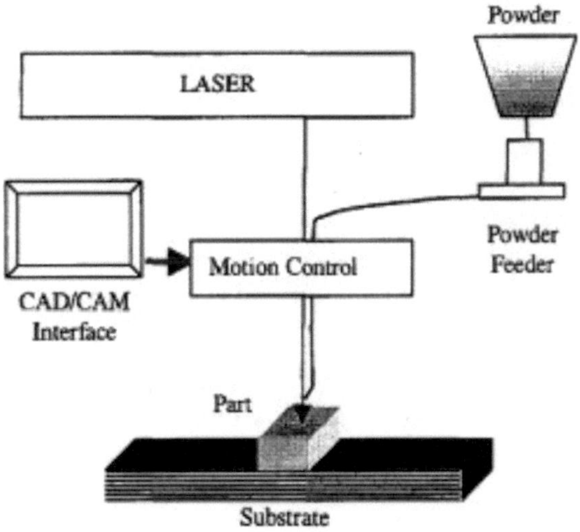

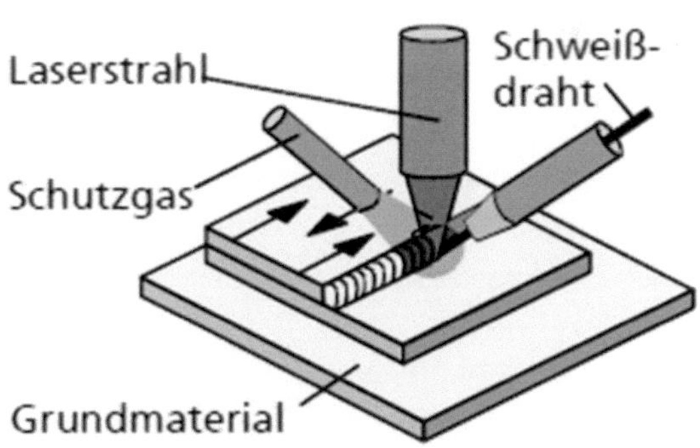

Abb. 3.4: Zwei Skizzen der Hauptbestandteile des Laserstrahl-Auftragsschweißens [82][87].

Des Weiteren verliert mit zunehmendem W-Gehalt das Schmelzbad an Volumen, wodurch die Verfahrensführung schwieriger und die erreichte Schichthöhe reduziert wird. Durch das fehlende Aufschmelzen der Wolfram-Phase ist der technisch realisierbare Wolfram-Gehalt an die Existenz einer stabilen durchgehenden Cu-Matrix gekoppelt und somit von der Packungsdichte der Wolfram-Partikel abhängig. Für kugelförmige, gleich große Wolfram-Partikel liegt diese bei ~74 Vol.-% [25].

Eine kürzlich veröffentlichte Publikation [89] aus dem Jahre 2011, dessen Autoren ausdrücklich auf die Vorläufigkeit der Resultate hinweisen, beschreibt die Forschungsergebnisse des Fügens von EUROFER97 mit oxiddispersionsgehärtetem Wolfram mittels Laserschweißen. Das verwendete Lot ist eine Nickeltitanlegierung mit 55 Gew.-% Nickelanteil. Ein wesentlicher Aspekt dabei ist die Durchführung der Schweißung im Vakuum zur Oxidations-Vermeidung. Ohne jedoch die gesamte Laser-Apparatur in einer Vakuumkammer unterzubringen, reichte es aus, lediglich das Werkstück im Vakuum zu halten. Der Laserstrahl passierte ein Quarzglasfenster, um in die Vakuumkammer zu gelangen. Die geschweißten Proben waren jedoch letztlich mit Rissen im Wolfram- und Lotbereich versehen.

3.1.2 Sintern

3.1.2.1 Konventionelles Sintern

Das Prinzip des Sinterns ist die Erhitzung keramischer oder metallischer Pulver auf Temperaturen unterhalb deren Schmelztemperaturen, um diese zu festen Werkstoffen zu verbinden. Gegebenenfalls kann ein zusätzlicher isostatischer Druck dabei zu verbesserten Ergebnissen führen.

Die Sinterbedingungen für Wolfram und Kupfer unterscheiden sich erheblich. Gewöhnliches Wolframpulver mit einer Korngröße von 3-4 µm erfordert eine Sintertemperatur von 2500 °C [90], die bereits knapp unterhalb des Siedepunktes von Kupfer (2567 °C) liegt. Kupfer hingegen lässt sich bei 850-1000 °C durch konventionelles Sintern verarbeiten [91]. Es existieren diverse Methoden zur Senkung der Sintertemperatur, welche nun kurz erläutert werden sollen.

- Die Verwendung von sehr feinem Wolframpulver, dessen Korngröße auf 8 nm durch Hochenergie-Kugelmahlen reduziert wurde, ermöglicht das Sintern bereits bei 1700-1790 °C [90].

- Mithilfe von Sinter-Aktivatoren, dessen Beimischung jedoch für gewöhnlich zu einer Verschlechterung der Materialeigenschaften führt, wurde bei der Sinterung von Wolfram- und Kupferpulver mit 19, 40, 47 % Kupferanteil bereits bei 1170-1300 °C eine Porosität von weniger als 6 % erreicht. Zuvor müssen die Pulver kugel- oder planetengemahlen, statt gemischt, und bei 220 MPa kaltgepresst werden [92].

- Die Beimischung von 2 Gew.-% Wachs verringert die Reibung zwischen den Körnern und dem Presstempel als auch zwischen den Körnern selbst. Somit konnte schon bereits während der Vorkompaktierung bei ~242 MPa eine theoretische Dichte des Grünlings von 48 % erzielt werden. Die Sinterung des Wolframpulvers mit einer Partikelgröße von 0,5 µm fand bei 1400 °C statt [93].

- Stromloses Verkupfern der 0,5-2 µm messenden Wolframpulverpartikel mit einem Kupfergewichtsanteil von 20-30 % ermöglicht ebenfalls eine drastische Senkung der Sintertemperatur auf 1400 °C [94].

3.1.2.2 Spark Plasma Sintering (SPS)

Bei diesem Verfahren, welches auch unter dem Namen Field Assisted Sintering Technique (FAST) oder Pulsed Electric Current Sintering (PECS) bekannt ist, wird ein elektrischer Strom durch das Pulver geleitet, welches somit durch die Joulesche Wärme erhitzt wird. Hierbei wird also die Wärme intern generiert, im Gegensatz zu konventionellem Sintern, wo die Wärmeenergie von außen zugeführt werden muss. Dies gestattet ein sehr schnelles Erhitzen bzw. Abkühlen (bis zu 1000 K/min) und eine effiziente Energienutzung, da keine Wärmeenergie in Isolatoren und Heizelementen gespeichert werden muss. Durch SPS lässt sich die Sinterdauer erheblich senken als auch die Dichte des Endprodukts steigern. SPS wurde bereits in den Sechzigern des 20. Jahrhunderts, mit der Idee das Plasma der elektrischen Entladung bei der Sinterung von Metallen und Keramiken zu nutzen, entwickelt und patentiert [95][96].

Die Existenz folgender Mechanismen, auf denen SPS basiert, wird in der Forschergemeinde weitestgehend akzeptiert [97]: Joulesche Wärme, Lokales Schmelzen/Verdampfen (insbesondere in metallischen Systemen) und feldunterstützte Diffusion. Andere Mechanismen sind eher hypothetischer Natur: engl. spark impact pressure, Plasmareinigen der Partikeloberflächen, engl. particle surface activation, engl. electron wind force. Viele, aber nicht alle dieser Mechanismen nehmen die Anwesenheit eines momentan erzeugten Funkenplasmas zwischen den Partikeln an.

3.1.2.3 Widerstandssintern unter Ultra hohem Druck (RSUHP)

Dieses Verfahren verbindet eine Wärmeeinkopplung durch elektrische Energie, die in Joulesche Wärme in dem zu sinternden Material umgewandelt wird, und gleichzeitigem Anbringen extrem hoher isostatischer Drücke bis zu 9 GPa. Experimentelle Ergebnisse zeigen, dass sich dadurch Wolfram zu einer theoretischen Dichte von über 98 % bei einer sehr kurzen Sinterdauer von lediglich 1-2 min verdichten lässt [98][77]. Die kurze Sinterdauer ist dabei sehr förderlich, unerwünschte intermetallische Phasen zu unterbinden.

Die Gradierung lässt sich dabei durch entsprechendes Aufschichten der Pulver beliebig kontrollieren. Auch hier ist die richtige Wahl der Partikelgrößen für den Erfolg des Sinterns entscheidend. Als praktikabel erwies sich für Wolfram eine durchschnittliche Partikelgröße von 1 µm und für Kupfer eine die kleiner als 74 µm ist [23]. Experimentell konnte auch gezeigt werden, dass Wolfram mit 1 Gew.-% La_2O_3-Anteil gesintert werden kann, wobei es sich nicht um WL10 vom Hersteller Plansee, sondern um ein chinesisches Äquivalent handelt [99].

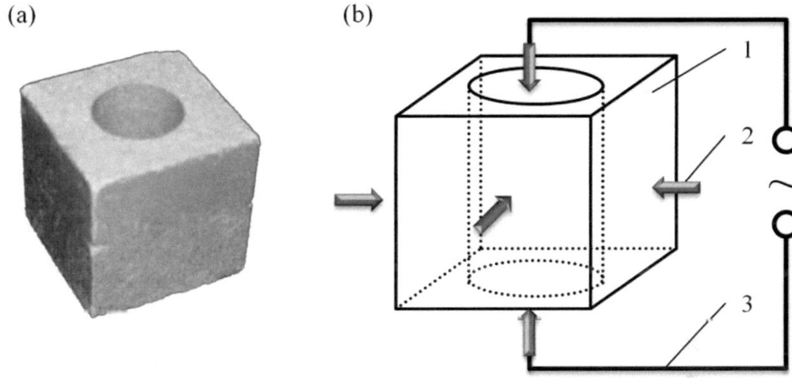

Abb. 3.5: (a) Fotografie des Pulverhalters aus Pyrophyllit ($AlSi_2O_5(OH)$). (b) Skizze nach [23] des experimentellen Aufbaus: 1. Pulverhalter, 2. Kraftpfeile, 3. elektrische Stromführung.

3.1.3 Infiltrations-Technik

Die Infiltrations-Technik ist ein zweistufiger Prozess. Die erste Phase im Herstellungsprozess ist die Erzeugung eines porösen Wolfram-Grünlings, dessen Zwischenräume in der zweiten Phase mit flüssigem Kupfer bzw. Stahl infiltriert werden. Aus dem Verlauf der Porengröße bzw. der Porosität resultiert die spätere Gradierung beider Komponenten. Der Wolfram-Grünling kann durch Sintern als auch durch galvanische Abscheidung gefertigt werden. Bei der galvanischen Abscheidung wird die Porosität durch Variation der experimentellen Parameter, wie z. B. Stromdichte und Elektrolytzusammensetzung, beeinflusst. Die genaue geometrische Form des Endproduktes kann durch entsprechend geformte Elektroden erzielt werden [100]. Zu einem gewissen Grad führen unterschiedlich große Korngrößen des Wolframpulvers beim Sintern zu unterschiedlichen Porositäten [101]. Zur Vermeidung von Oxiden bietet es sich an, die Infiltration unter Vakuum durchzuführen.

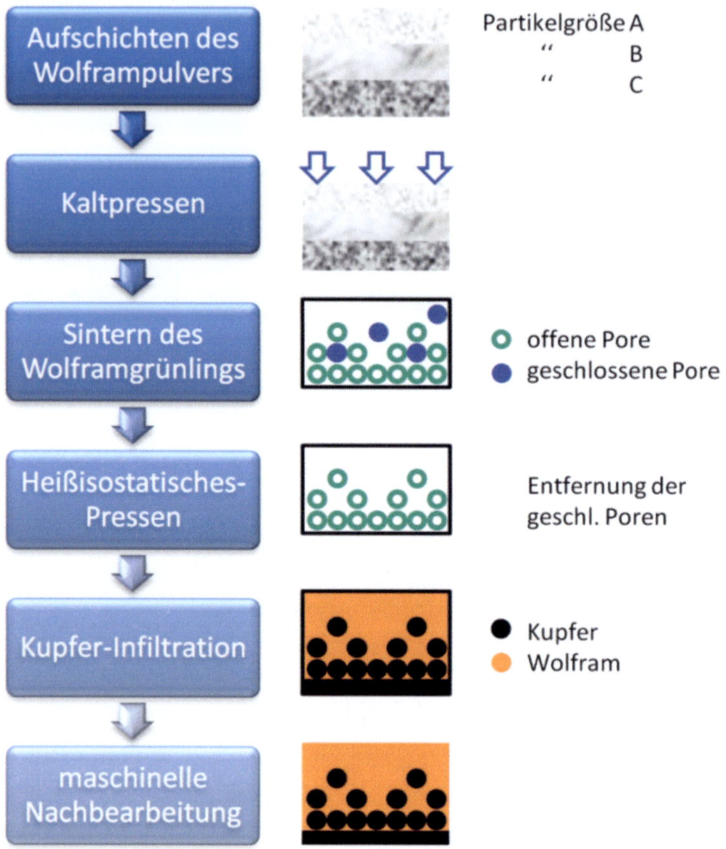

Abb. 3.6: Prozessschritte der Infiltrationstechnik - Zeichnung nach [49].

Eine weitere Möglichkeit für die Herstellung eines porösen Grünlings ist die Benutzung eines Platzhalters, der anschließend nach dem Sinterprozess wieder entfernt wird. In [102] werden z. B. NiTi-Legierungen mit gradierter Porosität unter Verwendungen eines temporären Platzhalters (NH_4HCO_3) hergestellt. Die Porosität der Legierungen kann durch Änderung der hinzugefügten Menge an NH_4HCO_3 gewählt werden. Die Grünlinge werden zunächst mit einer hydraulischen Presse bei 100 MPa kalt verdichtet und dann auf 270 °C in einem Quarzglasrohrofen unter Argon-Schutzatmosphäre für 2 h erhitzt. Bei dieser Temperatur zersetzen sich die NH_4HCO_3-Partikel und wandeln sich in Gase um, die anschließend aus der porösen Struktur entweichen. Diese Idee ist prinzipiell sehr ansprechend, eignet sich jedoch für das Sintern von porösem Wolfram höchstwahrscheinlich nicht, da kein entsprechender Platzhalter existiert.

Publikation	[49]	[100][103]	[104]	[105]	[106]
Pulverkorngröße	1-3 μm	-	10 μm	7,5-8,5 μm	9;23;65 μm
Sinterschritte					
1. Durchgang	0 °C	elektrochem.	0 °C, 250 MPa	0 °C, 350 MPa	700 °C, 5 h
2. "	1770 °C, 8 h 100 kPa, H_2	-	1300 °C, 1,5 h, H_2	-	1200 °C, 1 h, H_2
3. "	1770 °C, 4 h 181 MPa, Ar	-	1800 °C, 5 h, H_2	-	1200-1600 °C, 350-530 MPa, Vakuum
Infiltration					
Temperatur	1100 °C	1250 °C	-	1300 °C	1200 °C
Dauer	2 h	½ h	2 h	4 h	½ h
Druck	98 MPa	-	-	-	-
Atmosphäre	-	H_2	-	N_2H_2	H_2
Endprodukt					
Porosität	-	-	1 %	18,5 %	-
therm. Aus.-K.	4-8e-6/K	-	-	-	6,6-8e-6/K
Dichte	-	-	-	-	13-14 g/cm³
Anteil Kupfer	10-30 %	20-80 %	15 %	15 %	15 %

Tab. 3.1: Prozess-Parameter bereits durchgeführter Infiltrations-Experimente mit W/Cu.

Mit der Infiltrationstechnik ist das Herstellen von gradierten Schichten dicker als 1 mm denkbar. Allerdings ist, sofern ein Sintern des Wolframvollmaterials nicht möglich ist, das Schweißen auf der Wolfram- als auch auf der Stahlseite zur Herstellung des Fingerhutmoduls erforderlich. Ein wesentlicher Nachteil dieser Methode ist zudem die untere und obere Grenze des Gradierungsverhältnisses aufgrund der limitierten Porosität der Wolframstruktur von ca. 20 % bzw. 80 % [100].

3.1.4 Thermische Spritzverfahren

Zunächst seien vier verschiedene thermische Spritzverfahren zu unterscheiden: Das Lichtbogen-, das Flamm-, das Kaltgas- und das Plasmaspritzen. Das Prinzip bei allen vier Verfahren besteht im Erwärmen/Aufschmelzen und Beschleunigen des abzuscheidenden Materials in einer Spritzpistole und dem anschließenden Abscheiden als Spritzschicht auf dem Substrat (Abb. 3.7). Der wesentliche Unterschied der Verfahren ist, wie der Name schon erahnen lässt, die Art der Energiequelle sowie der Gewichtung von Partikelgeschwindigkeit und -Temperatur. Beim Flammspritzen, Plasmaspritzen als auch beim Kaltgasspritzen werden Pulver als Spritzwerkstoffe verwendet, wohingegen beim Lichtbogenspritzen zwei Drähte als Elektroden benutzt werden. Letztlich gilt es noch zu unterscheiden welche Atmosphäre vorliegt. Beim atmosphärischen Spritzen sind die Kosten zwar geringer durch die Abwesenheit der Vakuum-Tanks, jedoch fördert dies die Bildung von Oxiden. Zu deren Vermeidung kann alternativ eine Argon- oder Stickstoff-Atmosphäre eingesetzt werden. Zur Erlangung einer guten Schichthaftung, die hauptsächlich auf mechanische Verklammerung und Adhäsion fußt, ist eine raue Oberfläche erforderlich. Dabei eignet sich nahezu jeder Substratwerkstoff. Das Vakuum-Plasmaspritzen zeichnet sich durch eine extrem hohe Partikeltemperatur aus, weswegen für das Vorhaben dieser Arbeit, aufgrund der sehr hohen Schmelztemperatur von Wolfram, lediglich dieses Verfahren in Betracht gezogen wird.

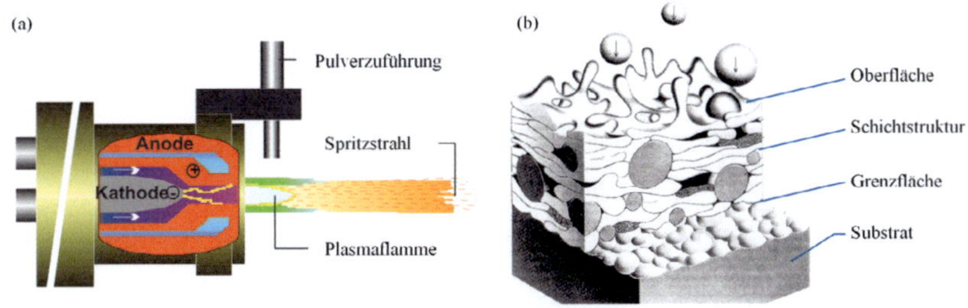

Abb. 3.7: (a) Schematischer Aufbau einer Plasmaspritz-Anlage und (b) Darstellung der Abscheidung [107].

Die Erzeugung der Plasmaflamme beim Vakuum-Plasmaspritzen (VPS) geschieht durch Ionisierung von Argonatomen im elektrischen Lichtbogen zwischen Anode und Kathode, siehe Abb. 3.7. Dabei können gleichzeitig mehrere Pulver in das Plasma eingesprüht werden, die bei gut abgestimmten Prozessparametern zum Schmelzen gebracht werden.

Die Vorteile beim VPS liegen in der Möglichkeit der Erzeugung von Schichten mit Dicken bis zu 3 mm [20][76], der Abwesenheit von Sauerstoff, nur geringen Verunreinigungen in der abgeschiedenen Schicht [108] und der Umsetzbarkeit des vollen Gradierungsspektrums von 0 bis 100 %. Bei VPS-Experimenten von Wolfram-Kupfer-Schichten mit hohem Kupferanteil (> 60 %) konnte des Weiteren eine respektabel niedrige Porosität von unter einem Prozent erzielt werden [24]. Allerdings können solch niedrige Porositäten erst nach entsprechender Prozessoptimierung verwirklicht werden (siehe Abb. 3.8 sowie Tab. 3.2). Anfängliche Experimente erbrachten lediglich Wolframschichten mit Porositäten zwischen 10 und 40 % [108]. Neben der Anpassung der Plasmakanonen-Prozessparameter, kann die Änderung der Pulverpartikelgröße hohe Porositäten vermeiden. Unter Umständen führt auch eine Wärmebehandlung der gespritzten Schicht zu einer Steigerung der Dichte [20].

Als Nachteil von VPS wird jedoch die geringe Haftung zwischen der Schicht und dem Substrat bei hohen Wolframanteilen angesehen [23]. Ursache dafür können schwach haftende Partikel auf der Oberfläche des Substrats während des Spritzens sein. Deren Beseitigung mittels transferred arc-cleaning (TAC) kann die Schichteigenschaften in Bezug auf die Haftung verbessern [20]. Im TAC-Modus wird beim Substrat ein negatives elektrisches Potential (relativ zur Anode der Plasmakanone gesehen) angelegt, sodass das Plasma selbst Teil des Stromkreises wird. Der Stromfluss am Substrat konzentriert sich dabei auf Spitzen und Oxiden, deren Elektronenaustrittsarbeit für gewöhnlich geringer ist als bei reinen Metallen [109]. Die Bündelung des Stromes führt punktuell zur Verdampfung von Spitzen und Oxiden und somit zur Reinigung der Oberfläche.

Größe	**Bereich**
Spritzdistanz	70-110 mm
Plasmageschwindigkeit	50-1500 mm/min
Pulverförderrate	10 g/min
Substrattemperatur	500-1000 °C
Plasmastrom	400-740 A
Gasdruck	120 mBar
Kupferpartikelgröße	40-50 µm
Wolframpartikelgröße	5,5 µm
Plasmagas	Ar, He
Leistung	50 kW

Tab. 3.2: Prozess-Parameter die für die Abscheidung von W/Cu-Schichten verwendet worden sind [20].

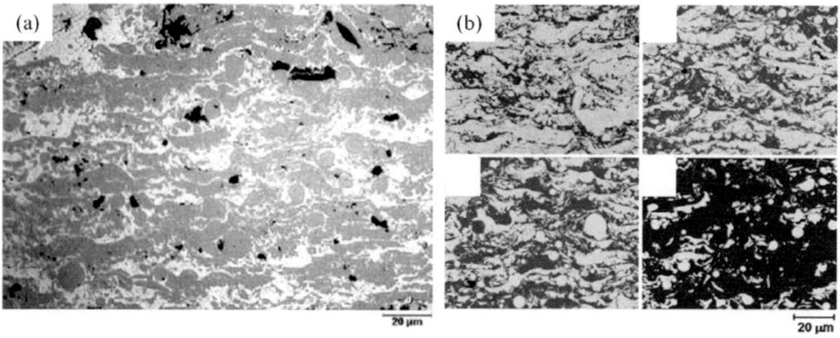

Abb. 3.8: (a) Mittels VPS hergestelltes W/Cu-Komposit mit noch hoher Porosität [21]. (b) Verringerte Porosität aus späteren Experimenten [20].

3.1.5 Physikalische Gasphasenabscheidung (PVD)

PVD umfasst eine Reihe diverser Abscheidungsverfahren, die sich in jeweils eine der drei Kategorien Verdampfung, Sputterdeposition und Ionen-

plattieren einteilen lässt. In Abb. 3.9 sei diese Einteilung für eine Untermenge aller existierenden PVD-Verfahren dargestellt.
Die Methoden der Kategorie Verdampfung (*Thermisches Verdampfen, Elektronenstrahlverdampfen, Laserstrahlverdampfen, Lichtbogenverdampfen*) basieren, wie der Name schon sagt, auf der Verdampfung bzw. Sublimation des Ausgangsmaterials und dessen anschließender Kondensation auf dem Substrat. Die vier genannten Verfahren unterscheiden sich dabei in der Teilchenart, die zur Wärmezufuhr benutzt wird: Phononen, Elektronen, Photonen und Ionen.
Die *Molekularstrahlepitaxie* wird angewandt, um einkristalline Strukturen zu erzeugen. Epitaxie bedeutet dabei, dass die Kristallstruktur der aufwachsenden Schicht sich der des Substrates anpasst. Die Stoffe, aus denen die Schicht bestehen soll, werden in Evaporationstiegeln erhitzt und gelangen als gerichteter Molekularstrahl zum Substrat. Dieses wird ebenfalls geheizt und erlaubt so ein geordnetes Anwachsen der Schicht.

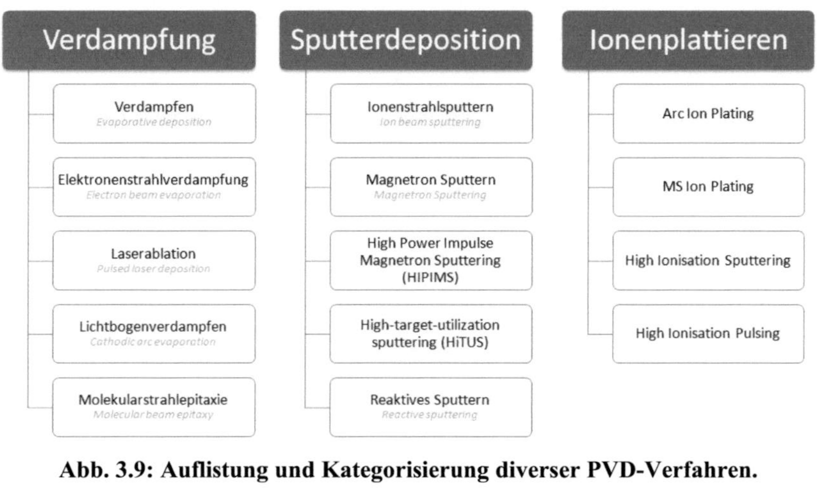

Abb. 3.9: Auflistung und Kategorisierung diverser PVD-Verfahren.

Sputtern, auch Kathodenzerstäubung genannt, ist ein physikalischer Vorgang, bei dem Atome aus einem Festkörper durch Beschuss mit energiereichen Ionen herausgelöst werden und in die Gasphase übergehen. Dies ist aber eigentlich zu unterscheiden von der *Sputterdeposition,* bei dem es um die Beschichtung von Substraten mithilfe des Sputterns geht.

- Beim *ionenstrahlgestützten Sputtern* (IAD) wird das Substrat zusätzlich einem Ionenstrahl mit einer niedrigeren Leistung als der Sputterleistung ausgesetzt. IAD kann verwendet werden, um z. B. Kohlenstoff in Diamant-ähnlicher Struktur auf einem Substrat abzuscheiden. Jedes abgelagerte Kohlenstoffatom auf dem Substrat, das nicht richtig im Diamant-Kristallgitter sitzt wird durch den Ionenstrahl wieder entfernt.

- Das *Magnetronsputtern* wird in Kapitel 3.1.5.1 ausführlich beschrieben.

- *High Power Impulse Magnetron Sputtering* (HIPIMS) nutzt extrem hohe Leistungsdichten in der Größenordnung von $kWcm^{-2}$ in kurzen Pulsen von einigen zehn Mikrosekunden.

- *High-Target-Utilization Sputtering* (HiTUS) basiert auf einer von Target und Substrat räumlich getrennten Erzeugung des Plasmas. Das Plasma wird in einer Nebenkammer erzeugt und durch eine Öffnung in die Hauptkammer geleitet. Da das Plasma nicht vor dem Target selbst erzeugt wird, ist der Ionenstrom auf das Target unabhängig von der angelegten Spannung am Target, was eine gleichmäßige Abnutzung des Targets ermöglicht.

- Beim *reaktiven Sputtern* wird die abgeschiedene Schicht durch eine chemische Reaktion zwischen dem Target-Material und einem Gas, das in die Vakuumkammer eingeleitet wird, gebildet. Oxid- und Nitrid-Schichten werden häufig mit diesem Verfahren hergestellt.

Beim *Ionenplattieren*, der dritten PVD-Kategorie, wird aus einer Verdampfer-Quelle Metalldampf zugeführt, welcher sich teilweise im Plasma ionisiert und durch eine Vorspannung am vorgeheizten Substrat auf dessen Oberfläche beschleunigt wird, sodass sich auf dem Substrat eine Schicht des verdampften Materials bildet. Durch den ständigen Beschuss mit Metallionen wird immer wieder ein Teil des Substrats bzw. der Schicht abgesputtert. Die gelösten Atome kondensieren wieder auf dem Substrat und tragen zur Schichtbildung bei.

PVD-Verfahren bieten eine Reihe von Vorteilen [110]:

- Nahezu jedes Element kann auf nahezu jedes andere Material abgeschieden werden.
- Abgeschiedene Schichten weisen eine sehr hohe Qualität mit geringer Porosität auf.
- Der Prozess findet im Vakuum statt, sodass unerwünschte chemische Reaktionen unterbunden werden.
- Die Prozesstemperatur beträgt weniger als 500 °C, wodurch die Phasen und die Mikrostruktur des Substratmaterials nicht beeinflusst werden.
- Eine präzise Abbildung der Oberflächenmorphologie des Substratmaterials ist möglich. Z. B. finden gesputterte Schichten Verwendung beim Präparieren von nichtleitenden Proben für REM-Untersuchungen.
- Gesputterte Schichten können extrem hohe Härtewerte im Bereich von 1000-4000 HV annehmen, was ca. dem fünffachen von Schnellarbeitsstählen (HSS) entspricht [110]. Gerade bei spanenden Werkzeugen kann so eine hohe Verschleißfestigkeit erzielt werden.
- Ein weiterer wichtiger Vorteil von Sputtern ist, dass die abgeschiedenen Schichten die gleiche Zusammensetzung wie das Ausgangsmaterial haben. Dies mag überraschend sein,

> da beim Sputtern die Rate vom Atomgewicht der Atome im Target abhängt. Man könnte also erwarten, eine Komponente aus einer Legierung schneller als die anderen Komponenten zu sputtern, was zu einer Anreicherung dieser Komponente in der Schicht führt. Da jedoch nur Atome aus der Oberfläche gesputtert werden können, verursacht die höhere Sputterrate eines Elements eine Anreicherung des anderen in der Oberfläche, sodass beide Sputterraten sich angleichen. Dies steht im Gegensatz zu thermischen Verdampfungs-Techniken, bei denen eine Komponente des Ausgangsmaterials einen höheren Dampfdruck hat, was zu einer anderen Zusammensetzung führen kann [111].

Allerdings haben PVD-Schichten einen gravierenden Nachteil bei der Nutzung als spannungsabbauendes Element, da diese nur bis zu Schichtdicken von wenigen Mikrometern (10-50 µm) gefertigt werden können.

3.1.5.1 Magnetronsputtern (MS)

Im Folgenden sei hier das physikalische Prinzip des Magnetronsputterns anhand von Abb. 3.10 erläutert. Man unterscheidet zunächst einmal zwischen RF-Sputtern, bei dem eine hochfrequente Spannung genutzt wird, und DC-Sputtern, bei dem Gleichstrom zum Einsatz kommt. Die beiden wichtigsten Bauteile sind dabei das wassergekühlte Target und das Substrat, dessen Temperatur prinzipiell kontrolliert werden kann. Beide Komponenten sind auf entsprechenden Haltern fixiert. Der Sputterprozess findet in einer Argon-Atmosphäre bei niedrigem Druck zwischen 0,1 und 5 Pascal statt. Da bei den Versuchen im Rahmen dieser Arbeit nur das RF-Sputtern eingesetzt wurde, wird hier lediglich diese Variante beschrieben. Die hochfrequente Spannung liegt zwischen dem Substrat und dem Target an, dessen Potential so gewählt ist, dass durch Elektronenlawinen, die zwischen Substrat und Target hin und her wandern, das Argongas stets ionisiert ist. Im Gegensatz zu den leichten Elektronen sind die schweren Argonionen zu träge, um dem schnellwechselnden elektrischen Feld folgen zu können. Der Weg der Elektronen wird durch einen Permanent-Magneten, welcher sich hinter dem Targethalter befindet, zusätzlich verlängert, um die Ionisation zu verstärken. Die Elektronenbewegung verläuft dadurch nicht mehr parallel zum elektrischen Feld und geradlinig vom Target zum Substrat, sondern wird durch eine helixförmige Trajektorie parallel zu den Magnetfeldlinien überlagert. Die erhöhte Ionisationswahrscheinlichkeit erlaubt ein Arbeiten bei geringem Kammerdruck, welcher sich positiv auf die Abscheidungsrate auswirkt. Da die Elektronendichte und damit die Zahl erzeugter Ionen am höchsten ist, wo das B-Feld parallel zur Targetoberfläche liegt, findet der Sputterabtrag auf dem Target unmittelbar im Bereich darunter statt. Es bildet sich ein Erosionsgraben aus, der die Form des Magnetfeldes folgt [112].

Sobald sich ein stabiles Plasma unterhalb des Targets eingestellt hat, kann der eigentliche Sputtervorgang beginnen, bei dem die Argonionen auf das Target treffen und dort neutrale Atome des Targets herausschlagen. Eine optionale zur hochfrequenten Spannung überlagerte konstante Biasspannung kann die Bewegung in Richtung Target verstärken. Die herausgeschlagenen neutralen Atome werden nicht durch die elektromagnetischen Felder beeinflusst und können somit, abgesehen von elastischen Stößen mit den Argonionen, ungehindert zum Substrat fliegen und sich dort abscheiden.

Zur Herstellung von gradierten Schichten mit dem MS-Verfahren sind zwei Aspekte essentiell: Zum einen ist dies ein segmentiertes Target, siehe Abb. 3.10, und zum anderen die kontrollierte Bewegung des Substrats unterhalb des Targets. Hierbei wird die Streuung der herausgeschlagenen Targetatome ausgenutzt, sodass z. B. ein Substrat, welches sich mittig unter dem segmentierten Target befindet, gleichmäßig von beiden Materialien beschichtet wird. Jede andere Position bringt eine entsprechende Änderung des Mischungsverhältnisses oder der Abscheiderate mit sich.

Die Abscheidungsrate als auch andere Eigenschaften, wie Dichte, Adhäsion und Kristallstruktur der abgeschiedenen Schicht hängen von den Versuchsparametern, wie Kathodenleistung und Gasdruck, ab [79][64]. Die resultierenden Schichteigenschaften können gezielt durch die Einstellung der folgenden Sputterparameter gesteuert werden. Diese werden in [112] wie folgt beschrieben:

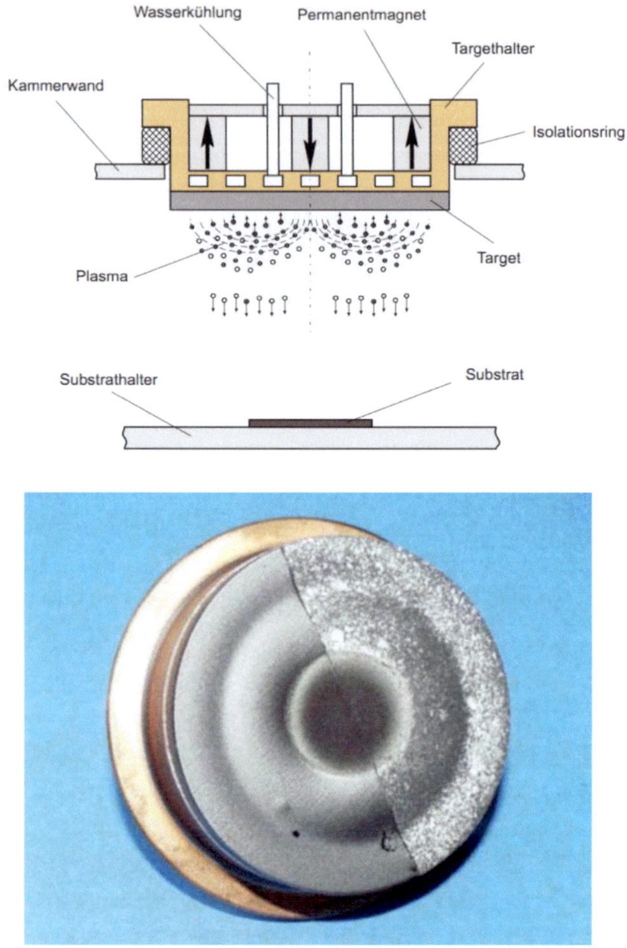

Abb. 3.10: Schematischer Aufbau der Magnetronsputter-Apparatur [113] bzw. Photographie eines segmentierten Targets [114].

- Der *Sputterstrom* bestimmt im Wesentlichen die Rate des Depositionsprozesses und damit die Zeit, die den auftreffenden Teilchen beim Schichtwachstum zur Oberflächendiffusion und Anlagerung an bestehende Wachstumskeime oder Keimbildung mit anderen Atomen bleibt.

- Die anliegende *Spannung* bestimmt die maximale Energie, mit der die abgesputterten Teilchen aus dem Target austreten können (natürlich vermindert um die Bindungsenergie). Die Energie der abgetragenen Teilchen folgt einer breiten Verteilung mit dem Maximum typischerweise zwischen 1 eV und 10 eV. Die anliegende Spannung bestimmt außerdem die Anzahl abgetragener Teilchen pro auftreffendes Ion.
- Der *Druck* p im Rezipienten bestimmt für das abgesputterte Material die mittlere freie Weglänge, die proportional zu $1/p$ ist. Zusammen mit dem Target-Substrat Abstand entscheidet der Druck darüber, wie viele Stöße die Teilchen auf dem Weg zum Substrat erfahren und entsprechend, wie groß ihre verbleibende kinetische Energie bei der Deposition auf dem Substrat ist. Z. B. lassen sich dadurch deutliche Unterschiede unter anderem in der Porosität der Filme erreichen.
- Die *Substrattemperatur* kann massiv das Aufwachsverhalten im Hinblick auf die Kristallinität oder die Dichte der Probe beeinflussen. Sie kann durch eine Heizvorrichtung von Raumtemperatur auf bis zu 500 °C eingestellt werden. Aber auch bei der Deposition auf ein nichtextern geheiztes Substrat kommt es insbesondere bei dicken Schichten und damit langen Sputterzeiten zu erheblichen Erwärmungen des Substrates.
- Prinzipiell kann am Substrat eine *Bias-Spannung* von üblicherweise bis zu ±100 V angelegt werden, um gezielt Ionen oder Elektronen auf das Substrat zu beschleunigen oder vom Auftreffen auf das Substrat abzuhalten.

Die Beziehung zwischen Substrattemperatur, kinetischer Energie der Ionen und Abscheidungsrate wurde in verschiedenen Struktur-Zonenmodellen zusammengefasst. Das am häufigsten verwendete ist das Thornton-Struktur-Zonenmodell. Abb. 3.11 zeigt die Beziehung zwischen Morphologie der Beschichtung, Substrattemperatur und Druck.

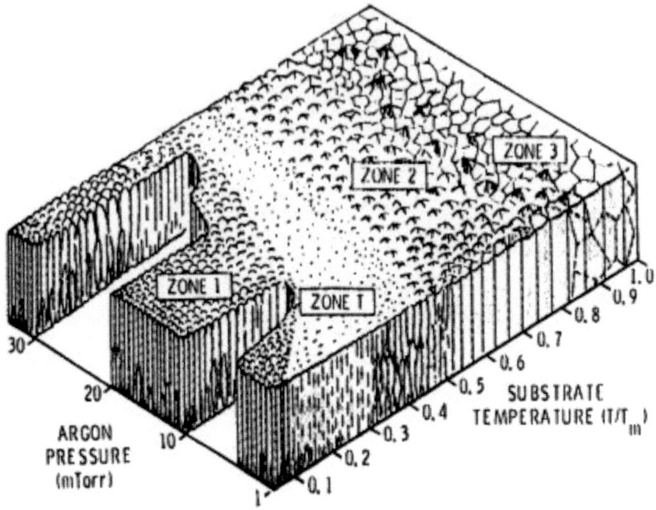

Abb. 3.11: Struktur-Zonenmodell nach Thornton [115].

Die realisierbare Schichtdicke hängt unter anderem vom Substrat ab. Die Abscheidung von reinem Wolfram, z. B. auf karbonfaserverstärkten Kompositen konnte, trotz Variation der Substrattemperatur, lediglich mit einer Schichtdicke von 3 µm realisiert werden [116]. Als Ursache werden Druckeigenspannungen vermutet.

Das gleichzeitige Benutzen von zwei Targets (Fe und W) zur Abscheidung von Mehrfachschichten auf einem Fe-Substrat wurde bereits in [117] untersucht. Die Schichtwachstumsrate betrug dabei 30-40 nm/min bei 300-500 W Sputterleistung und 10^{-4} Pa Kammerdruck. Die erzielte Gesamtschichtdicke betrug jedoch lediglich 100-200 nm. Bei dem Versuch wurde das Substrat stets zwischen dem Fe und dem W-Target hin und her bewegt, sodass abwechselnde Wolfram/Eisenlagen das Ergebnis war. Die intermetallischen Phasen Fe_2W und Fe_7W_6 konnten anhand einer Röntgendiffraktometrie-Analyse nicht ausfindig gemacht werden.

3.1.5.2 Combined Magnetron Sputtering and Ion Implantation (CMSII)

Das in diesem Unterkapitel beschriebene Verfahren ist eine Erweiterung des Magnetron Sputterns, bei dem Eigenspannungen mithilfe von Hochspannungsimpulsen abgebaut werden können. Die Vakuumkammer einer CMSII-Anlage (siehe Abb. 3.12) ähnelt der einer konventionellen MS-Anlage, mit dem Unterschied, dass Spannungen bis zu 100 kV isoliert werden können. Zusätzlich zur Bias- und Magnetronspannung werden 30-70 kV Hochspannungspulse bei einer Frequenz von 25-100 Hz und einer Zeitdauer von 20 µs angelegt, um Ionen in Richtung Substrat zu beschleunigen. Mit einer kinetischen Energie von einigen zehn keV treffen diese Ionen auf das Substrat bzw. die abgeschiedene Schicht und führen so zu einer Senkung der Eigenspannungen als auch zu einer Steigerung der Dichte. Dies ermöglicht die Abscheidung von 30 µm dicken Wolframschichten auf kohlenstofffaserverstärktem Kunststoff [118]. Des Weiteren wurde eine Molybdän-Zwischenschicht verwendet, um die Bildung von Wolframkarbiden zu vermeiden, die Haftung zu steigern und um die thermischen Spannungen zu reduzieren.

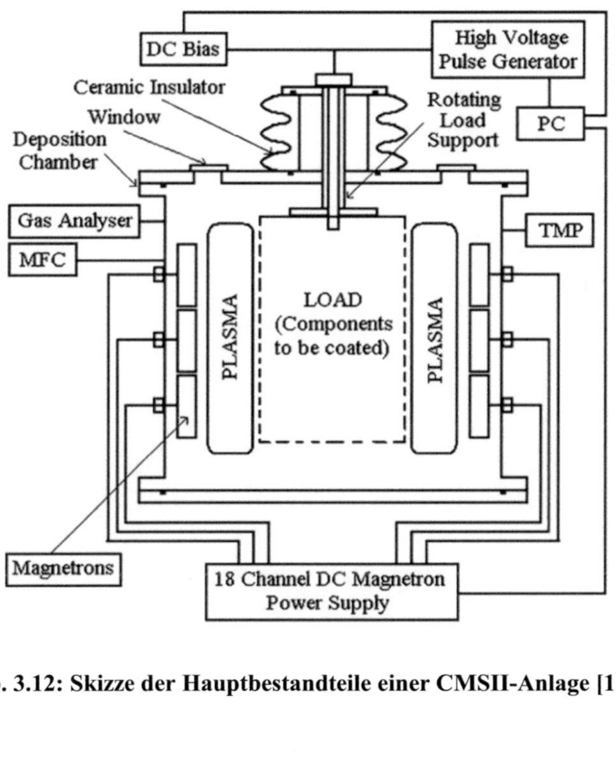

Abb. 3.12: Skizze der Hauptbestandteile einer CMSII-Anlage [118].

3.1.6 Galvanotechnische Verfahren

3.1.6.1 Elektrochemische Abscheidung

Die Hauptbestandteile einer Anlage zur elektrochemischen Abscheidung sind ein Behälter, der mit einem elektrisch leitenden flüssigen Elektrolyt gefüllt ist, Stromversorgung und zwei Elektroden, die in das Elektrolyt eingetaucht werden und somit den Stromkreis schließen (siehe Abb. 3.13). Die negativ geladene Elektrode ist die Kathode und die positiv geladene wird Anode bezeichnet. Man unterscheidet zwei Varianten: Bei der einen liegt das abzuscheidende Metall im Elektrolyt in gelöster Form vor, bei der anderen ist es Teil von einer der beiden Elektroden, weswegen diese auch Verbrauchselektrode genannt wird. In beiden Fällen bewegen sich Metallionen im Falle der kathodischen Abscheidung in Richtung Kathode und lagern sich dort durch Reduktion ab. Im Falle der anodischen Abscheidung bewegen sie sich in Richtung Anode und werden durch Oxidation abgeschieden. Die entsprechende Elektrode wird somit allseitig und gleichmäßig beschichtet. Die Dicke der abgeschiedenen Metallschicht ist für gewöhnlich proportional zur Abscheidungsdauer als auch zur Stromstärke, wobei bei hohen Stromdichten gleichzeitig die Gefahr der Rissbildung besteht. Die Substratvorbehandlung geschieht durch Polieren, Abspülen mit Aceton, Isopropanol und/oder Schwefelsäure und anschließendem Trocknen mit Argongas. Der vergleichsweise einfache Prozessaufwand sowie die Fertigungsgeschwindigkeit machen galvanotechnische Verfahren sehr attraktiv. Des Weiteren lassen sich auch komplex geformte Werkstücke ohne großen Aufwand herstellen.

Ein gradierter Werkstoff kann entweder durch die Variation der Prozessparameter, wie Spannung und Stromdichte, erzeugt werden oder durch die sukzessive Abscheidung von Zwischenschichten, mit jeweils einem entsprechendem Elektrolyten. Die letztgenannte Variante führt jedoch zu gestuften Schichten, während erstere eine stufenlose Gradierung ermöglicht. Ähnlich wie bei PVD-Schichten sind auch hier große Eigenspannungen bei dickeren Schichten zu erwarten, weswegen sich die maximale Schichtdicke in einer Größenordnung unter 100 µm bewegt (siehe Tab. 3.3).

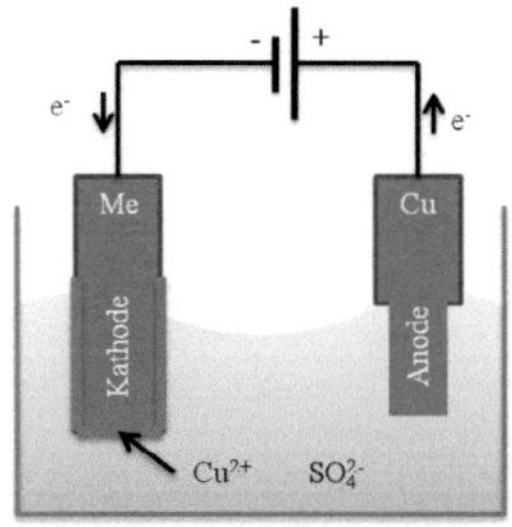

Abb. 3.13: Veranschaulichung der elektrochemischen Abscheidung von Kupfer auf Messing.

Publikation	[119]	[120]	[121]
Elemente (Atom %)	Fe W (23-30%)	Fe (79%) W (21%) C (< 1%)	Fe (56-58%) Ni (26-28%) Cr (14-16%)
Temperatur		55 °C	10-35 °C
Stromdichte	1-10 A dm^{-2}	0,45 A dm^{-2}	6-24 A dm^{-2}
Elektrolyt	0,20 M ferric sulphate 0,33 M sodium citrate 0,40 M sodium tung- state 0,17 M citric acid	0,05 M $FeSO_4$ $7H_2O$ 0,01 M NiSO4 $6H_2O$ 0,05 M Na_2WO_4 $2H_2O$ 0,30 M NH_2CH_2COOH 0,20 M $(NH_4)_2SO_4$ 0,15 M $(CH_2COONa)_2$ C(OH)(COONa) $7H_2O$	0,40 M $CrCl_3$ $6H_2O$ 0,20 M $NiCl_2$ $6H_2O$ 0,03 M $FeCl_2$ $4H_2O$ 0,50 M NH_4Cl 0,50 M NaCl 0,15 M H_3BO_3
Schichtdicke	8-15 µm		23 µm
pH	8,0 (ammonia/ sulphuric acid)	8,5 (NH_4OH)	
Anode		Nickel	
Kathode	Stahl Kupfer	Kupfer	Stahl Kupfer
Dauer		1 h	10-50 min

Tab. 3.3: Versuchsparameter elektrochemischer Verfahren aus der Literatur mit Bezug zum Fe/Cr/W-System.

Publikation	[122]	[123]
Elemente (Atom %)	Fe W (5-20%)	Fe W (20-25%) Ni (5-50%)
Temperatur	35 °C	65 °C
Stromdichte	20-80 mA/cm²	35 mA cm^{-2}
Elektrolyt	0,052 M $FeSO_4$ 0,208 M Na_2WO_4 0,260 M $C_3H_4(OH)(COONa)_3$	0,02 M $FeSO_4$ 0,02 M $NiSO_4$ 78 g/l sodium tungstenate 59 g/l sodium citrate 7,69 ml/l phosphoric acid 10,25 g/l boric acid 50 mg/l butindiol 1,4
Schichtdicke		6-8 µm
pH	3-6	6-10
Anode		Platin
Kathode	Kupfer	Stahl Kupfer
Dauer		120 min

Tab. 3.4: Fortsetzung von Tab. 3.3.

Publikation	[124]	[125]
Elemente (Atom %)	Fe W	Fe Cr (3-74%)
Temperatur	30 °C	30 °C
Stromdichte	10-100 mA/cm²	500-2500 A/m²
Elektrolyt	0,10 M ferrous ammonium sulphate 0,03 M Na_2WO_4 0,02 M triammonim citrate 0,05 M dimethyl sulfoxide 30 g/l H_3BO_3 (boric acid) 10 g/l NaCl (sodium chloride)	0,60 M $CrCl_3$ $6H_2O$ 0,35 M $FeCl_2$ $4H_2O$ 2,0 M H_2NCH_2COOH 1,8 M NH_4Cl 0,5 M H_3BO_3
Schichtdicke		
pH	3,0 ($NaOH/H_2SO_4$)	2-4 (hydrochloric a-cid/sodium hydroxide)
Anode	Stahl	Platin
Kathode	Kupfer	Kupfer
Dauer	30-60 min	20 min

Tab. 3.5: Fortsetzung von Tab. 3.3.

3.1.6.2 Elektrophoretische Abscheidung (EPD)

Im Gegensatz zur elektrochemischen Abscheidung wird bei der elektrophoretischen Abscheidung kein Elektrolyt, sondern eine Suspension verwendet, während die beiden Elektronen weiterhin eingesetzt werden, um ein elektrisches Feld zu erzeugen. Geladene Teilchen in der Suspension bewegen sich aufgrund der Coulomb-Kraft in Richtung einer der beiden Elektroden, Elektrophorese genannt, und lagern sich dort in einem Abscheidungsprozess ab. Gradierte Materialien lassen sich durch Zu- bzw. Abführen von Suspensionen anderer Zusammensetzung während des Prozesses verwirklichen, z. B. indem mit einer Material A-reichen Suspension begonnen wird und nach und nach die Suspension mit Material B zugeführt wird [126][127]. Nichtwässrige Prozesse haben den Vorteil keine unerwünschte Elektrolyse hervorzurufen, sodass höhere elektrische Spannungen gewählt werden können. Als nichtwässrige Suspensionslösungen eignen sich Ethanol sowie

Ketone. Gasblasenbildung in der Abscheidung kann durch eine entsprechende Membran vor der Abscheidungselektrode unterdrückt werden.

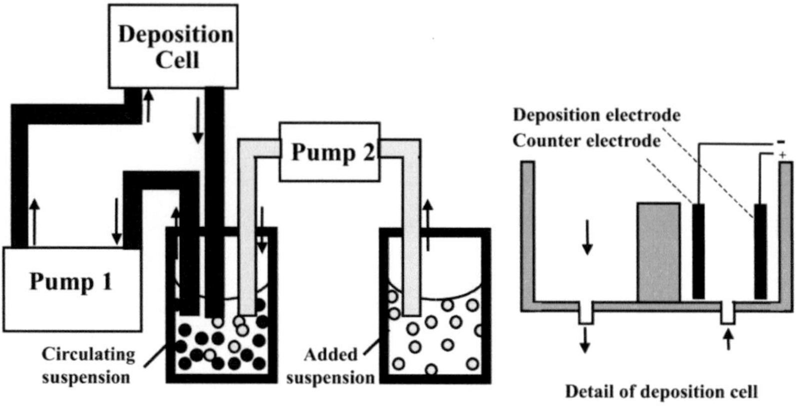

Abb. 3.14: Skizze der Hauptbestandteile einer EPD-Anlage [127].

Experimentell konnte eine gradierte WCo-Schicht mit einer Dicke von ca. 2 mm und einem Co-Konzentrationsverlauf von 4-17 Gew.-% erzeugt werden [127]. Eine Nachbehandlung zwischen 1300-1400 °C für 1 h diente zur Steigerung der Dichte. Damit keine Hydrolyse mit Wasser entsteht, wurde eine Aceton/n-Butylamine-Suspension benutzt sowie WC-25Co und WC-6Co Pulverpartikel mit einer Teilchengröße von 1 µm. Der Abstand der 9 cm² großen Elektroden betrug 3,5 cm bei 800 V.

3.1.7 Sprengtechnische Verfahren

Die Detonationsenergie von Sprengstoffen kann im dosierten Maße und bei geeigneter Geometrie zum Fügen bzw. zum Kompaktieren von Pulver genutzt werden. Das Verfahren zur Verschweißung der mit dem Sprengstoff versehenen Flugplatte mit der ruhenden Basisplatte ist als *Sprengschweißen* oder auch *Sprengplattieren* bekannt. Die sprengtechnische Kompaktierung von Pulver wird auch *Explosivverdichten* genannt. Sowohl bei der sprengtechnischen Pulverkompaktierung als auch beim Sprengschweißen kann die Detonationsenergie direkt (hier liegt der Sprengstoff am zu bearbeitenden

Material an) oder indirekt über ein Übertragungsmedium (Metallschrot, Sand, Wasser, massereicher Stempel oder Kolben) eingekoppelt werden. Die Kollisionsenergie bringt dabei die Pulverpartikel- oder Platten-Oberflächen bis zur atomaren Ebene zusammen, sodass Gitterkräfte wirken und eine metallische Verbindung hergestellt wird [128].

Ähnlich wie Sintern kann die Explosivverdichtung genutzt werden, um ausgehend von pulverförmigen Substanzen Presslinge hoher Dichte zu erzeugen. Die gezielte Anordnung von Bereichen mit unterschiedlichen Mischungsverhältnissen zweier Materialien gestattet die Herstellung von gradierten Übergängen. Neben Wärme, die durch die exotherme Reaktion des Sprengstoffes entsteht, ist die extrem hohe Beschleunigung der Pulverpartikel ein entscheidender Aspekt des Verdichtungsprozesses. Ein weiterer wichtiger Punkt ist die kurze Prozessdauer, die die bei langen Prozesszeiten üblichen nachteiligen Effekte unterbindet, z. B. Diffusion, Kornwachstum, Entmischungsvorgänge und Kristallisation.

Im Rahmen der Fusionsforschung konnte in Experimenten gezeigt werden, dass Sprengplattieren von dünnen Wolframfolien ($d < 0{,}5$ mm) auf Kupfer bei Raumtemperatur machbar ist [81]. Der Versuchsaufbau ist in Abb. 3.15 (a) skizziert, das Ergebnis ist in Abb. 3.15 (b) zu sehen. Zwei Effekte spielen beim Sprengplattieren von Wolfram eine wichtige Rolle: Zum einen die verringerte Spröd-Duktile-Übergangstemperatur von dünnen Wolframfolien (siehe Abb. 3.16) im Vergleich zum Vollmaterial und zum anderen die Aktivierung von Verformungsmechanismen, die bei sehr hohen Verformungsgeschwindigkeiten ($10^{5-7}/s$, siehe [129]) und Druckspannungen (Hochdruck-Torsion, RSUHP, etc.) zum Tragen kommen. Gerade Letzteres ermöglicht die für Wolfram sehr interessante wellenartige Kontaktfläche in Abb. 3.15 (b), welche überraschend hohe plastische Verformungen innehaben. Ähnliche Ergebnisse konnten in [130][131] erzielt werden, wobei ein anderer Aufbau mit geneigter Flugplatte sowie Wasser als Übertragungsmedium Anwendung fand.

Sprengplattier-Experimente von Kupfer ($d = 2$ mm) mit dickeren Wolframplatten ($d = 2$ mm) konnten lediglich durch Vorheizen dieser auf 480 °C erzielt werden [81]. Zur Vermeidung einer vorzeitigen Zündung des Sprengstoffes wird die Wolframplatte nicht als Flug-, sondern als Basisplat-

te kurz vor der Sprengung in die Endposition gebracht. Zwar enthielten die geschweißten Platten keine sprengbedingten Risse, jedoch verursachten thermisch induzierte Spannungen vereinzelt Risse.
Bezüglich der sprengtechnischen Pulverkompaktierung von Wolfram wird in der Literatur [132][133] zwar eine bis zu 98 prozentige theoretische Dichte postuliert, jedoch reichen die materialwissenschaftlichen Charakterisierungen über Mikroskopie und Härtemessungen nicht hinaus. Dies lässt vermuten, dass noch kein vollwertiges Wolframvollmaterial auf diesem Wege erzeugt werden konnte.

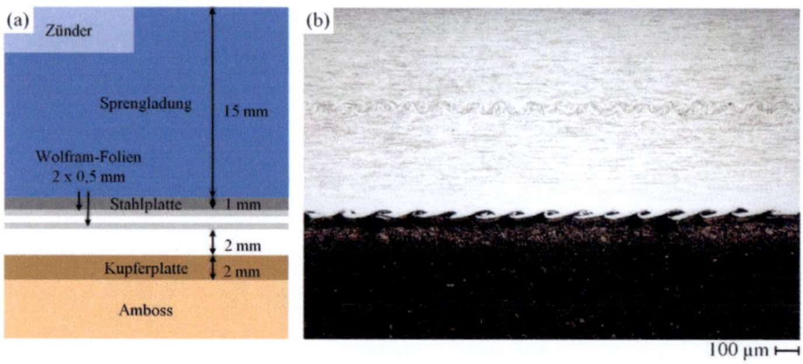

Abb. 3.15: (a) Skizzierter Versuchsaufbau zum Sprengplattieren zweier Wolfram-Folien auf Kupfer bei RT und (b) Schliffbild der geätzten Oberfläche [81].

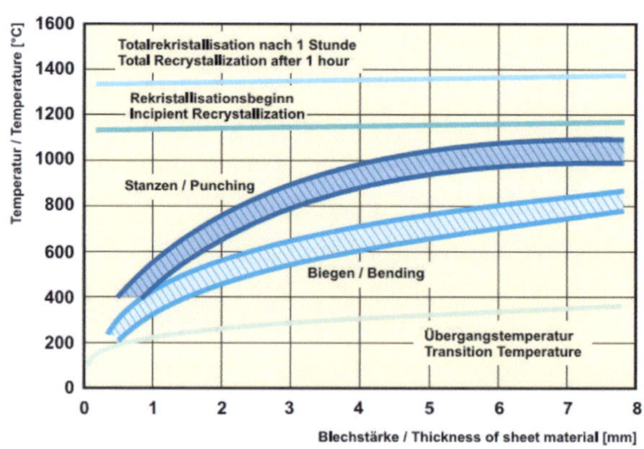

Abb. 3.16: Übergangstemperaturen, Rekristallisationstemperaturen und empfohlene Temperaturbereiche für das Biegen und Stanzen von Wolfram in Abhängigkeit von der Blechdicke [31].

3.2 Bewertungsmatrix

Die im vorhergehenden Kapitel 3.1 erläuterten Herstellungsmethoden wurden gemäß den vier Kategorien Schichtdicke, Gradierungs-Bereich, Vakuum und Umsetzbarkeit, wie in Tab. 3.6 dargestellt, bewertet. Die Möglichkeit, dicke Schichten zu erzeugen und stufenlose Gradierungen über die volle Spannweite von 0 bis 100 Prozent zu realisieren wurden als positiv bewertet. Das Vakuum ist zur Vermeidung von Oxiden wichtig. Die Umsetzbarkeit erklärt sich als essentielles Kriterium von selbst.

	Schichtdicke	Gradierungs-Bereich	Vakuum	Umsetzbarkeit
Vakuum-Plasmaspritzen	+	+	+	+
Magnetronsputtern	-	+	+	+
Widerstandssintern unter ultrahohem Druck	+	+	-	+
Konventionelles Sintern	+	+	+	-
Elektrochemische Abscheidung	-	-	+	•
Laserauftragsschweißen	+	+	+	•
Explosivverdichten	+	+	+	•
Infiltrations-Methode	+	-	+	•

Tab. 3.6: Bewertungsmatrix möglicher Herstellungsmethoden. -/+ stehen für un-/geeignet und für • ungewiss.

VPS scheint ein sehr vielversprechendes Verfahren zu sein, da es alle vier in Betracht gezogenen Kriterien erfüllt. Magnetronsputtern bietet immerhin noch drei erfüllte Kriterien, nämlich dass der volle Gradierungs-Bereich möglich ist und dass die Abscheidung im Vakuum erfolgt. Allerdings bringt Magnetronsputtern den Nachteil mit sich, dass die Herstellung von dicken Schichten (> 30 µm) unvernünftig lange Abscheidungsdauern erfordert. Konventionelles Sintern ist wegen der sehr unterschiedlichen Sinterbedingungen zwischen Wolfram und Stahl nicht anwendbar. Aufgrund des sehr hohen elektrischen Widerstands von Stahl im Vergleich zu Wolfram scheinen die Anforderungen für Widerstandssintern nicht gegeben zu sein. Dennoch konnte die Durchführbarkeit der Herstellung von Wolfram/EUROFER97-Kompositen mit RSUHP gezeigt werden (siehe Kapitel 5.3). Ein vollständiger Gradierungs-Bereich von 0 bis 100 % kann weder mit der Infiltrations-Methode noch mit der galvanischen Abscheidung realisiert werden, weswegen eine Untersuchung dieser beiden Methoden in dieser Arbeit außen vor bleibt. Laserauftragsschweißen könnte eine Alternative sein, da diese Technik in ähnlicher Weise wie VPS funktioniert, obwohl die meisten Laser-Apparaturen unter normalem Druck in Luft arbeiten. Sprengtechnische Verfahren finden zwar keinesfalls in einer Vakuumkammer statt, das zu kompaktierende Pulver kann jedoch in einem Vakuumbehälter eingeschlossen werden. Allerdings erfordert das Vorheizen des Werkstücks einen erheblichen apparativen Aufwand.

Vier Herstellungsverfahren (Magnetronsputtern, Vakuum-Plasmaspritzen, Widerstandssintern, Explosivverdichten) wurden ausgewählt, um auf experimenteller Ebene die Realisierbarkeit von gradierten Wolfram/EUROFER97-Zwischenschichten zu demonstrieren. Diese Auswahl ist keine strikte im Sinne der hier dargestellten Bewertungsmatrix, sondern ergibt sich auch aus den wohlwollenden Kooperationen anderer Forschungsinstitute, die das in Kapitel 5 präsentierte Probenmaterial erst ermöglichten.

4 Analysemethoden

Die im Rahmen dieser Arbeit erstellten Proben wurden mit diversen materialwissenschaftlichen Analysemethoden untersucht. Diese sowie die dabei verwendeten Messgeräte und Auswertungsmethoden werden im Folgenden kurz erläutert. Eine zusammenfassende Analysematrix, die die in diesem Kapitel beschriebenen Analysemethoden mit den in Kapitel 5 präsentierten Proben verknüpft, ist in Tab. 4.1 dargestellt. Diese Darstellung dient vorbereitend für das Verständnis des Lesers, sodass einige Begriffe, die erst in Kapitel 5 detailliert beschrieben werden, vorweggenommen werden. Die Auswahl der Analysemethoden ist keine strikte bedarfsorientierte Wahl zur vollständigen allumfassenden Charakterisierung der hergestellten Komposite bzw. Schweißverbindungen. Vielmehr stellt sie einen Kompromiss mit dem größtmöglichen Nutzen zwischen Verfügbarkeit, Anwendbarkeit und Aufwand dar. Gerade ein Vergleich zu den FEM-Simulationen, für den die Kenngrößen α, E, C, n und R_m erforderlich wären, blieb aus diesem Grund aus.

	Magnet-ron-sputtern	**Vakuum-Plasmaspritzen**	**Wider-stands-sintern**	**Explo-siv-verdich-ten**	**Diffusi-ons-schweißen**	**WL10**
Porosität	REM	REM, LM	REM, LM	REM		
Konzentrati-ons-verhältnis	REM/EDX, AES	REM, LM	REM, LM	REM		
Phasen-identifikation	XRD					
Korngröße	XRD, TEM					
Zugfestigkeit			Zugversuch mit Flach-zugproben		Zugver-such mit Rund-zugproben	
Berkovich-Härte	Nano-indentation		Nano-indentation		Nano-indentation	

Brinell-Härte		Makro-indentation	Makro-indentation			
Kerbschlag-biegezähigkeit					Kerb-schlagbie-gevers.	
Detektion von Hohlräumen					Ultraschall	
Oberflächen-rauheit	Oberflä-chen-profilometer		Oberflächen-profilometer			Oberflä-chen-profilometer
Biegefestigkeit						4.-Biege-versuch

Tab. 4.1: Analysematrix - Messgrößen sind in der ersten Spalte eingetragen und über die gewählten Analysemethoden mit dem untersuchten Probenmaterial verknüpft.

4.1 Optische Mikroskopie

Institutsintern standen zwei optische Lichtmikroskope (LM) zur Verfügung: Eins vom Hersteller Leica vom Typ DMLM und eins vom Hersteller keyence vom Typ VHX-1000 mit zwei Objektiven des Typs VH-Z20R und VH-Z100R. Beide ermöglichen eine maximale Vergrößerung um den Faktor 1000 sowie eine digitale Bilderfassung. Gerade die digitale Bilderfassung mit der entsprechenden Software kann zu einem gewissen Grad die bei Lichtmikroskopen üblicherweise problematische Tiefenunschärfe ausgleichen. Dies geschieht durch Zusammenführung mehrerer Aufnahmen bei unterschiedlichen Objektiv-Objekt-Abständen. Eins der beiden Objektive des keyence-Mikroskops ist an einem motorisierten Stativ fixiert, wodurch sich 3D-Höhenprofile aufnehmen lassen.

Besonders geeignet sind Aufnahmen von Lichtmikroskopen zur Bestimmung von Mischungsverhältnis und Porosität. Anhand der Grauwerte kann eine Zuordnung der verschiedenen Materialien bzw. der Hohlräume durchgeführt werden (siehe Bsp. in Abb. 4.1). Hohlräume weisen sich durch einen sehr dunklen Kontrast aus, da diese nahezu kein Licht wiederspiegeln.

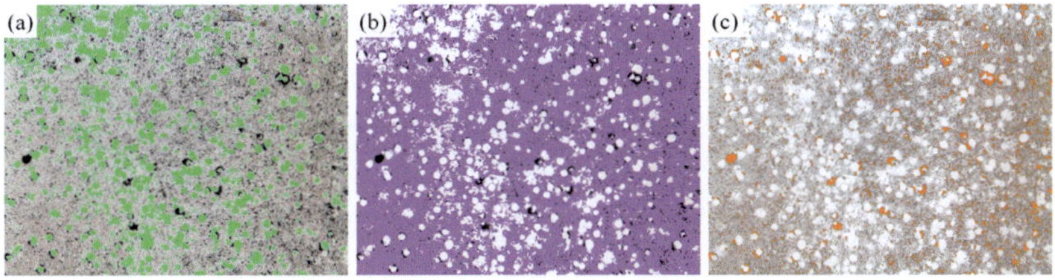

Abb. 4.1: (a) EUROFER97-Bereich in grün, (b) Wolfram-Bereich in lila und (c) Hohlräume in orange.

4.2 Röntgendiffraktometrie (XRD)

Die für diese Arbeit am Teilinstitut Werkstoffprozesstechnik des IAM am KIT gemessenen Röntgendiffraktometrie-Spektren stammen von einem Gerät des Herstellers Siemens des Typs D-5000 mit einer Kupferröhre der Wellenlänge 1,54056 Å. Als Detektor wird ein Szintillationszähler verwendet. Die gewählte Schrittbreite betrug 0,04° und der Winkelbereich 30° bis 90° auf der 2θ-Skala, sowohl in Bragg-Brentano-Anordnung als auch für Messungen mit streifendem Einfall. Eine gesonderte Probenvorbereitung, abgesehen von Polieren und Reinigen, ist für dieses Analyseverfahren nicht erforderlich. Die Eindringtiefe der gebeugten Röntgenstrahlen beträgt im Wolfram weniger als 10 µm. Zur Identifikation der Wolfram, Chrom und Eisen-Phasen wurde die Datenbank der gemeinnützigen Wissenschaftsorganisation International Centre for Diffraction Data (ICDD) genutzt.

4.3 Makroindentation

Unter Härte versteht man den mechanischen Widerstand, den ein Werkstoff der mechanischen Eindringung eines härteren Prüfkörpers entgegensetzt. Die Härte weist dabei nur bedingt eine Korrelation mit der Festigkeit auf, welche die Widerstandsfähigkeit eines Materials gegenüber bleibender Verformung repräsentiert. Die Härteprüfung ist seit jeher bedeutend, um spezifische mechanische Eigenschaften von Materialien in rascher und preiswerter, d. h. fast zerstörungsfreier Art und Weise zu ermitteln. Bei einer Kategorisierung von Härteprüfverfahren für Metalle teilt man zunächst in statische und dynamische Verfahren ein. Zur letztgenannten Kategorie gehört z. B. Rückprallhärteprüfung nach D. Leeb [134], dessen Prinzip die kontaktfreie Ermittlung der Geschwindigkeit des Schlagkörpers via Induktionsspannung ist. Folgende fünf Härteprüfverfahren, die in den meisten Fällen, nach ihrem Erfinder benannt worden sind, gehören zu den bekanntesten der statischen Kategorie:

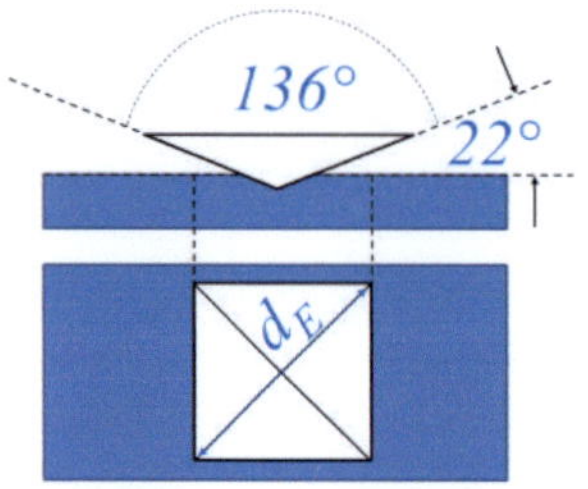

Vickers

- DIN EN ISO 6507 - Teil 1/2/3
- vierseitige Pyramide mit Öffnungswinkel von 137°
- $HV = 0{,}102\,\frac{F_{max}}{A_K} = 0{,}1891\,\frac{F_{max}}{{d_E}^2}$

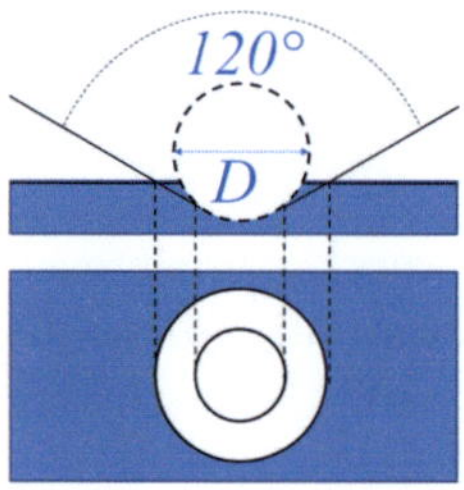

Rockwell

- DIN EN ISO 6508 - Teil 1/2/3
- Kugel bzw. Kegel mit einem Öffnungswinkel von 120° und abgerundeter Spitze

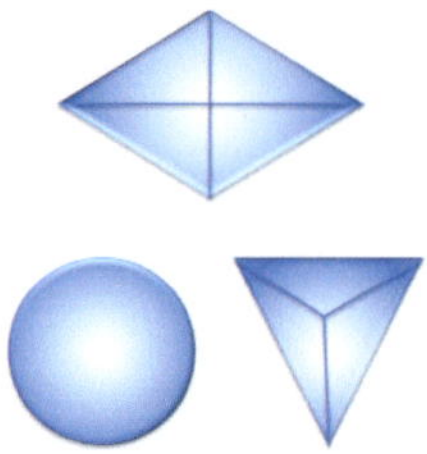

Martens

- DIN EN ISO 14577 - Teil 1/2/3/4
- frei wählbare Spitze
- $HM = \frac{F_{max}}{A_K}$

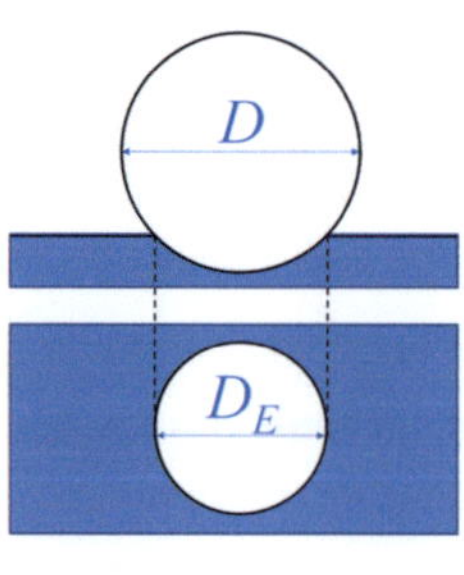

Brinell

- DIN EN ISO 6506 - Teil 1/2/3
- Kugel (*D* in mm=1 / 2 / 2,5 / 5 / 10)
- $HBW = 0{,}102\,\frac{F_{max}}{A_K} = \frac{0{,}102 \cdot 2 \cdot F_{max}}{\pi D\left(D - \sqrt{D^2 - {D_E}^2}\right)}$

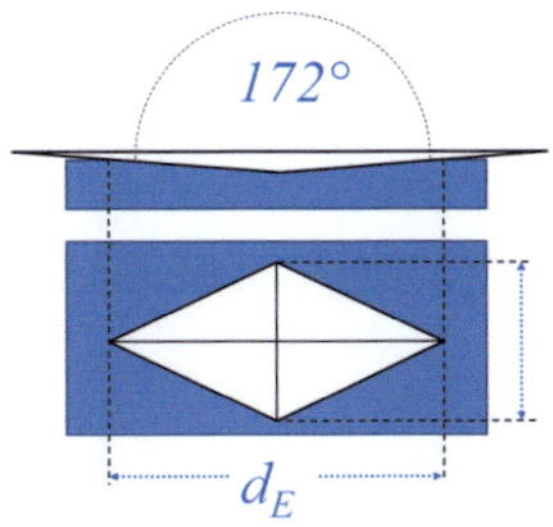

Knoop

- DIN EN ISO 4545 - Teil 1/2/3/4
- rhombische Pyramide
- $\mathrm{HK} = 0{,}102 \frac{\mathrm{F_{max}}}{\mathrm{A_K}} = 1{,}451 \frac{\mathrm{F_{max}}}{d_E{}^2}$

Abb. 4.2: In den obigen Formeln sind F_{max} die maximale Prüfkraft in Newton, d_E die Diagonale des Eindrucks in Millimeter, A_K die Kontaktfläche zwischen Spitze und Prüfkörperoberfläche bei maximaler Kraft und D der Durchmesser der Kugelspitze.

Das Brinell-Verfahren ist besonders gut geeignet für heterogene Werkstoffe, da eine mittlere Härte über die weichen und die harten Anteile im Werkstoff bestimmt wird. Dies ist bei den in dieser Arbeit untersuchten gesinterten bzw. thermisch gespritzten Proben der Fall, weswegen das Brinell-Härteprüfverfahren eingesetzt wurde. Im folgenden Absatz wird es deshalb näher erläutert. Bei der Durchführung der Messungen fand eine Prüfmaschine der zwicki-Serie des Herstellers Zwick mit einer maximalen Prüfkraft von 2,5 kN Einsatz. Bewegt wird der Prüfkopf, welcher eine Kraftmessdose, eine Vorrichtung zur Messung der relativen Verschiebung von Tastfuß zu Indenterspitze und die Spitze selbst beherbergt, mit einem Linearmotor. Der Tastfuß liegt während der Messung auf der Probenoberfläche auf.

Zur Bestimmung der Brinell-Härte wird eine Halbkugel mit einer festgelegten Prüfkraft F in die Oberfläche des zu prüfenden Werkstückes gedrückt. Die verwendeten Kugeln können folgende Durchmesser gemäß der Norm DIN EN ISO 6506 haben: 1/2/2,5/5/10 mm. Anders als bei den hier durchgeführten Messungen, bei denen aufgrund der hohen Härte von Wolfram der Einsatz einer Diamantspitze wichtig ist, sieht die Norm als Prüfkörper Hartmetallkugeln vor. Des Weiteren sind Prüfkraft und der Kugeldurchmesser D so zu wählen, dass der Eindruckdurchmesser D_E stets zwischen 0,24 D und 0,6 D liegt, um vergleichbare Brinell-Härtewerte zu erhalten.

Bei der hier gewählten Prüfkraft von 1000 N und dem Kugeldurchmesser von 2 mm variierten die erzeugten Abdruckradien zwischen 230 und 463 µm. Der Wertebereich von $\frac{D_E}{D}$ ist also $\{0{,}23\text{ mm} < \frac{D_E}{D} < 0{,}463\text{ mm}\}$ und liegt somit nahezu vollständig innerhalb des vorgeschriebenen Bereichs.

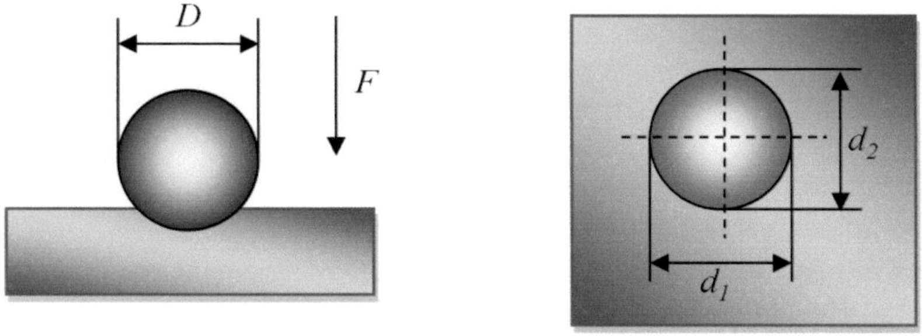

Abb. 4.3: Skizzierung des Brinell-Härteprüfverfahrens.

Nach einer Belastungszeit von 10 bis 15 Sekunden für Stähle/Gusseisen und 10 bis 180 Sekunden für Nichteisenmetalle und deren Legierungen muss laut Norm der Durchmesser des bleibenden Eindrucks im Werkstück gemessen und daraus die Oberfläche des Eindrucks bestimmt werden. Bei den in dieser Arbeit durchgeführten Messungen wurde eine Haltezeit von 10 s angewandt. Der zu bestimmende Durchmesser D_E ist der Mittelwert zweier rechtwinklig zueinander liegenden Durchmesser d_1 und d_2 des bleibenden Eindruckes (siehe Abb. 4.3). Bei anisotroper Verformung wird der zur Berechnung der Härte nötige Durchmesser aus dem größten d_1 und kleinsten Durchmesser d_2 gemittelt:

$$D_E = \frac{d_1 + d_1}{2} \tag{4.1}$$

Das Verhältnis von Prüfkraft zur Kontaktoberfläche multipliziert mit dem Wert 0,102 ergibt nun die Brinellhärte. Der angegebene Zahlenfaktor ist der Kehrwert von 9,81 und dient der Umrechnung der Krafteinheit Newton in die ältere Einheit Kilopond. Damit wird sichergestellt, dass Härtemessungen unter Verwendung moderner Einheiten dasselbe Resultat ergeben wie historische Werte, die auf heute veralteten Einheiten beruhen.

4.4 Nanoindentation

Basierend auf der Pionierarbeit von G.M. Pharr und W.C. Oliver [135][136] ist es heutzutage möglich, Härteprüfungen im Bereich der Nanometer-Skala auszuführen. Zwar wurden in der vorliegenden Dissertation die Möglichkeiten nicht bis in die allerkleinsten Dimensionen ausgereizt, dennoch liegen hier die Eindringtiefen im Bereich von 200 bis 1000 nm um die sehr dünnen (2-15 µm) gesputterten Schichten zu untersuchen. Dazu wurde ein Nanoindenter XP vom Hersteller MTS Systems mit einer Berkovich-Spitze aus Diamant genutzt. Vorteil der dreiseitigen pyramidenförmigen Berkovich-Spitze ist eine simplere Herstellung im Vergleich zu einer vierseitigen Pyramide. Der Winkel zwischen Symmetrieachse und den drei Flächen beträgt 65,3°, zwischen Symmetrieachse und den drei Kanten 77,0°, so dass sich ein Gesamtwinkel von 142,3° ergibt. Die Spitze ist mechanisch an zwei Federn fixiert und kann über elektromagnetische Kräfte in Richtung Prüfkörper bewegt werden. Die beiden Messgrößen Spitzenposition und wirkende Kraft sind direkt zugänglich, wohingegen alle weiteren Werte wie Eindringtiefe, Härte, Steifigkeit, usw. daraus abgeleitete Größen sind. Genauso wie die Martens-Härte berechnet sich die Berkovich-Härte über

$$H_{Berk} = \frac{F_{max}}{A_K} \tag{4.2}$$

im Zusammenhang mit der Nanoindentation aus dem Quotienten von maximaler Prüfkraft F_{max} und Kontaktfläche A_K zwischen Spitze und Prüfkörperoberfläche. Die in [135] vorgeschlagene Näherung für die Kontaktfläche

$$A_K = \sum_{i=0}^{8} C_i {h_c}^{(2^{1-i})} = C_0 {h_c}^2 + C_1 h_c + C_2 {h_c}^{1/2} + \cdots + C_8 {h_c}^{1/128} \tag{4.3}$$

ermöglicht eine Anpassung der Daten über einen großen Messbereich mit bis zu 9 Koeffizienten C_i. Diese müssen für jede Berkovich-Spitze individuell und aufgrund der Abnutzung in regelmäßigen Abständen an Daten von Eichmaterialien mit bekannten Eigenschaften angepasst werden. Eine perfekte Berkovich-Spitze besitzt lediglich den Koeffizienten $C_0 = 24{,}5$. Die Eindringtiefe

$$h_c = h_{max} - h_s, \tag{4.4}$$

bei welcher Kontakt zum Material besteht, ist die Differenz aus maximaler Eindringtiefe h_{max} und dem Einsinken h_s (engl. sink-in). Zur Veranschaulichung sind die Größen h_s, h_{max} und h_c in Abb. 4.4 (a) skizziert. Das Einsinken

$$h_s = \epsilon \frac{F_{max}}{S} \tag{4.5}$$

kann basierend auf einem elastischen Materialmodell in Abhängigkeit der maximalen Prüfkraft, einem Indenter-Geometrieparameter ϵ und der elastischen Entlastungssteifigkeit

$$S = \frac{dF}{dh} \tag{4.6}$$

berechnet werden. Für Berkovich-Spitzen hat sich $\epsilon = 0{,}75$ als praktikabler Standardwert etabliert. Die elastische Entlastungssteifigkeit kann wie in Abb. 4.4 (b) dargestellt der Prüfkraft-Eindringtiefe-Kurve entnommen werden.

Da je nach Literaturquelle die Existenz eines Größeneffektes (engl. indentation size effect) im Material als real [137][138] oder messtechnisch bedingt [139] postuliert wird und darüber offensichtlich noch Uneinigkeit in der Forschergemeinde besteht, wird im Rahmen dieser Arbeit dieser Effekt nicht weiter berücksichtigt bzw. hinterfragt. Die Härte-Eindringtiefe-Kurven zeigen jedenfalls auch hier eine leichte Abnahme der Härtewerte über die Eindringtiefe.

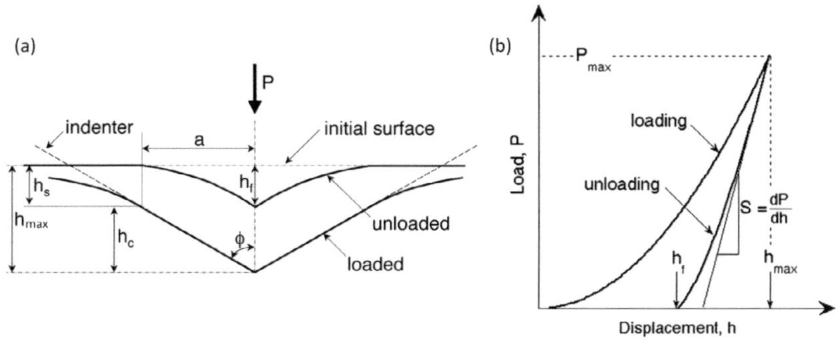

Abb. 4.4: Schematische Illustration (a) des Entlastungsvorgangs mit Geometriegrößen und (b) der Prüfkraft-Eindringtiefe-Kurve [136][135].

Um gute Messergebnisse bei der Nanoindentation zu erzielen, ist eine entsprechende Probenvorbereitung erforderlich. Abgesehen von einer sauber gereinigten Oberfläche muss die Oberfläche selbst sehr glatt und frei von Hohlräumen sein. Desweiteren gilt es bei dünnen Schichten zu beachten, dass das darunterliegende Substrat Einfluss nehmen kann. Als Faustformel ist eine Eindringtiefe, die einem Zehntel der Schichtdicke entspricht, akzeptabel (DIN EN ISO 14577-1:2002).

Eine entsprechend glatte Oberfläche ist für die hier verwendeten Materialien EUROFER97 und Wolfram durch mechanisches Polieren mit Diamantsuspensionen mit einer Korngröße von 3 µm und abschließender Politur mit Oxidpoliersuspension erreichbar. Jedoch ist eine Kaltverfestigung durch plastische Verformung durch die Polierkristalle in oberflächennahen Bereichen der Probe und somit eine Verfälschung der Messergebnisse denkbar. Um diese Fehlerquelle auszuschließen, wurde ein elektrolytisches Polieren der Proben angestrebt und wie im Kapitel 4.14.2 beschrieben durchgeführt. Wie in Abb. 4.5 zu erkennen ist, stellte sich jedoch keine signifikante Veränderung der Messergebnisse zwischen den mechanisch und den elektrolytisch polierten Proben heraus. Aus diesem Grund wurde für die weiteren Analysen kein Elektropolieren mehr angewendet und die mechanische Politur als ausreichend befunden. Der Aufwand für die elektrolytische Politur wäre aufgrund des Umstandes, dass für EUROFER97 und Wolfram zwei verschiedene Elektrolyte angewandt und somit Proben mit gemischter Zusammensetzung zweigeteilt werden müssen, nicht unerheblich (siehe Kapitel 4.14.2). Darüber hinaus wäre nur eine getrennte Untersuchung der EUROFER97- bzw. Wolframbereiche möglich.

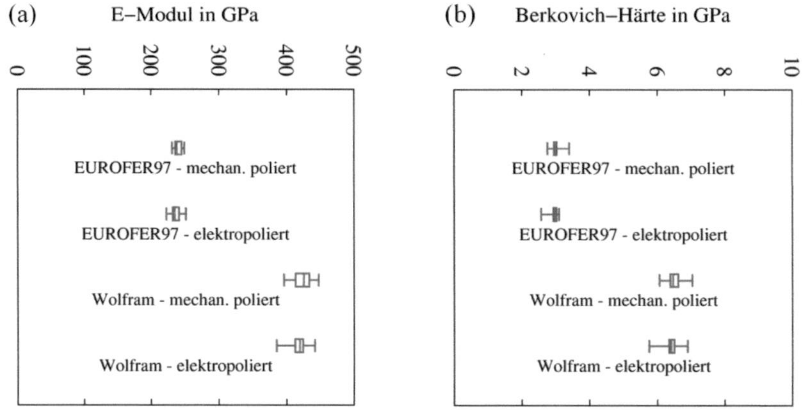

Abb. 4.5: (a) E-Modul und (b) Härte von mechanisch und elektropoliertem Wolfram bzw. EUROFER97 bei einer Eindringtiefe von 1 µm.

4.5 Rasterelektronenmikroskopie (REM)

Die Rasterelektronenmikroskopie ist ein bildgebendes Verfahren, bei dem ein Elektronenstrahl, Primärelektronenstrahl genannt, über einzelne Punkte der Probe (genaugenommen über eine 2D-Ebene) gerastert wird. Die Ablenkung und Fokussierung des Strahls erfolgt über elektromagnetische Felder, die mittels Kondensatoren und Spulen gesteuert werden. Beim Auftreffen der Elektronen auf die Probe werden diese entweder gebeugt oder zurückgestreut und erzeugen bzw. beschleunigen dabei eine Reihe weiterer Teilchen. Dazu zählen Sekundärelektronen, Auger-Elektronen sowie Photonen der Röntgenbremsstrahlung und der charakteristischen Röntgenstrahlung. Je nachdem welche dieser Teilchen detektiert werden, unterscheidet man namentlich die Analyseverfahren. Die in dieser Arbeit durchgeführten REM-Aufnahmen greifen auf die quantitative Detektierung der Sekundärelektronen zurück, wobei für jeden gerasterten Punkt ein Kontrastwert ermittelt wird. Die Anzahl der beschleunigten Sekundärelektronen hängt von den Elementsorten in der Probe, der Energie des Primärelektrons und dem Neigungswinkel der Probenoberfläche ab. Das Volumen, in dem Sekundärelektronen generiert werden, ist nahe der Oberfläche und nur wenige Nanometer groß, was wiederum sehr hohe Auflösungen erlaubt. Verwendet wurde ein Rasterelektronenmikroskop der Firma Philips vom Typ XL Series. Die Beschleunigungsspannung der Primärelektronen betrug stets 30 kV.

4.6 Elektronendispersive Röntgenspektroskopie (EDX)

Diese Untersuchungsmethode dient zur Bestimmung der lokalen quantitativen Elementzusammensetzung. Sie basiert ebenso wie Rasterelektronenmikroskopie auf einen Primärelektronenstrahl (5-30 keV), nutzt jedoch eine die charakteristische Röntgenstrahlung. Diese entsteht, wenn ein Elektron des Elektronenstrahls in einem Atom der Probe ein kernnahes Elektron aus seiner Position herausschlägt. Diese Lücke wird sofort von einem energiereicheren Elektron aus einem höheren Orbital aufgefüllt. Die Energiedifferenz wird in Form eines Röntgenquants freigesetzt. Die dadurch entstandene Röntgenstrahlung ist charakteristisch für den Übergang und das Atom, also das Element. Für die Analysen wurde hierfür dasselbe Gerät bei gleicher Primärelektronenenergie verwendet wie für die Anfertigung der REM-Aufnahmen.

4.7 Auger-Elektronen-Spektroskopie (AES)

Ebenso wie die EDX dient diese Analysemethode der Bestimmung von Elementkonzentrationen in oberflächennahen Bereichen. Basis ist gleichermaßen ein Primärelektronenstrahl, der Elektronen aus inneren Schalen der zu untersuchenden Atome hinweg stößt. In diesem Fall wird nun die charakteristische Energie des emittierten Auger-Elektrons detektiert. Im Gegensatz zur EDX arbeitet man bei der AES mit geringeren Primärelektronenstrahlenergien im Bereich von 1 bis 10 keV, was in Kombination mit der geringen Reichweite von Auger-Elektronen im Material eine Analysetiefe von wenigen Nanometern ermöglicht. Zusammen mit einer Materialabtragung durch Sputtern können somit dreidimensionale Skalarfelder der Elementkonzentrationen erstellt werden. Für diese Arbeit genügten jedoch Linienscans entlang der verschiedenen Sputterschichten.

4.8 Transmissionselektronenmikroskopie (TEM)

Für die Untersuchung der Mikrostruktur von Materialien im Nanometerbereich hat das Transmissionselektronenmikroskop eine hohe Bedeutung erlangt. Ähnlich wie beim Rasterelektronenmikroskop ist die elektronenstrahl-generierende Elektronensäule wesentlicher Bestandteil. Statt der Detektion von Sekundärelektronen werden hier jedoch Primärelektronen indirekt über einen Szintillator erfasst. Je nach Betriebsmodus können verschiedene physikalische Effekte (Rutherford-Streuung, Interferenz, Beugung) zur Erzeugung des Bildkontrastes genutzt werden. Zur Verfügung stand ein Gerät der Firma FEI vom Typ Tecnai G^2 F20 mit einer maximalen Beschleunigungsspannung von 200 kV.

4.9 Ultraschalluntersuchung

Ultraschallwellen gestatten die zerstörungsfreie Überprüfung von Bauteilen auf Defekte und Risse, weshalb diese Analysemethode zur Untersuchung der Schweißnahtqualität der hier diffusionsgeschweißten Proben angewandt wurde. Zur Einkopplung des Schallimpulses in das Bauteilinnere befinden sich sowohl der Prüfkopf als auch das Bauteil in einem Wassertank. Vorzugsweise an Grenzflächen, Defekten und Hohlräumen werden Ultraschallwellen absorbiert und reflektiert. Beim hier angewandten Impuls-Echo-Verfahren erfasst der Prüfkopf die reflektierte Schallintensität über die Zeitdauer zwischen Aussenden und Empfangen des Impulses. Diese Messung wird entlang einer gewählten Fläche des Bauteils wiederholt, wodurch letztlich Rückschlüsse auf die Homogenität des Materials im Zehntelmillimeterbereich möglich sind.

4.10 Kerbschlagbiegeversuch

Der Kerbschlagbiegeversuch entspricht, wie der Name schon sagt, einem Dreipunktbiegeversuch bei sehr hoher Dehnrate, da die Last durch einen Pendelhammer schlagartig aufgebracht wird. Die hier verwendete Probengeometrie ist gemäß der DIN 50115: Höhe 4 mm, Breite 3 mm, Länge

27 mm, Kerbtiefe 1 mm, Kerbwinkel 60° und Kerbradius 0,1 mm (siehe Abb. 4.6). Sie wird im Folgenden auch mit KLST bezeichnet.

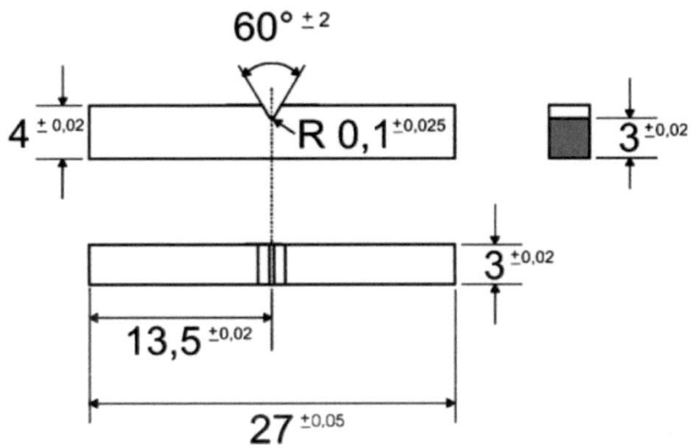

Abb. 4.6: Geometrie der Kerbschlagbiegeprobe gemäß DIN 50115 [140].

Die Kerbschlagbiegeprüfung wurde in dieser Arbeit nicht an den hergestellten Wolfram/EUROFER97-Kompositen durchgeführt, da zum einen die spröd-duktile Übergangstemperatur für Wolfram in [30][69][70] und die für EUROFER97 in [42] bereits ausführlich erörtert wurden und zum anderen die hergestellten Proben nicht groß genug waren für die hier betrachtete Kerbschlagprobengeometrie. Möglich war jedoch die Messung der Kerbschlagzähigkeit

$$Z = \frac{mg(h' - h)}{A} \tag{4.7}$$

von diffusionsgeschweißten EUROFER97- bzw. Wolframvollmaterial mithilfe von Zwischenschichten. Dabei sind m die Masse des Pendelhammers, $g = 9{,}81\,\frac{\mathrm{m}}{\mathrm{s}^2}$ die Erdbeschleunigung, $A = 0{,}09\ \mathrm{cm}^2$ die Querschnittsfläche und h', h die Fall- bzw. Steighöhe des Pendelhammers. Die Temperatur wurde wahlweise in einer Klimakammer auf RT und 550°C eingestellt.

4.11 Einachsige Zugprüfung

Der einachsige Zugversuch bietet bei relativ einfachem Versuchsaufbau eine Reihe sehr wichtiger Materialkennwerte wie z. B. dem Elastizitätsmodul, der Zugfestigkeit, der Bruchdehnung, der Streckgrenze, der Gleichmaßdehnung, usw. Generell ist eine achsensymmetrische Zugprobenform zu bevorzugen, was aber nicht immer verwirklicht werden kann, z. B. bedingt durch das zur Verfügung stehende Probenmaterial. Sowohl axialsymmetrische als auch Flachzugproben kamen hier zum Einsatz und werden in den beiden folgenden Unterkapiteln näher erläutert.

4.11.1 Axialsymmetrische Zugproben

Anhang H zeigt eine technische Zeichnung des verwendeten Schulterkopfprobendesigns. Die Zugprüfmaschine stammt von der Firma Instron - Modell 1362 und umfasst eine zusätzlich installierte beheizbare Vakuumkammer. Die hier durchgeführten Versuche wurden jedoch bei Raumtemperatur unter Normaldruck getätigt. Die Last wird über eine am Querhaupt fixierten Kraftmessdose und die Verlängerung mit einem an der Probe angelegtem Extensometer erfasst. Da bei den hergestellten Wolfram/EUROFER97-Kompositen nicht ausreichend Probenmaterial zur Verfügung stand, konnten lediglich die diffusionsgeschweißten Verbindungen mit dieser Zugprobengeometrie untersucht werden.

4.11.2 Flachzugproben

Im Rahmen einer Bachelorarbeit wurde die in bisherigen Experimenten [32] verwendete Flachzugprobenform aufgrund von neuen Randbedingungen optimiert, sodass Zugproben aus 1 mm dicken Scheiben mit 16 bzw. 18 mm Durchmesser gefertigt werden können. Das letztlich verwendete Zugprobendesign sowie genauere Details zur Optimierung sind im Anhang I beschrieben. Die Zugprüfmaschine stammt vom Hersteller Zwick und ist vom Typ zwicki, deren Kraftmessdose bis 2,5 kN ausgelegt ist. Die Dehnung der Probe wird optisch über ein Linsen- und Kamerasystem erfasst und mit einer entsprechenden Software [141], welche auf dem Bildkorrelationsverfahren basiert, ausgewertet. Ein generelles Problem bei Zugversuchen mit sehr spröden Werkstoffen sind unerwünschte Biegemomente, die auch bei dem hier verwendeten Aufbau nicht gänzlich vermieden werden konnten. Die Überlagerung von Biegemoment und uniaxialer Zugspannung wurde in der Auswertung, welche im Anhang J detailliert beschrieben ist, berücksichtigt. Geprüft wurden gesinterte Wolfram/EUROFER97-Komposite, die als Zylinder mit einem Durchmesser von 16-18 mm gefertigt wurden.

4.12 Oberflächenrauhigkeitsanalyse

Sowohl beim Vierpunktbiegeversuch, beim Zugversuch als auch bei der Indentation beeinflusst die Oberflächenrauhigkeit die Messergebnisse. Dies gilt insbesondere für spröde Materialien wie Wolfram. Die Rauheit sollte generell so gering wie möglich und bekannt sein, um Vergleiche zwischen Messergebnisse zu erlauben. Verwendet wurde ein P-10 Surface Profiler von der Firma Tencor zur Bestimmung folgender vier Kennwerte:

Arithmetischer Mittenrauwert: $$R_a = \frac{1}{l}\int_0^l |z(x)|dx \tag{4.8}$$

Quadratischer Mittenrauwert: $$R_q = \sqrt{\frac{1}{l}\int_0^l z^2(x)dx} \tag{4.9}$$

Gemittelte Rautiefe: $$R_z = \frac{1}{n}\sum_i^n \max_x(z_i(x)) - \min_x(z_i(x)) \tag{4.10}$$

Rautiefe: $$R_t = \max_x\big(z(x)\big) - \min_x\big(z(x)\big) \tag{4.11}$$

Dabei ist l die Länge der Gesamtmessstrecke, x die Position entlang der Gesamtmessstrecke, $z(x)$ die Profilhöhe an der Stelle x, n die Anzahl der Teilmessstrecken, $z_i(x)$ die Profilhöhe an der Stelle x der Teilmessstrecke i. Diese Kennwerte sind in den Normen DIN EN ISO 4287 und ASME B46.1 festgelegt. Die Profiltiefe $z(x)$ wird gemessen, indem eine Spitze an einer Blattfeder mit leichter Kraft auf die Probenoberfläche gedrückt wird und entlang einer gewählten Messstrecke geführt wird, während ihre Höhenveränderung kapazitiv erfasst wird.

4.13 Vierpunktbiegeversuch

Die durchgeführten Vierpunktbiegeversuche zur Ermittlung der Weibull-Parameter der Wolframlegierung WL10 orientieren sich an den Vorgaben der Norm EN 843-1. Die dabei ermittelte Kenngröße ist die Bruchfestigkeit, welche gegeben ist durch:

$$\sigma_f = \frac{3F(d_a - d_i)}{bh^2}, \tag{4.12}$$

wobei F die Maximalkraft beim Bruch, $b = 4$ mm die Probenbreite, $h = 3$ mm die Probenhöhe, $d_i = 20$ mm der Abstand zwischen den inneren Belastungsrollen und $d_a = 40$ mm der Abstand der äußeren Auflagerrollen ist. Die Rollen waren jeweils 4 mm breite Passstifte aus Stahl, wobei die oberen beiden Belastungsrollen von einem 4x6x55 mm großen Balken belastet wurden. Dieser Balken wurde wiederum von einem fünften Passstift und einem Pressstempel belastet, sodass die Kraft auf beide Belastungsrollen gleich verteilt. Eine technische Zeichnung der Halterung aus Messing und eine Fotografie des Aufbaus ist in Abb. 4.7 zu sehen.

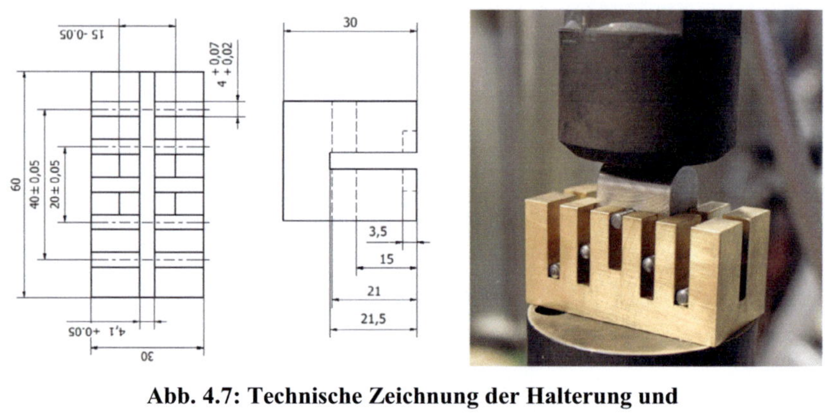

Abb. 4.7: Technische Zeichnung der Halterung und Fotografie der selbigen sowie der fünf Passstifte und Pressstempel.

4.13.1 Berechnung der Weibull-Parameter

Der hier beschrieben Rechnungsweg entstammt der Norm EN 843-5. Funktion $f(x)$ sei die Wahrscheinlichkeitsdichtefunktion für die stetige Zufallsgröße x und

$$P(a < x \leq b) = \int_a^b f(x)dx = F(b) - F(a) \tag{4.13}$$

die Wahrscheinlichkeit, dass die Zufallsgröße x einen Wert zwischen a und b annimmt. F sei die kumulative Verteilungsfunktion. Bedingung für $f(x)$ ist, dass die Funktionswerte stets größer gleich null sind und dass das Integral von Minusunendlich bis Plusunendlich gleich eins ist. Die positive stetige Zufallsgröße x besitzt eine Zweiparameter-Weibull-Verteilung, wenn die Wahrscheinlichkeitsdichtefunktion gegeben ist durch:

$$f(x) = \left(\frac{m}{b}\right)\left(\frac{x}{b}\right)^{m-1} \exp\left[-\left(\frac{x}{b}\right)^m\right] \tag{4.14}$$

bzw. die kumulative Verteilungsfunktion gegeben durch:

$$F(x) = 1 - \exp\left[-\left(\frac{x}{b}\right)^m\right] \tag{4.15}$$

Dabei ist m der Weibull-Modul/Formparameter und b der Skalenparameter. Die statistisch verteilte Festigkeit σ_f von spröden Probenkörpern kann als Zufallsgröße x betrachtet werden, sodass die Versagenswahrscheinlichkeit P_f mit (4.15) beschrieben werden kann. Die Vierpunktbiegeversuche des betrachteten Materials liefern die Bruchfestigkeitswerte σ_{f_i}. Liegt eine gültige Zweiparameter-Weibull-Verteilung der gemessenen Datenmenge vor, so können Maximum-Likelihood-Schätzwerte des Weibull-Moduls $\widehat{m}$ und die charakteristische Festigkeit $\widehat{b}$ bestimmt werden. Gegeben sei die Likelihood-Funktion

$$L = \prod_{i=1}^{N} \left(\frac{m}{b}\right) \left(\frac{\sigma_{f_i}}{b}\right)^{m-1} exp\left[-\left(\frac{\sigma_{f_i}}{b}\right)^{m}\right] \tag{4.16}$$

mit N als der Anzahl der Bruchfestigkeitswerten. Die Funktionsmaxima werden durch Differenzieren von $ln(L)$ nach m und b und das Gleichsetzen dieser Funktionen mit Null erhalten, was die Schätzwerte $\widehat{m}$ und $\widehat{b}$ für m und b ergibt:

$$\frac{\sum_{i=1}^{N} \sigma_{f_i}{}^{\widehat{m}} ln(\sigma_{f_i})}{\sum_{i=1}^{N} \sigma_{f_i}{}^{\widehat{m}}} - \frac{1}{1} \sum_{i=1}^{N} ln(\sigma_{f_i}) - \frac{1}{\widehat{m}} = 0 \tag{4.17}$$

und

$$\widehat{b} = \left[\frac{1}{N} \sum_{j=1}^{N} \sigma_{f_j}{}^{\widehat{m}}\right]^{\frac{1}{\widehat{m}}} \tag{4.18}$$

Gleichung (4.17) wurde numerisch mithilfe der Software MS Excel ® gelöst, um eine Lösung für $\widehat{m}$ zu erhalten, die dann dazu benutzt wurde, um mit Gleichung (4.18) eine Lösung für $\widehat{b}$ zu erhalten.

4.14 Probenpräparation

Während EUROFER97 gefräst oder gesägt werden kann, lässt sich Wolfram aufgrund der extrem hohen Härte im Wesentlichen nur mittels Funkenerodieren in seine benötigte Form zuschneiden. Dieses Verfahren bringt jedoch eine gewisse Oberflächenschädigung mit sich, die zunächst mit grobem Schleifpapier abgetragen werden muss. Die weitere Präparation der Probenoberfläche durch mechanisches und elektrolytisches Polieren sei in den folgenden beiden Abschnitten 4.14.1 und 4.14.2 kurz beschrieben.

4.14.1 Mechanisches Polieren

Für diverse mikrostrukturelle Analysemethoden, insbesondere die Nanoindentation und die Mikroskopie, ist eine polierte und glatte Oberfläche unerlässlich. Sämtliche Proben für diese Arbeit wurden an zwei Schleif- bzw. Poliermaschinen des Typs Saphir vom Hersteller ATM mit Drehteller bearbeitet. Zum Schleifen wurden dabei Schleifpapiere mit Siliziumkarbid-Körnern (Körnung P180, P320, P600, P1200, P2500), welche sich besonders gut für Hartmetalle eignen, und zum polieren Poliertücher mit entsprechender Diamantsuspension (Körnungen 9 µm, 6 µm, 3 µm) benutzt. Zur Kühlung bzw. zum Abtransport von Partikeln wird beim Schleifen stets Wasser zugeführt, wohingegen manche Diamantsuspensionen die Verdünnung mit Suspensionsmittel erfordern. Je nach Bedarf wurde mittels oxidischer Poliersuspension die metallographische Präparation abgeschlossen.

4.14.2 Elektropolieren

Neben dem Ätzen und mechanischen Polieren gibt es auch die Möglichkeit, durch elektrolytisches Polieren die Oberfläche von elektrisch leitenden Materialien metallographisch zu präparieren. Vorteile können eine sehr glatte Oberfläche mit geringer Rauheit sein oder das Sichtbarmachen von Korngrenzen. Das Elektropolieren wurde an einer „Lectropol 5"-Anlage von der Firma Struers testweise durchgeführt. Jedoch waren die erzielten Ergebnisse der Elektropolitur ungenügend. Dies rührt nicht zuletzt daher, dass die Elektropolitur von Wolfram und EUROFER97 zwei verschiedene Elektrolyte erfordert und somit die Politur von Kompositen nicht machbar ist. Neben dem Hauptgerät mit interner Polierapparatur stand eine externe Zusatzapparatur, bestehend aus einer elektrisch leitenden Metallpfanne und einer Zange zum Halten der zu polierenden Probe, zur Verfügung. Beide Komponenten sind über eine elektrische Leitung mit der Stromversorgung und -Steuerung verbunden, sodass sich über die Probe und dem Elektrolyt der Stromkreis schließt.

Durch Variation der Spannung, der Polierdauer und des Abstandes von der Probe zum Behälterboden wurde ein optimaler Poliereffekt mit dem in Tab. 4.2 gezeigtem Parametersatz erzielt. Eine exakte Einhaltung der Parametergrößen war allerdings bei dem gegebenen Versuchsaufbau nicht möglich, da zum einen die Spannungs- und Stromparameter stetig von der Steuerung automatisch angepasst werden und zum anderen die Probe manuell gehalten wurde. Für präzise und reproduzierbare Resultate wäre hierfür eine

Halterung mittels Stativ erforderlich gewesen. Die testweise polierten Probenoberflächen wurden bzgl. der Nanoindentation (siehe Abb. 4.5) mit den mechanisch polierten Proben verglichen.

Parameter	EUROFER97	Wolfram
Elektrolyt	80 % Methanol 20 % Schwefelsäure	2 % NaOH 98 % H_2O
Temperatur	20 °C	20 °C
Strom	~ 1 A	~2 A
Spannung	~15 V	~10 V
Abstand Probe zu Behälterboden	~0,5 cm	~0,5 cm
Dauer	20 s	40 s

Tab. 4.2: Verwendete Parameter und Elektrolytlösungen beim Elektropolieren.

4.14.3 Probenreinigung

Die Säuberung der Probenoberflächen geschah stets in drei unterschiedlichen flüssigen Medien im Ultraschallbad für jeweils 3 Minuten. Die erste Lösung enthielt Wasser mit Spülmittel zum Lösen der fetthaltigen Partikel, die zweite Aceton und die dritte Isopropanol, wobei Letzteres in einem starkem Luftstrom abgeblasen wurde.

5 Experimentelle Ergebnisse

In Hinblick auf die Produktion von EUROFER97/Wolfram-Verbindungen mithilfe gradierter Zwischenschichten konnten in Kooperation mit externen Partnern insgesamt vier Herstellungsverfahren erprobt werden. Diese Verfahren sind Magnetronsputtern, Vakuum-Plasmaspritzen, Widerstandssintern unter ultrahohem Druck und Explosivverdichten. In den folgenden vier Unterkapiteln (5.1, 5.2, 5.3 und 5.4) werden für das jeweilige Verfahren - nach einer kurzen Beschreibung der experimentellen Details und Prozessparameter - die Ergebnisse der materialwissenschaftlichen Charakterisierung der hergestellten Komposite präsentiert. Dies erfolgt zunächst für die ungradierte und anschließend für gradierte Variante. Bei erfolgreicher Erzeugung gradierter Schichten bestand der Folgeschritt im Fügen mit Wolfram bzw. EUROFER97-Vollmaterial. Die hierfür gewählte Fügetechnik war Diffusionsschweißen. Eine Erläuterung dieser Wahl als auch die Erkenntnisse der Schweißexperimente werden in Unterkapitel 5.5 dargestellt. Den Versuchen mit gradierten Zwischenschichten sind dabei EUROFER97 / EUROFER97- bzw. Wolfram / Vanadium / Wolfram-Schweißversuche vorausgegangen, deren Parametersatz somit als Basis dient. Unterkapitel 5.6 erörtert letztlich die Robustheit der hergestellten Wolfram/EUROFER97-Verbindungen unter thermozyklischer Belastung.

Die Mikrostruktur und mechanischen Eigenschaften von EUROFER97 werden beim Pulververdüsen, beim thermischen Spritzen und auch beim Sintern verändert, sodass anschließend eine Wärmebehandlung erforderlich ist. Der Ursprungszustand (siehe Kapitel 1.4.3) kann durch eine Normalisierung bei 980 °C für 30 Minuten, gefolgt von einem Anlassen bei 760 °C für 90 min [142] wiederhergestellt werden. In dieser Arbeit wird jedoch lediglich die zweite Wärmebehandlung in Betracht gezogen, um die hohen thermisch induzierten Spannungen in den hergestellten Proben so klein wie möglich zu halten. Hierfür wurde eine Teilmenge der Proben im Vakuum dieser Wärmebehandlung unterzogen und mit den unbehandelten Proben auf Veränderungen hin überprüft. Dieser Vergleich des Vor-Nachher-Zustandes geschah vorrangig durch REM-Analysen und Härtemessungen.

Ein Abschrecken an Luft mit ausreichender Abkühlgeschwindigkeit ist lediglich für die Normalisierung notwendig, um die Bildung von martensitischen Phasen zu gewährleisten. Für die zweite Wärmebehandlung, bei der martensitische Phasen in ferritische Phasen mit hoher Versetzungsdichte umgewandelt werden, ist keine hohe Abkühlrate erforderlich. Aus diesem Grund fand die Abkühlung nach dem Anlassen im Vakuum statt, um die Bildung von Oxiden zu vermeiden.

5.1 Magnetronsputtern

Eine Kooperation mit dem Teilinstitut Angewandte Werkstoffphysik des KIT-Instituts für Angewandte Materialien (IAM-AWP) diente als Grundlage für die Entwicklung von magnetron-gesputterten gradierten Wolfram/EUROFER97-Schichten. Die Abscheidung der Schichten wurde am genannten Teilinstitut mit einer Leybold Z550 im RF-Modus, einem wassergekühlten Target und einem ungekühlten Substrat durchgeführt. Der Durchmesser des Targets betrug 75 mm, die Dicke 4 mm und der Abstand zum Substrat ca. 5 mm. Schmutzpartikel wurden vor dem Sputtern mit Ultraschall in Aceton vom Substrat gelöst. Dünne Oxidschichten wurden vor jedem Experiment vom Target mittels Rückwärtssputtern und vom Substrat mittels Freisputtern entfernt. Bei der genutzten Versuchsanordnung sind zwei Aspekte für die Herstellung von gradierten Schichten essentiell: Der erste ist die Verwendung eines segmentierten Wolfram/EUROFER97-Targets und der zweite Aspekt ist die kontrollierte Bewegung des Substrats relativ zum Target. Durch die Bewegung des Substrats von der Wolfram-Seite des Targets zur EUROFER97-Seite des Targets während der Abscheidung kann eine gradierte Schicht realisiert werden.

Als Substrat für die Sputter-Experimente wurde die Wolfram-Legierung WL10 des Herstellers Plansee, Österreich, gewählt. Der Durchmesser jedes Substrats beträgt 12 mm und die Höhe 4 mm. Der Grundgedanke zur Herstellung des Fingerhuts für die Divertor-Komponente besteht darin, eine gradierte Schicht, beginnend mit 100 % Wolframanteil, auf einem WL10-Substrat abzuscheiden. Die gradierte Schicht endet bei einer Konzentration von 100 % EUROFER97, sodass das tragende Stahlbauteil durch Diffusionsschweißen damit verbunden werden kann. Leider ist WL10 als Targetmaterial für Magnetronsputtern ungeeignet. Diese Legierung bietet zwar eine erhöhte Kriechbeständigkeit und eine verbesserte mechanische Bearbeitbarkeit [31], aber auch eine geringere Elektronenaustrittsarbeit, sodass Sputtern nicht möglich ist. Beim Versuch WL10 zu sputtern, war es nicht möglich ein stabiles Plasma zu erzeugen, da sich die dazugehörigen Prozessparameter stets ungünstig entwickelt haben [143]. WL10 musste somit durch reines Wolfram als Targetmaterial ersetzt werden. Beim Magnetronsputtern ist es üblich, Vorversuche mit einem Silizium-Substrat durchzuführen, was bei EUROFER97 gut funktionierte, nicht aber bei dicken Wolfram-Schichten. Zwar haften dünne Wolframschichten (< 150 nm) auf Silizium [144], nicht jedoch Schichten mit einer hier relevanten Dicke. Die Erklärung für die schlechte Eignung von Silizium als Substrat vermag ein Vergleich der Gitterstrukturen und -konstanten von Silizium und Wolfram erbringen (Tab. 5.1). Während die Raumgruppe, Gitterstruktur und -konstanten von Chrom, Eisen und Wolfram identisch bzw. annähernd gleich sind, ist die Gitterkonstante von Silizium um die Hälfte größer. Diese Diskrepanz führt zu einer verminderten Haftung und somit zum Abplatzen der Wolframschicht vom Silizium-Substrat. Hartmetall erwies sich als Substrat für Vorversuche als geeignet.

Material	**Chrom**	**α-Eisen**	**α-Wolfram**	**Silizium**
Raumgruppe	Im-3m (No. 229)	Im-3m (No. 229)	Im-3m (No. 229)	Fd-3m (No. 227)
Struktur	bcc	bcc	bcc	fcc
Gitterkonstante	291 pm	286 pm	316 pm	543,09 pm
Winkel α, β, γ	90°	90°	90°	90°

Tab. 5.1: Kristall-Strukturen ausgewählter Phasen [145].

Die späteren Abscheidungen wurden auf Wolfram-Substraten mit einem EUROFER97-Target und auf WL10-Substraten mit einem Wolfram-Target bzw. einem segmentierten W/EUROFER97-Target durchgeführt. Tab. 5.2 fasst die verwendeten Prozessparameter zusammen.

Targetmaterial	Wolfram	EUROFER97	W/EUROFER97	W/EUROFER97
Modus	RF-Sputtern	RF-Sputtern	RF-Sputtern	RF-Sputtern
Druck	0,6 Pa	0,4 Pa	0,6 Pa	0,8 Pa
Gas	Argon	Argon	Argon	Argon
Bias-Spannung	0 V	0 V	0 V	0 V
Leistung	500 W	400 W	200 W	250 W
Substrattemperatur	100-150 °C	100-150 °C	100-150 °C	100-150 °C
Schichtdicke	10,6 µm	11 µm	< 2 µm	14 µm
Abscheidungsrate	3,6 nm/s	0,7 nm/s	< 0,27 nm/s	0,24 nm/s
Abstand Target/Substrat	45 mm	45 mm	45 mm	45 mm
Substratmaterial	WL10	Wolfram	WL10	WL10
Substratbewegung	nein	nein	nein	ja

Tab. 5.2: Prozessparameter der Magnetronsputter-Experimente.

Da Magnetronsputtern ein Prozess ist, bei dem keine ganzen Partikel oder Körner sondern einzelne Atome abgeschieden werden, ist die Berücksichtigung von Phasendiagrammen unumgänglich. Das spezifizierte EUROFER97-Gefüge, wie es sich nach den beiden in Kapitel 1.4.3 genannten Wärmebehandlungen einstellt, liegt in der gesputterten Schicht nicht vor. Vielmehr bilden sich neue Phasenkombinationen. Zum Zwecke der Vereinfachung werden jedoch nicht alle denkbaren Legierungselemente von EUROFER97 (O, C, N, usw.) oder mögliche Verunreinigungen beim Sputterprozess (Ar) beachtet. Auch Chrom kann vernachlässigt werden. Das ternäre Fe-Cr-W-Phasendiagramm in [146] zeigt bei der niedrigsten untersuchten Temperatur von 900 °C, dass der Einfluss von geringen Anteilen an Chrom (< 10 At.-%) keinen Einfluss auf die Fe-W-Phasenbildung hat. In Abb. 5.1 ist das binäre Fe-W-Phasendiagramm dargestellt. In diesem System können sich die stabilen Phasen α-Fe, γ-Fe, α-W und die beiden intermetallischen Phasen Fe_7W_6 (µ) sowie FeW (δ) bilden. Des Weiteren existiert noch die metastabile Übergangsphase Fe_2W (λ), die sich sehr träge, erst nach über 1000 Stunden, in die Gleichgewichtsphasen (α-Fe)+(FeW) umwandelt. Die γ-Fe- und die Fe_7W_6-Phasen entstehen erst bei Temperaturen oberhalb von 910 °C bzw. 1220 °C und liegen deshalb nicht in den gesputterten Schichten vor. Die metastabile Phase Fe_2W konnte im Röntgendiffraktometrie-Spektrum (Abb. 5.6) nicht nachgewiesen werden.

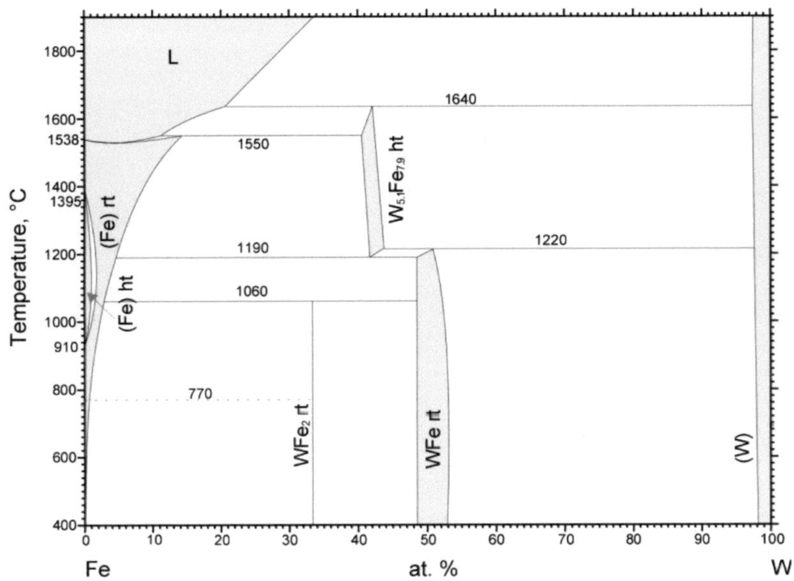

Abb. 5.1: Binäres Fe-W-Phasendiagram aus [147].

Die Entwicklung der gradierten Beschichtungen wurde schrittweise in Experimenten realisiert. Der erste Schritt bestätigte die Machbarkeit, reines EUROFER97 und reines Wolfram auf Wolfram- bzw. WL10-Substrate abzuscheiden. Reines Wolfram übernimmt beim Sputtern die Kristallorientierung der darunterliegenden Körner des WL10-Substrats, was sich in der Morphologie der Oberfläche widerspiegelt. Abb. 5.2 (a) und (b) zeigen geätztes Wolfram bzw. WL10, wobei in Abb. 5.2 (b) die Lanthanoxid-Partikel als kleine schwarze Punkte zu vernehmen sind. Während gesputtertes EUROFER97 (Abb. 5.2 (c)) eine gänzlich andere Oberflächenmorphologie aufzeigt, ist die Ähnlichkeit mit dem Substrat beim gesputterten Wolfram (Abb. 5.2 (d)) nicht zu übersehen. Die Oberfläche der gesputterten Schichten ist relativ rau und muss für weitere Analysen stets mit feiner Oxidpoliersuspension (0,06 µm) poliert werden. Nach dem Polieren ist keinerlei Oberflächenmorphologie, weder mit dem Licht- noch mit dem Rasterelektronenmikroskop, mehr zu erkennen. Der Querschliff in Abb. 5.2

(e) und (f) der Schichten bestätigt, dass eine Schichtdicke von 10,6 bzw. 11 Mikrometern erreicht wurde.

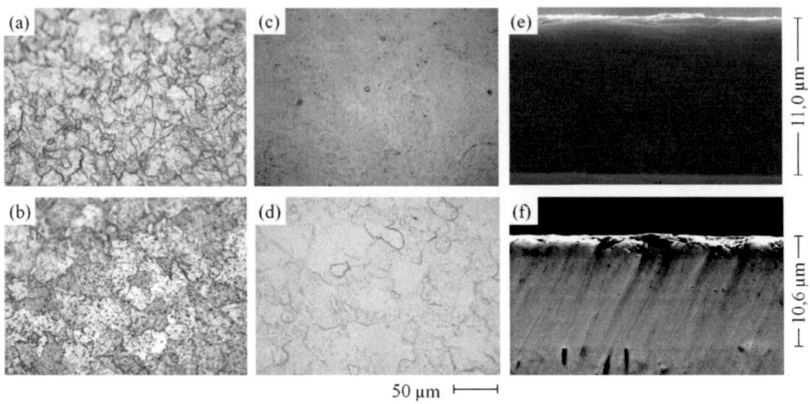

Abb. 5.2: Lichtmikroskopaufnahmen von (a) geätzem Wolfram, (b) geätzem WL10, (c) gesputtertem EUROFER97 und (d) gesputtertem Wolfram auf einem Wolfram bzw. WL10-Substrat. Querschliffe der gesputterten (e) EUROFER97- und (f) Wolfram-Schichten (REM-Aufnahmen).

Der zweite Schritt war die Realisierung von Beschichtungen mit gemischten Wolfram/EUROFER97-Konzentrationen auf WL10-Substraten. Dazu wurden sechs Substrate während der Abscheidung unter dem segmentierten Target stationär platziert (Abb. 5.3).

Um die Sputterdauer moderat zu halten, wurde für diesen Durchgang eine Schichtdicke von lediglich etwa 2 µm gewählt. Zur optimalen Verringerung der thermisch induzierten Spannungen über eine gradierte Verbindung zwischen WL10 und EUROFER97 wäre der volle Gradierungsbereich von 0 bis 100 Prozent vorteilhaft. Der hier erzielte Bereich liegt zwischen 33 und 87 At.-% Wolfram (gemessen mit EDX). Abb. 5.4 (a) zeigt die polierte Oberfläche der gesputterten Schichten, welche ein dichtes Gefüge ohne bemerkenswerte Porosität besitzen. Die abgebildeten Defekte sind nicht repräsentativ, da die tatsächliche Häufigkeit extrem gering ist. Der mit EDX gemessene Wolframgehalt in At.-% ist in Abb. 5.4 (b) in Abhängigkeit der Substratposition dargestellt. Die linke Kante der linken Probe in Abb. 5.3

entspricht der Position 0 und die rechte Kante der ganz rechts liegenden Probe entspricht der Position 6x12 mm=72 mm. Gemessen wurde pro Probe an fünf Punkten.

Abb. 5.3: WL10-Substrate angeordnet wie bei der Abscheidung mit segmentiertem Target.

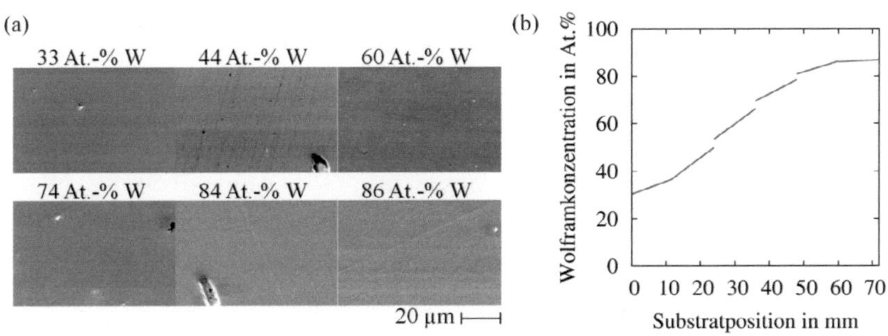

Abb. 5.4: (a) REM-Aufnahmen der polierten Oberflächen der gesputterten Schichten mit segmentiertem Target. (b) Konzentrationsverlauf des Wolframs in At.-%.

Zur Steigerung der minimalen bzw. maximalen Wolframkonzentration wurde untersucht, ob mithilfe von Abschirmblechen gesputterte Atome abgefangen werden können, die in einem sehr steilen Winkel das Target verlassen. Leider ist dieser Versuch nicht sonderlich fruchtbar gewesen, da kein stabiles Plasma zur Abscheidung erzeugt werden konnte. Der Grund dafür ist im störenden Einfluss der Blende auf die elektromagnetischen Felder zu vermuten. Um dennoch zu einem Ergebnis zu gelangen, wurde das Plasma immer wieder manuell eingeschaltet. Auf diesem Weg konnte eine minimale W-Konzentration von 31 At.-% und eine maximale von 89 At.-% erreicht werden. Diese geringe Steigerung steht im keinem Verhältnis zum Aufwand. Vielversprechender für die Realisierung einer Gradierung, deren Konzentrationsverlauf über 100 Prozentpunkte reicht, wäre die Verwendung von zwei separaten Targets, welche geneigt zueinander stehen [79][117].

Die bisher gezeigten Ergebnisse belegen die Machbarkeit einer simultanen Abscheidung von EUROFER97 und Wolfram. Zum besseren Verständnis der erzeugten Sputterschichten wurden diese mit den Analysemethoden Nanoindentation, XRD und TEM genauer charakterisiert. Der Einfluss der für EUROFER97 erforderlichen Wärmebehandlung konnte allerdings nicht untersucht werden, da sämtliche gesputterte Schichten bei 760 °C delaminiert sind.

Für die Nanoindentation wurde eine Berkovich-Spitze bei einer Eindringtiefe von 200 nm verwendet, was etwa einem Zehntel der Schichtdicke entspricht. Durch eine Analyse des Oberflächenprofils wurde überprüft, ob die Oberflächenrauhigkeit niedrig genug ist, um die Ergebnisse der Härteprüfung nicht zu beeinflussen. Die mittlere Rauheit R_a aller getesteten Proben war geringer als 32 nm und ist somit für aussagekräftige Ergebnisse ausreichend gering. Der gemessene Elastizitätsmodul (siehe Abb. 5.5 (a)) der gesputterten reinen Materialien ist dem Wert der Referenzmaterialien innerhalb der Messungenauigkeit (~ 30 GPa) gleich. Betrachtet man die Schichten mit unterschiedlichen Zusammensetzungen, so liegt der jeweils gemessene Elastizitätsmodul zwischen denen der reinen Materialien. Abb. 5.5 (b) zeigt die Ergebnisse der Berkovich-Härtemessungen, sowohl für die reinen gesputterten Schichten als auch für die sechs Schichten mit unterschiedlicher Zusammensetzung. Eine positive Korrelation von Berkovich-Härte und Wolfram-Konzentration ist klar zu erkennen. Jeder Datenpunkt in Abb. 5.5 stellt die Quartile von 20 Einzelmessungen dar. Die beachtlich hohe Härte der Sputterschichten deutet ebenso wie die Röntgenbeugungsmessungen auf eine nanokristalline Mikrostruktur [148], hohe Eigenspannungen [149][150] und/oder eine hohe Versetzungsdichte hin. Aber auch Argon-

Verunreinigungen in Konzentrationen von weniger als einem Atomprozent können die Härte von gesputterten Wolfram-Schichten laut der Literatur [151] drastisch erhöhen. Ähnlich hohe Berkovich-Härtewerte wurden bereits in gesputterten nanokristallinen Wolfram-Schichten [152], Chrom-Wolfram-Nitrid-Schichten [184] und dünnen gesputterten Wolframnitrid Schichten gemessen [184].

Da die Dicke der Magnetron-gesputterten Schichten mit unterschiedlicher Zusammensetzung kleiner als die Eindringtiefe der gebeugten Röntgenstrahlen ist, wurde die XRD-Analyse neben der üblichen Bragg-Brentano-Anordnung zusätzlich bei streifendem Einfall durchgeführt. Korngröße und Mikrodehnung wurden mithilfe der Einzelpeakanalyse (engl. Single-Line-Methode [155]) abgeschätzt. Diese Methode unterteilt die integrale Breite eines einzelnen Reflexes in Lorentz- und Gauß-Anteile. Die Unterteilung geschieht über das Verhältnis der vollen Halbwertsbreite zur integralen Breite des betrachteten Peaks [156]. Diese Anteile wurden von der instrumentalen Erweiterung mit einer grobkörnigen Referenzprobe, genaugenommen WL10 vom Hersteller Plansee, korrigiert. Die Korngröße

$$D = \frac{\lambda}{\beta_L^f \cos(\theta_B)} \tag{5.1}$$

und die mittlere Schwankung der Netzebenenabstände

$$\langle e \rangle = \frac{\beta_G^f}{4 \tan(\theta_B)} \tag{5.2}$$

werden anhand des korrigierten Lorentz-Anteils β_L^f bzw. des korrigierten Gauß-Anteils β_G^f berechnet. Dabei ist λ die Wellenlänge der Kupferkathode und θ_B der Bragg-Winkel. Der quadratische Mittelwert der Mikrodehnung berechnet sich folgt:

$$\sqrt{\langle \varepsilon_0^2 \rangle} = \sqrt{2/\pi} \cdot \langle e \rangle. \tag{5.3}$$

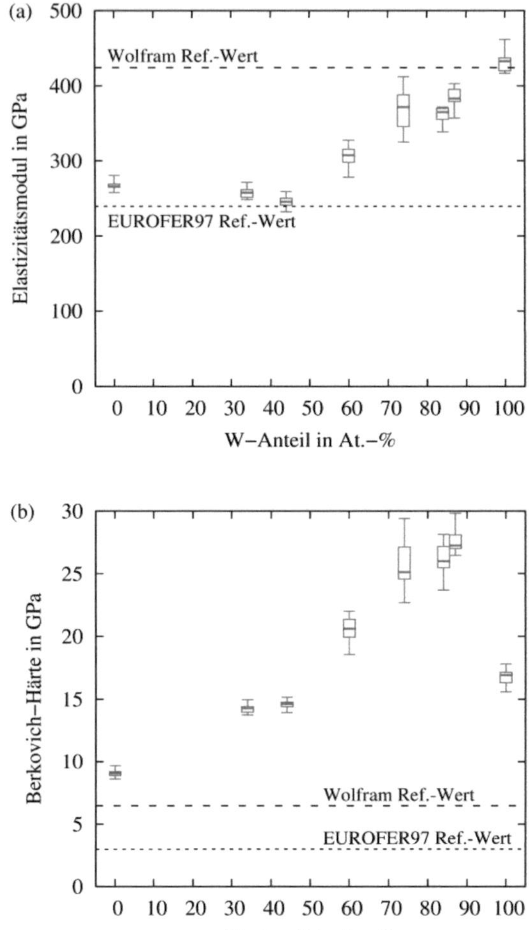

Abb. 5.5: (a) Elastizitätsmoduln und (b) Berkovich-Härten der gesputterten Schichten mit unterschiedlichen Mischungsverhältnissen.

Die in Bragg-Brentano-Konfiguration .aufgenommenen Röntgenspektren (Abb. 5.6 (a)) zeigen für alle Proben die α-Phase. (110) α-W, (200) α-W, (211) α-W und (220) α-W-Peaks können für reines Wolfram und legierte Schichten verzeichnet werden. Die reine EUROFER97-Schicht weist lediglich den (110) α-Peak im untersuchten 2θ-Bereich auf. Mit abnehmender

Wolframkonzentration verschiebt sich der (110) Peak, welcher die stärkste Intensität hat, von der Position der α-W-Phase zur Position der α-Fe-Phase. Für Messungen unter streifendem Einfall (Abb. 5.6 (b)) kann zusätzlich die β-W-Phase für reine Wolframschichten und für Legierungen mit einer W-Konzentration $c_W \geq 60$ At.-% beobachtet werden. Es scheint, dass aufgrund der Textur dieser Phase keine Ebenen parallel zur Oberfläche vorliegen und somit die β-W-Phase auch nicht in Bragg-Brentano-Anordnung sichtbar ist. Legierungen mit $c_W \leq 44$ At.-% zeigen extrem verbreiterte Peaks in beiden Anordnungen.

Die Ergebnisse der Einzelpeakanalyse sind in Abb. 5.7 dargestellt. Die auftretenden Unterschiede zwischen den beiden Anordnungen (Bragg-Brentano und streifender Einfall) sind mit dem Umstand zu begründen, dass zwei unterschiedliche Gitterebenen betrachtet werden, deren Neigungswinkel zur Probenoberfläche im ersten Fall 0° und im zweiten Fall $\sim\theta_B$ beträgt. Eine Anpassung der Pearson-7-Funktion [157] an die (110) Peaks der gesputterten Schichten mit gemischter Konzentration im Bereich 60 At.-% $\leq c_W \leq$ 87 At.-% war im Falle der Bragg-Brentano-Anordnung, aufgrund der Überlappung mit dem W-Peak aus dem Substrat, nicht möglich. Folglich sind für diese Legierungen nur Ergebnisse aus Messungen bei streifendem Einfall vorhanden. Die größten Körner sowie die kleinsten Mikrodehnungen sind den reinen EUROFER97- und den reinen W-Schichten zuzuordnen. Die ermittelten Werte für reine W-Schichten sind den Literaturwerten [158] ähnlich. Die Schichten mit gemischten Wolfram-EUROFER97-Anteilen können in zwei Regionen eingegliedert werden: Legierungen im Bereich von 60 At.-% $\leq c_W \leq$ 87 At.-% weisen eine leicht verringerte Korngröße und leicht erhöhte Mikrodehnung im Vergleich zu den reinen Schichten auf. Hingegen offenbaren Legierungen im Bereich von 34 At.-% $\leq c_W \leq$ 44 At.-% extrem kleine Korngrößen (~ 2 nm) und sehr hohe Mikro-Dehnungswerte. Für Letztere kann daher schlussfolgert werden, dass diese Legierungen amorpher Struktur sind.

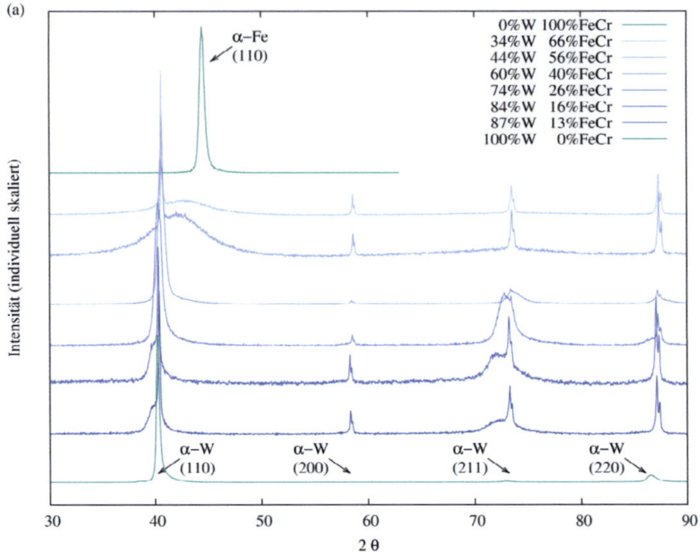

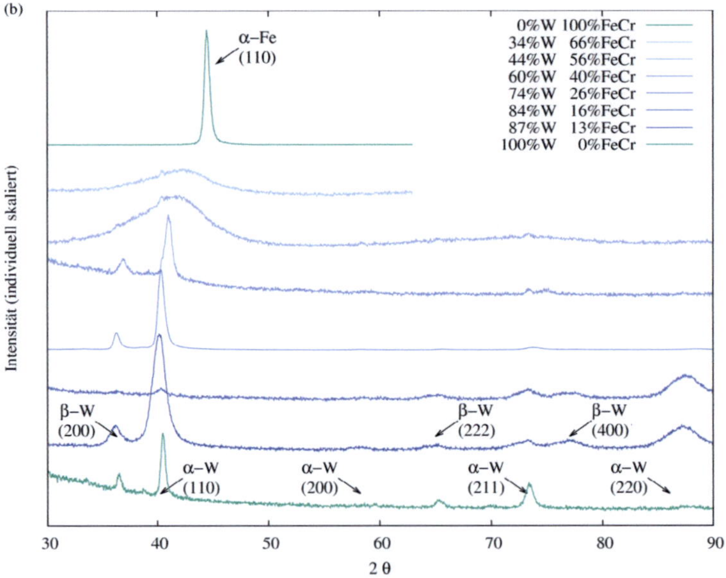

Abb. 5.6: Röntgenspektrum der gesputterten Schichten - gemessen in (a) Bragg-Brentano-Anordnung und (b) bei streifendem Einfall.

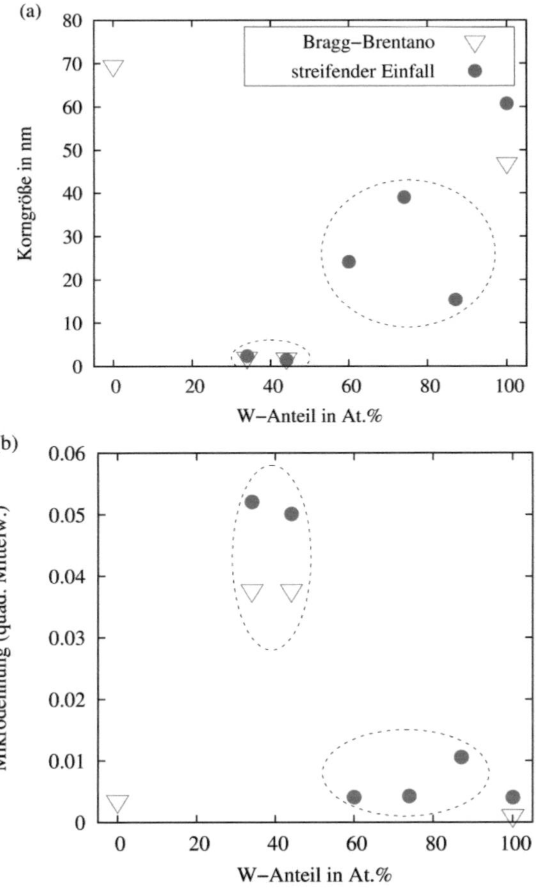

Abb. 5.7: Ergebnisse der Einzelpeakanalyse: (a) Korngröße und (b) quadratischer Mittelwert der Mikrodehnung jeweils in Abhängigkeit der chem. Zusammensetzung.

Aufnahmen mit dem Transmissionselektronenmikroskop bestätigen die Ergebnisse der Röntgendiffraktometrie-Analyse. Abb. 5.8 (a) zeigt eine die gesputterte Schicht mit 44 At.-% Wolframanteil, bei der keinerlei Details aufgrund der amorphen Mikrostruktur erkennbar sind. Die gesputterte Schicht mit 87 At.-% W-Anteil präsentiert in der EFTEM-Aufnahme längliche Körner, die senkrecht zum Substrat angeordnet sind. Dieses Ergebnis entspricht Zone 1 im Strukturzonen-Modell von Thornton (Abb. 3.11).

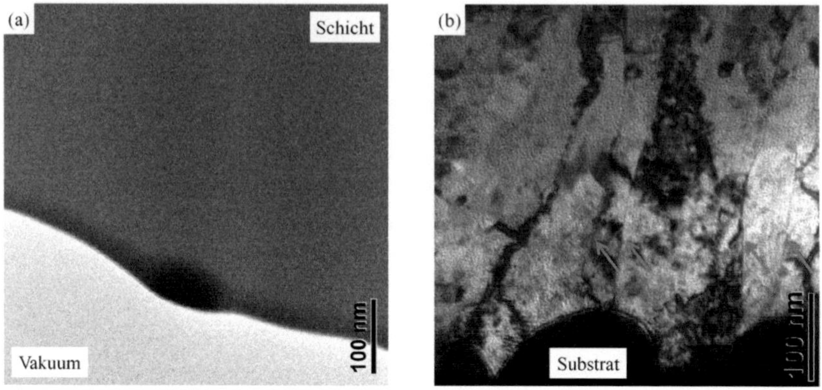

Abb. 5.8: EFTEM-Aufnahme im Hellfeld-Modus gesputterten Schichten mit einem Konzentrationsverhältnis von (a) 44 At.-% W / 51 % Fe / 5 % Cr bzw. (b) 87 At.-% W / 12 % Fe / 1 % Cr.

Nach erfolgreicher Herstellung und Analyse der gesputterten Wolfram/EUROFER97-Schichten bei unterschiedlichen Zusammensetzungen konnte abschließend die Herstellung gradierter Schichten angestrebt werden. Leider stand hierbei die maschinelle Bewegung der Substrate nicht zur Verfügung, weswegen mit erheblichem höherem Aufwand die Bewegung schrittweise manuell getätigt wurde. Dazu war ein mehrmaliges Brechen des Vakuums notwendig. Insgesamt vier Schichten unterschiedlicher Konzentration wurden auf diesem Weg aufeinander abgeschieden und ergeben in der Summe eine funktionale Gradierung (Abb. 5.9). Die erreichte Bandbreite erstreckt sich dabei von 82 At.-% bis zu 33 At.-% Wolfram.

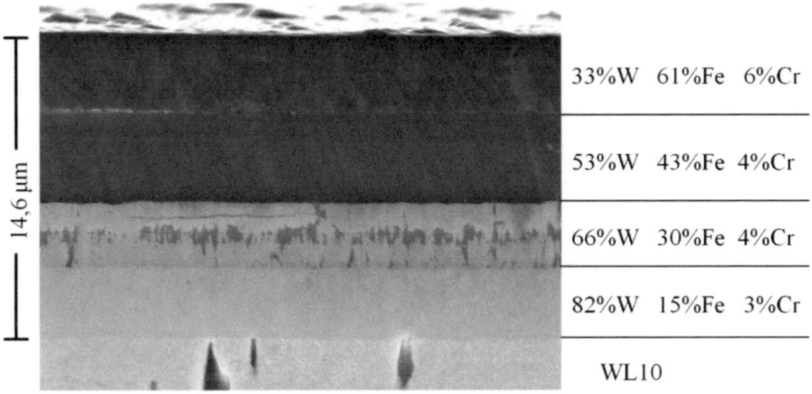

Abb. 5.9: Querschliff der gradierten gesputterten Schicht. EDX-Konzentrationsangaben jeweils in At.-%.

5.2 Vakuum-Plasmaspritzen

In Kooperation mit dem Institut für Energie- und Klimaforschung - Werkstoffsynthese und Herstellungsverfahren (IEK-1) des Forschungszentrums Jülich, Deutschland, wurden vier Chargen ungradierter Schichten aus EUROFER97 und Wolfram mittels VPS in verschiedenen Mischungsverhältnissen hergestellt. Nachdem die Prozessparameter zufriedenstellend optimiert waren, konnten im Anschluss funktional gradierte Schichten mit einer Dicke von 500 µm bzw. 1 mm hergestellt werden. Anwendung fand ein Plasmabrenner des Typs F4 vom Hersteller Sulzer Metco, der bei einer Leistung von 50 kW und einem Plasmastrom von 750 A betrieben wurden. Das zur Erzeugung des Plasmas verwendete Gas bestand aus Argon und Wasserstoff. Mit einer Geschwindigkeit von 0,44 m/s wurde der Plasmabrenner relativ zum Substrat bewegt, welches sich in einem konstanten Abstand von 300 mm zum Brenner befand. Das Substrat war während der Abscheidung ungekühlt und heizte sich während des Spritzvorgangs auf eine Temperatur von über 600 °C auf [159]. Skizzen der Substrathalter sind im Anhang K zu finden. Für die 1. und 2. Charge wurde W-Pulver mit einer mittleren Partikelgröße von 9-13 µm (gemessen mit Laserlichtbeugung) des Herstellers H. C. Starck, Deutschland, mit dem Produktnamen AMPERIT® 140.067 verwendet. Die Massenanteile von Fe, O, N und C betragen weniger als 0,1 %. Wegen der schwierigen Handhabung durch Agglomeration dieses Pulvers, als Folge der geringen Teilchengröße, wurde es durch ein gröberes Wolframpulver in der 3. und den folgenden Chargen ersetzt. Das Ersatz-Wolframpulver stammt von der Firma Eurotungstene und hat die Kennzeichnung AW3105A1. Es hat eine durchschnittliche Partikelgröße von 15-20 µm (ebenfalls mit Laserlichtbeugung gemessen) und eine Reinheit besser als 99,92 Gew.-%. Das zweite verwendete Ausgangsmaterial war EUROFER97-Pulver (pulververdüst in Stickstoffatmosphäre, siehe Tab. 5.3) mit einer Korngröße von d_{50} = 52,5 µm. Während das Stahlpulver in der 1. Charge unverändert Verwendung fand, wurde es für die 2. und in folgenden Chargen gesiebt, sodass die maximale Partikelgröße 57 µm betrug. Beide Pulver werden während der Abscheidung auf sandgestrahlten WL10-Substraten separat in den Plasmastrahl injiziert.

Cr	C	Mn	V	W	Ta	Ni
9,70 ±0,01	0,097 ±0,001	0,38 ±0,0048	0,186 ±0,002	1,096 ±0,004	0,037 ±0,001	0,0143 ±1e-4

Cu	Co	O	N	Si	S
0,0067 ±1e-4	0,0035 ±1e-4	0,023 ±0,003	0,048 ±0,002	0,023 ±0,0005	0,0073 ±1e-4

Tab. 5.3: Chemische Zusammensetzung in Gew.-% des verwendeten EUROFER97-Pulvers für die VPS-Experimente [160].

Obwohl die Herstellung von funktional gradierten VPS-Schichten bereits mit W- und Cu bekannt ist, mussten einige Prozessdetails erneut angepasst und schrittweise für Wolfram und EUROFER97 optimiert werden. Diese Optimierung erstreckt sich über die Produktion von ungradierten Proben in vier Chargen, siehe Abb. 5.10 (a)-(d), bei denen je ein Aspekt in jeder Charge verbessert wurde. Die Prozessparameter der 4. Charge wurden letztlich genutzt um, die nachfolgende Abscheidung von gradierten Beschichtungen umzusetzen, siehe Abb. 5.10 (e).

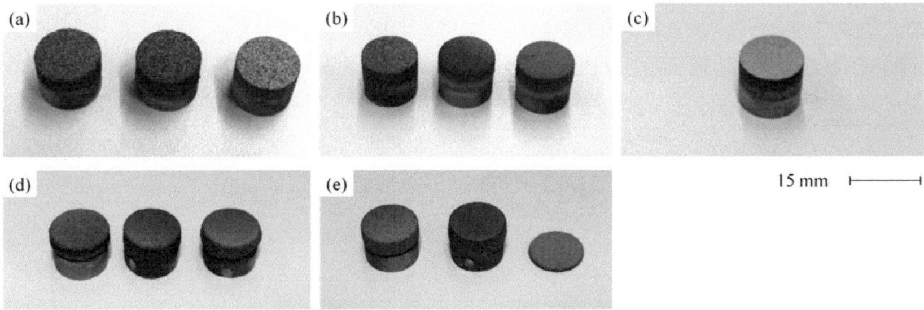

Abb. 5.10: Photographien der Proben (a) der 1. Charge, (b) der 2. Charge, (c) der 3. Charge, (d) der 4. Charge und (e) der gradierten VPS-Schichten.

Der erste Aspekt war, die Machbarkeit, Komposite aus EUROFER97 und Wolfram abzuscheiden, zu überprüfen. Die Proben der 1. Charge belegten dies zwar, wiesen allerdings eine relativ hohe Porosität von bis zu 20 Vol.-% (optische Messung gemäß Beschreibung in Kapitel 4.1) sowie ungeschmolzene EUROFER97-Partikel (Abb. 5.11 (a)) auf. Folglich wurden Spritzprozessparameter optimiert und das EUROFER97-Pulver gesiebt, bevor die Proben der 2. Charge hergestellt wurden. Der Querschliff der Proben der 2. Charge, eine Probe ist exemplarisch in Abb. 5.11 (b) gezeigt, bestätigt, dass eine geringe Porosität (< 4 Vol.-%) bei allen Proben der 2. Charge erreicht wurde. Die sphärische Form der verwendeten EUROFER97-Pulverteilchen, diese haben einen dunkleren Kontrast als Wolfram in Abb. 5.11, ist ab und an zu erkennen. Der Großteil der Pulverpartikel ist jedoch durch den Schmelzprozess stark deformiert. Da beide Materialien über je einen Injektor separat in den Plasmastrahlengang injiziert werden, enden ihre Trajektorien nicht zwingend an der gleichen Stelle auf dem Substrat. Die Kombination aus diesem Umstand zusammen mit der Bewegung der Plasmakanone impliziert, dass beide Materialien abwechselnd und nicht gleichzeitig abgeschieden werden. Als Folge ist die Mikrostruktur mehrschichtig (Abb. 5.11 (b)). Beide Trajektorien wurden aufeinander fokussiert, sodass eine gleichmäßige Mikrostruktur in jeder Raumrichtung in der 3. Charge (Abb. 5.11 (c)) erzielt worden ist. Die vierte Charge bestätigt schließlich die Möglichkeit, dicke Schichten (~1 mm) herzustellen. Während die Eigenschaften der Schicht selbst zufriedenstellend sind, ist dies bzgl. der Haftung auf dem Substrat nicht der Fall. Erkennbar ist dies anhand des Spaltes zwischen Substrat und Schicht in Abb. 5.11 (d). Diese Problemstellung wird später in diesem Kapitel aufgegriffen.

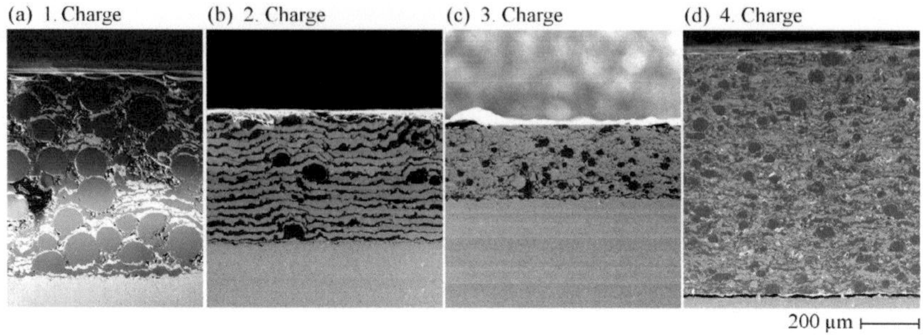

Abb. 5.11: Querschliff der VPS-Schichten: (a) hohe Porosität, ungeschmolzene Pulverpartikel (b) lagenartige Struktur (c) gleichmäßige Verteilung beider Materialien (d) Steigerung der Schichtdicke auf 1 mm.

Basierend auf der licht- und rasterelektronenmikroskopischen Analyse ist eine Mikrostruktur von guter Qualität ohne Risse festzustellen. Allerdings sind Hohlräume mit einer Größe bis zu 20 µm im Probenvolumen verstreut, erkennbar an den schwarzen Flächen in Abb. 5.12.

Nanoindentation ermöglicht die Messung von lokalen mechanischen Eigenschaften wie Elastizitätsmodul und Berkovich-Härte in der Größenordnung von wenigen Mikrometern, somit prinzipiell sehr interessant für die plasmagespritzten Proben mit gemischten Verhältnissen. Leider ist die Vermischung von Wolfram- und EUROFER97-Bereichen zu hoch, was eine gültige Messung verhindert. Bei einer Eindringtiefe von 0,5-1 µm kann nicht sichergestellt werden, dass kein Einfluss des jeweiligen anderen Bereiches vorliegt.

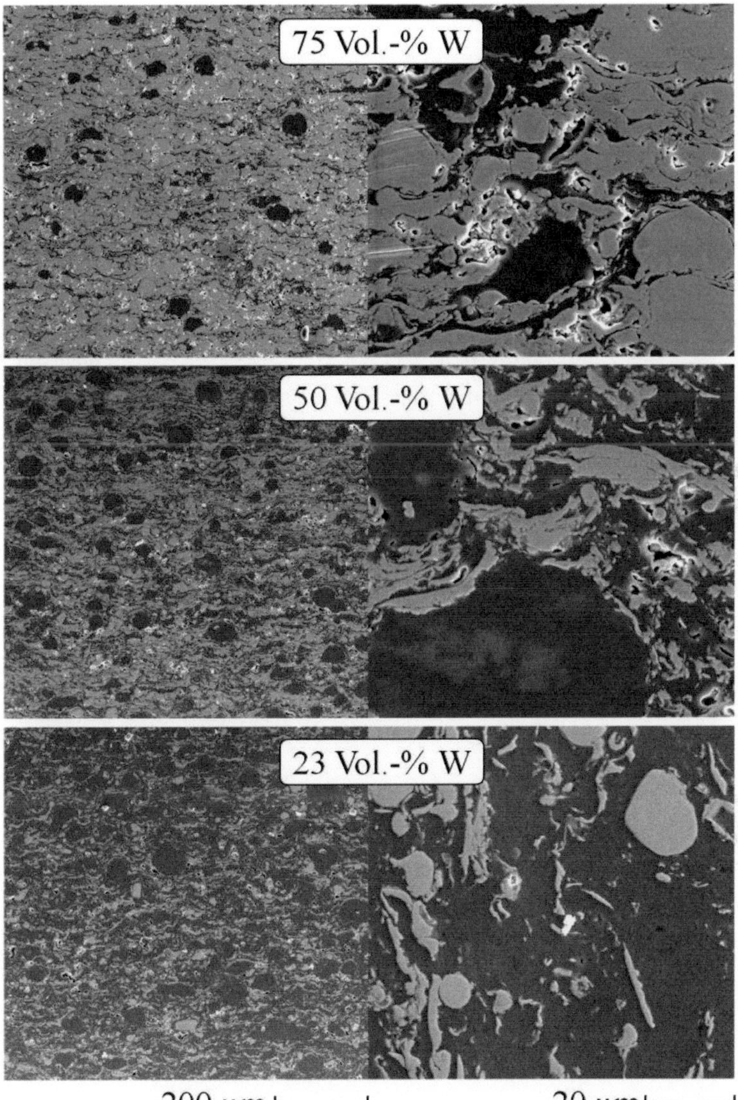

Abb. 5.12: Drei Proben der 4. Charge mit jeweils unterschiedlichem Mischungsverhältnis (REM-Aufnahmen der polierten Schichtseitenflächen).

Die Ergebnisse der Makroindentation spiegeln die mechanischen Eigenschaften des Prüfkörpers auf einer Skala von wenigen Millimetern wieder, sodass lokale Einflüsse der bis zu 57 µm großen EUROFER97-Partikel gemittelt werden. Eine Erhöhung der Härte proportional zur Wolfram-Konzentration kann bei alle Proben innerhalb jeder Charge beobachtet werden. Während die Härtewerte der Proben der 1. Charge aufgrund der hohen Porosität verringert sind, liegen die entsprechenden Werte der späteren Charge zwischen denen der Referenzmaterialien. Jeder Datenpunkt in Abb. 5.13 stellt die Quartile von 10 Einzelhärteprüfungen dar. Vereinzelte Risse um die Eindrücke sowie ein leichter Sink-In-Effekt kann mit dem optischen Mikroskop für die Proben der 1. und 2. Charge beobachtet werden. Die Eindrücke der 3. und 4. Charge enthalten hingegen keine Risse. In Abb. 5.13 markieren drei rote Pfeile die Proben, deren Schichtdicke für eine gültige Härteprüfung zu gering ist. Während die Eindringtiefe im Bereich von 50-80 Mikrometer liegt, beträgt für diese Probe die Schichtdicke ca. 200 µm, sodass hier ein erhöhter Härtewert aufgrund des Substrateinflusses zu vermuten ist.

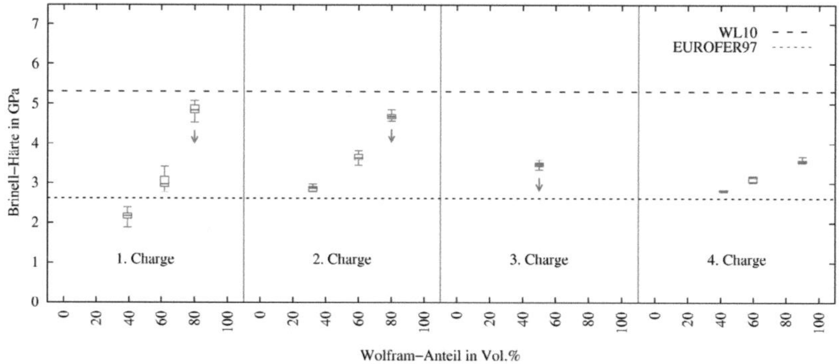

Abb. 5.13: Brinell-Härten der VPS-Proben.

Einstündige Wärmebehandlungen bei unterschiedlichen Temperaturen (800 °C - 1100 °C) zeigten einige Erkenntnisse über die thermische Stabilität der VPS-Komposite. Für alle getesteten Temperaturen waren keine Risse mit dem Rasterelektronenmikroskop sichtbar, weder in den EUROFER97- noch in den Wolfram-Bereichen (Abb. 5.14). Vollständige Schädigung durch Delamination beider Materialien trat bei Temperaturen ab 1000 °C auf. Allerdings sollte die Temperatur ohnehin nicht über 800 °C steigen, da die intermetallische Phase Fe_2W im Temperaturfenster zwischen 800 °C und 900 °C erzeugt wird. In Abb. 5.14 ist diese Phase anhand des mittleren Kontrastes zu erkennen. Zwar wäre zunächst zu vermuten, dass gemäß Phasendiagramm (Abb. 5.1) sich ebenfalls die Bildung der FeW-Phase einstellen sollte, jedoch ist deren Entstehung, bedingt durch die Diffusionsdynamik und den chemischen Potentialen der Phasen, von sehr geringer Rate. Die mit EDX gemessene chemische Zusammensetzung (33,5 At.-% W, 58,3 % Fe, 8,2 % Cr) deutet klar auf die intermetallische Phase Fe_2W hin. Bekräftigt wird diese These in der Literatur durch XRD-Analysen an wärmebehandelten lasergespritzten Eisen/Wolfram-Kompositen [161] und an elektrolytisch abgeschiedenen amorphen $Fe_{79}W_{21}C_x$-Schichten [120]. Die letztgenannte Publikation postuliert darüber hinaus die Bildung der Fe_6W_6C-Phase, welche durchaus auch in den hier wärmebehandelten Proben vorhanden sein kann. Die chemische Konzentration von Kohlenstoff lässt sich jedoch nicht präzise mit der EDX-Analyse ermitteln.

Interessanterweise ist der Einfluss der Mehrlagen-Struktur in den Proben der 2. Charge von untergeordneter Bedeutung. Wie in den Querschliffen in Abb. 5.14 zu erkennen ist, tritt dadurch keine frühzeitige Delamination auf. Es kann schlussfolgert werden, dass die zweite spezifizierte Wärmebehandlung für EUROFER97 bei 760 °C für 90 min (siehe Kapitel 1.4.3) ohne Schädigung der Mikrostruktur der thermisch gespritzten Komposite angewendet werden kann.

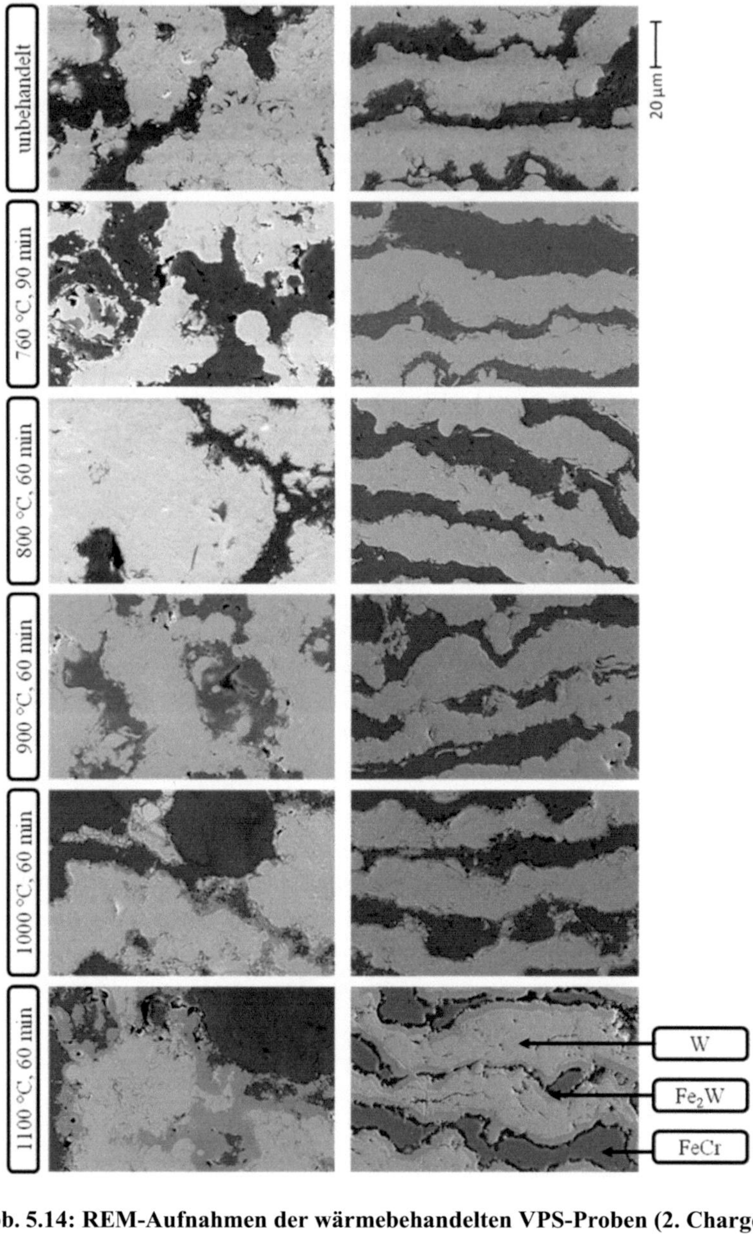

Abb. 5.14: REM-Aufnahmen der wärmebehandelten VPS-Proben (2. Charge) - die linke Spalte zeigt die Draufsicht und die rechte Spalte den Querschliff.

Letztlich konnte eine 1 mm dicke gradierte Schicht, siehe dargestellte REM-Aufnahme in Abb. 5.15, mittels VPS hergestellt werden. Der Konzentrationsverlauf reicht dabei von 0 bis 80 Vol.-% Wolfram, wobei die Obergrenze nicht physikalischer Natur ist, sondern lediglich experimentell nicht angestrebt wurde. Die gradierten Schichten lösten sich jedoch nach der Abscheidung gänzlich vom WL10-Substrat. Ursache für das Ablösen sind vermutlich Spannungen, hervorgerufen zum einen durch die Gradierung der chemischen Zusammensetzung und zum anderen durch etwaige Temperaturgradienten. Darüber hinaus basiert die Haftung plasmagespritzter Schichten vorrangig auf mechanischer Verklammerung [162], deren Haftfestigkeit wesentlich unterhalb einer chemischen Verbindung liegt.

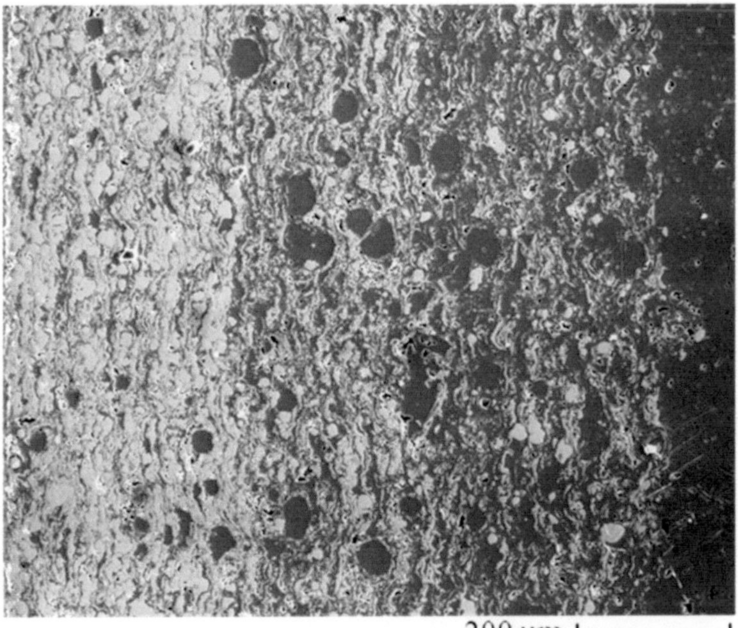

Abb. 5.15: Freistehende gradierte Vakuum-plasmagespritzte Wolfram/EUROFER97-Schicht.

5.3 Widerstandssintern unter ultrahohem Druck

Der große Unterschied im Schmelzpunkt (ca. 1900 K) zwischen EUROFER97 und Wolfram verhindert die konventionelle Sinterung, da es keine Überlappung der Sintertemperaturen für beide Metalle gibt. Das Sintern von reinem Wolfram mittels RSUHP wurde bereits in [98] untersucht und optimiert. Die Herstellung von gradierten W/Cu-Kompositen ist ebenfalls ohne Sinteradditive mit dieser Methode möglich [23][163]. In Kooperation mit dem Laboratory of Special Ceramics and P/M der University of Science and Technology Beijing wurden eine Charge ungradierter Wolfram/EUROFER97-Proben und zwei Chargen gradierter Proben hergestellt und untersucht. Die folgenden beiden Abschnitte schildern Details bzgl. der Herstellung bzw. Analyseergebnisse bzgl. der Probencharakterisierung.

Für die experimentelle Herstellung der Proben wurde W-Pulver mit einer mittleren Korngröße von 2 µm und einer Reinheit von > 99,5 % sowie EUROFER97-Pulver (verdüst in Stickstoff, siehe Tab. 5.4) mit einer Partikelgröße von d_{50} = 50 µm als Ausgangsmaterialien verwendet (Abb. 5.16). Beide Pulver sind in einem Mörser für etwa eine halbe Stunde mit verschiedenen Mischungsverhältnissen entsprechend der gewünschten Zusammensetzung vermischt worden. Hergestellt wurden insgesamt drei Chargen: Die erste Charge umfasst insgesamt zwölf ungradierte Proben (je 2 identische) mit verschiedenen Zusammensetzungen, die von reinen EUROFER97 zu reinem Wolfram in 20 Vol.-%-Schritten reichen. Die zweite und dritte Charge waren bereits Proben mit gradiertem schichtweisem Verlauf. Während die Proben der zweiten Charge noch die intermetallische Phase Fe_2W, sowie umschließende reine EUROFER97- bzw. Wolframlagen beinhaltete, war dies bei den Proben der dritten Charge nicht mehr der Fall.

Der Versuchsaufbau für den Widerstandssinterprozess bei extrem hohem Druck ist bereits in Kapitel 3.1.2.3 als auch in [164] beschrieben. Zunächst wird der mechanische Druck von 9 GPa quasi-isostatisch auf das Pulver aufgebracht, wodurch eine Vorverdichtung durch Partikel-Umlagerung, -Verschiebung, -Verformung und -Zerkleinerung stattfindet [98]. In einem zweiten Schritt wird ein Wechselstrom mit einer Stromstärke von 66 A bei 50 Hz und einer Spannung von 1,7 V auf die Probe angelegt, die Erhitzung erfolgt durch Joulesche-Erwärmung. Dabei ist die Vermeidung von zu hohen Temperaturen bzw. der Schmelzung von EUROFER97-Partikel von großer Bedeutung für die Auswahl der Prozessparameter. Die Temperatur der Probe beträgt bei diesem Prozess weniger als 1200 °C [165]. Dies ist eine wesentlich niedrigere Temperatur als die normale Sintertemperatur von W-Pulver bei Abwesenheit von Sinterhilfsmittel [98]. Die Temperatur an den Kontaktflächen der W-Pulverpartikel vermag jedoch sehr hoch sein aufgrund des hohen Übergangswiderstands, wodurch eine schnelle Oberflächendiffusion oder sogar ein Schmelzen der Oberfläche auftreten kann, sodass die Pulverpartikel sich miteinander verbinden [98]. Dieser Effekt findet auch beim Schmelzschweißen statt. Dabei wird die Bedeutung der großen Pulverpartikelgröße des Stahls deutlich, da somit der Kontaktwiderstand reduziert wird. Der Durchmesser der gesinterten Proben reicht von 16 bis 20 mm und die Höhe von 6 bis 10 mm.

Cr	C	Mn	V	W	Ta	N
9,70	0,097	0,38	0,186	1,096	0,037	0,048
±0,01	±0,001	±0,005	±0,002	±0,004	±0,001	±0,002

O	P	S	Ni	Cu	Si	Co
0,023	<0,008	0,0073	0,0143	0,0067	0,023	0,0035
±0,003		±1e-4	±1e-4	±1e-4	±5e-4	±1e-4

Tab. 5.4: Chemische Zusammensetzung in Gew.-% des verwendeten EUROFER97-Pulvers [160].

Die Mikrostruktur, Oberflächenmorphologie, Porosität und chemische Zusammensetzung der Proben wurden durch optische und Rasterelektronenmikroskopie analysiert. Der lokale Elastizitätsmodul als auch die Berkovich-Härte wurden bei einer Eindringtiefe von einem Mikrometer gemessen. Die Brinell-Härte wurde, wie in Kapitel 4.3 beschrieben, ermittelt. Die Messwerte der Proben, die mit den genannten Analysemethoden bestimmt worden sind, wurden stets mit Referenzwerten der reinen Vollmaterialien (EUROFER97-Plattenmaterial und Wolfram-Stabmaterial) verglichen.

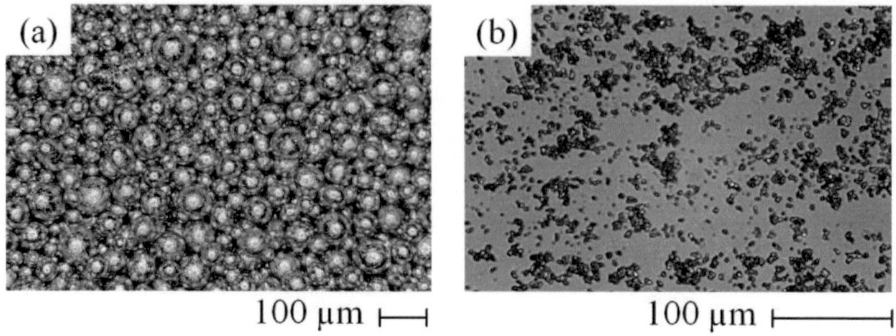

Abb. 5.16: Lichtmikroskopaufnahme des verwendeten (a) EUROFER97- bzw. (b) Wolfram-Pulvers.

Bei der Betrachtung der Mikrostruktur der polierten Oberfläche, wie in Abb. 5.17 gezeigt, ist eine sehr geringe Porosität (< 2 %) an allen Proben erkenntlich. Diese Porosität wurde auch mithilfe der Archimedes-Methode bestätigt [165]. Die sphärische Form der verwendeten EUROFER97-Pulverpartikel ist in den Aufnahmen wiederzuerkennen. Einige der EUROFER97-Partikel erfahren dennoch hohe plastische Verformungen während der Herstellung, was durch die nichtkreisförmige Form ersichtlich wird. Zum Vergleich sei dazu auf Abb. 5.16 hingewiesen, wo die ursprünglich durchgehend regelmäßige sphärische Form zu erkennen ist.

Betrachtet man die reine gesinterte W-Probe, kann man sehen, dass die W-Partikel gut miteinander verbunden sind und kein Kornwachstum aufgetreten ist (siehe Abb. 5.18 (a), Probe nur geschliffen, nicht poliert), da die durchschnittliche Korngröße von etwa 1-2 µm der ursprünglichen Partikelgröße gleich ist. Das Kornwachstum wird durch die niedrige Sintertemperatur und deren schnellen An- und Abstieg sowie der sehr kurzen Sinterzeit verhindert [98]. Allerdings sind in manchen Bereichen kleine Hohlräume mit einer Größe kleiner als 200 nm entlang des Wolfram-Bereichs gestreut, erkennbar bei einem anders gewähltem Kontrast sowie einer metallographischen Probenpräparation durch Polieren als schwarze Punkte in Abb. 5.18 (b). Die mikroskopischen Bilder der reinen EUROFER97-Probenoberfläche weisen keine wahrnehmbare Oberflächenmorphologie auf, was auf eine Mikrostruktur von guter Qualität schließen lässt (Abb. 5.18 (c)).

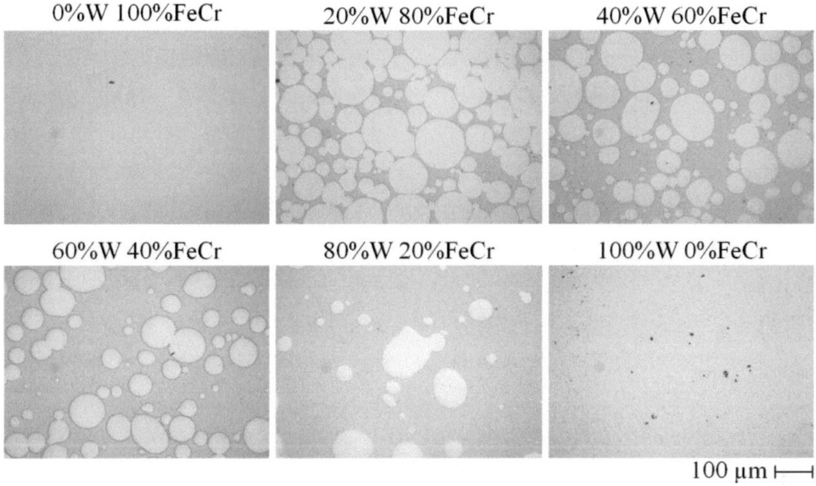

Abb. 5.17: Lichtmikroskopaufnahmen der polierten Oberfläche der gesinterten ungradierten Proben (Konzentrationsangaben in Vol.-%).

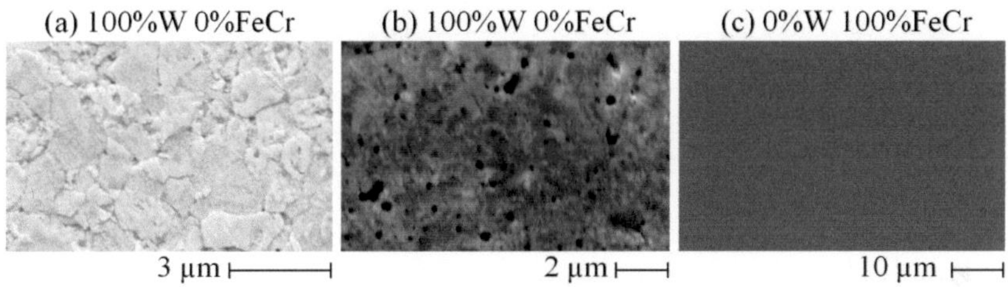

Abb. 5.18: REM-Aufnahmen, welche (a) Korngröße und (b) kleine Hohlräume in der polierten Oberfläche der reinen Wolframprobe zeigen. (c) EUROFER97-Oberfläche ohne erkennbare Morphologie.

Die Wolfram-Partikel der Proben gemischter Zusammensetzung sind, abgesehen von Bereichen in der Nähe der EUROFER97-Sphären (Abb. 5.19 (a)), ebenfalls gut miteinander verbunden. Die Ungebundenheit kann auf einen nicht-isostatischen Druck oder auf eine verringerte elektrische Leistungsdichte zurückgeführt werden. Mikrorisse zwischen zwei EUROFER97-Sphären können manchmal bei Proben mit einer Wolfram-Konzentration von mehr als 40 Vol.-% wahrgenommen werden, siehe

Abb. 5.19 (b, c). Wahrscheinlich entstehen diese aufgrund der thermisch induzierten Beanspruchung beim Abkühlen nach dem Sintern.
Neben der metallographischen Präparation kann auch ein simples Durchbrechen der Probe zu weiteren Erkenntnissen bezüglich der Materialeigenschaften führen. Gerade Bruchflächen offenbaren die Schwachstellen neu entwickelter Materialien. Hier in diesem Fall scheint die Schnittstelle zwischen den Wolfram-Bereichen und den EUROFER97-Sphären die kritische Stelle im System zu sein, weswegen die Rissausbreitung vor allem entlang dieser Schnittstellen stattfindet (siehe Abb. 5.20). Die EUROFER97-Sphären bleiben dabei entlang der Bruchfläche der Komposite weitestgehend unbeschädigt. Des Weiteren ist ersichtlich, dass die Rissausbreitung im Wolfram meist interkristalliner Art ist (typisch für dieses Material bei Raumtemperatur), sodass die polygonale Form der Körner gut sichtbar ist.

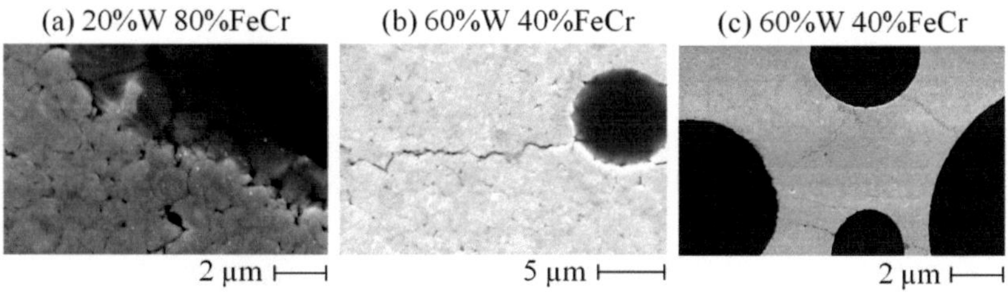

Abb. 5.19: (a) zeigt unverbundene Wolframpulverpartikel nahe einer EUROFER97-Kugel. (b) und (c) zeigen Mikrorisse im Wolfram. Bei diesen REM-Bildern weist Wolfram einen helleren und EUROFER97 einen dunkleren Kontrast auf.

Wie zu Beginn von Kapitel 5 erwähnt, ist ein Anlassen bei 760 °C für 90 min nach dem Sintern erforderlich. Die Wirkung dieser Wärmebehandlung sei durch einen Vergleich der Härtewerte im Folgenden aufgezeigt. Die hohen Härte-Werte (Abb. 5.21) der produzierten Materialien im Vergleich zu den Referenz-Materialien ist eine Folge der geringen Korngröße und der hohen Versetzungsdichte. Abb. 5.21 ist ein Quartils-Plot, bei dem jeder Datenpunkt die Quartile von 20 Einzelmessungen repräsentiert.

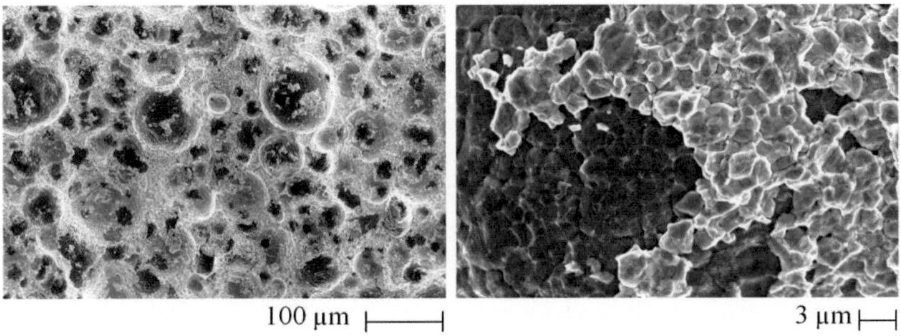

Abb. 5.20: Bruchfläche der getesteten Probe mit 20 Vol.-% Wolfram und 80 % EUROFER97. Gezeigt werden zwei REM-Aufnahmen bei unterschiedlicher Vergrößerung, wobei Wolfram wiederum einen hellen und EUROFER97 einen dunklen Kontrast aufweisen.

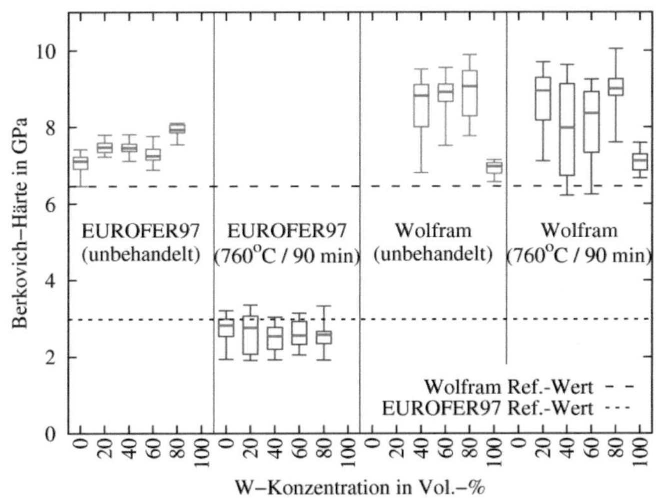

Abb. 5.21: Berkovich-Härte der EUROFER97- und Wolframbereiche der gesinterten Proben vor und nach der Wärmebehandlung im Vergleich zu den Referenzwerten.

Die Streuung der gemessenen Werte bzgl. EUROFER97 ist relativ gering im Vergleich zu der Streuung der Wolfram-Datenpunkte. Dieser Umstand resultiert aus der unbekannten Unterschicht eines jeden Indents. Während aufgrund der Kugelform der EUROFER97-Partikel das Volumen unter der sichtbaren Oberfläche mit großer Gewissheit das erwartete Material ist, ist dies nicht der Fall für Eindrücke in die Wolfram-Oberfläche, wo sich ein EUROFER97-Teilchen direkt unter der Oberfläche befinden kann. Diesen Sachverhalt muss man im Hinterkopf behalten, um die Messergebnisse korrekt interpretieren zu können. Mit Ausnahme der reinen Wolfram-Probe ist der erhöhte Härtegrad von EUROFER97 und Wolfram im Vergleich zu den Referenz-Materialien unabhängig vom Mischungsverhältnis. Die Wärmebehandlung stellt den ursprünglichen Härtegrad von EUROFER97 durch Reduzierung der Versetzungsdichte und durch Spannungsrelaxation wieder her. Für Wolfram hat die Wärmebehandlung keinerlei Einfluss auf den Härtewert. Ebenso sind die gemessenen E-Moduln vor und nach der Wärmebehandlung bei allen Proben konstant, sowohl für die EUROFER97-Bereiche als auch für die Wolfram-Bereiche. Unter Berücksichtigung der Messungenauigkeit entsprechen die gemessenen Werte denen der herkömmlichen Bulk-Materialien.

Die Ergebnisse der Makroindentation spiegeln mechanische Eigenschaften auf einer Skala von wenigen Millimetern wieder, sodass lokale Einflüsse der bis zu 150 µm großen EUROFER97-Teilchen gemittelt werden. Ebenso wie die Berkovich-Härte, ist die Brinell-Härte der Proben im Ausgangszustand erhöht, verglichen mit dem Niveau der Referenz-Materialien, siehe Abb. 5.22. Abgesehen von der reinen Wolfram-Probe, kann eine proportionale Erhöhung der Härte bei zunehmender Wolfram-Konzentration beobachtet werden - sowohl vor als auch nach einer Wärmebehandlung. Jeder Datenpunkt in Abb. 5.22 stellt die Quartile von 10 Indents dar.

Während die Eindrücke im Wolfram- als auch im EUROFER97-Referenz-Material keine Risse zeigen, haben die gesinterten Proben ein paar Risse rund um den Eindruck. Nach der Wärmebehandlung verschwinden diese zwar bei den gesinterten reinen EUROFER97-Proben, bleiben aber in den gesinterten Wolfram-Proben bestehen. Es konnte ein leichter Aufwurf in beiden Referenz-Materialien verzeichnet werden, jedoch nicht bei den gesinterten Proben.

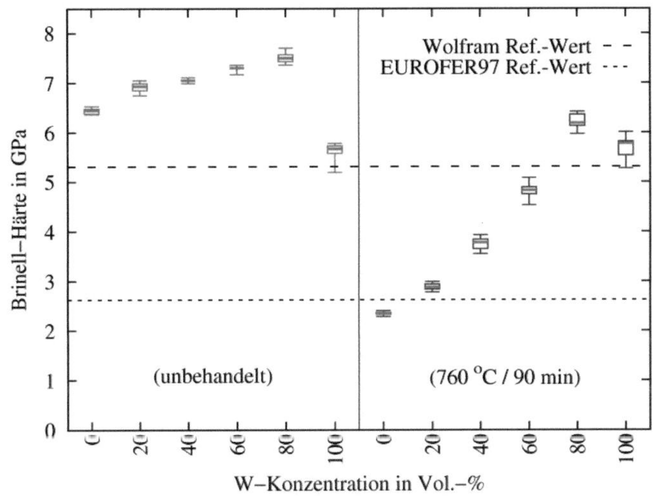

Abb. 5.22: Brinell-Härte der Referenzmaterialien und der gesinterten ungradierten Proben vor und nach der Wärmebehandlung bei 760 °C für 90 min.

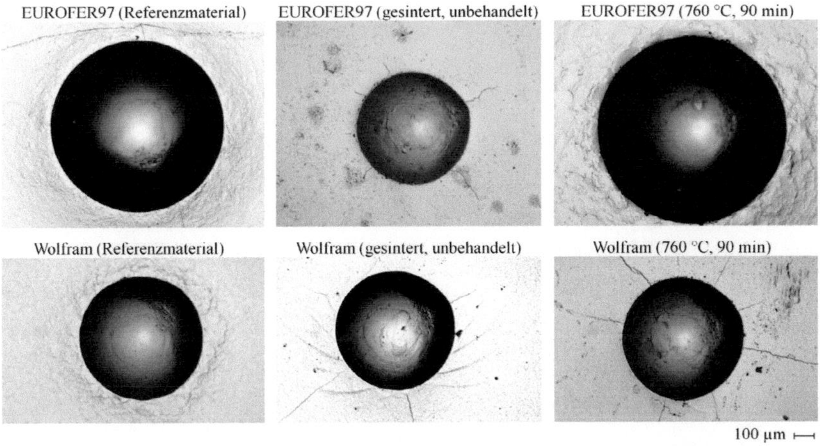

Abb. 5.23: Brinell-Härte der Referenzmaterialien und der gesinterten Proben vor und nach der Wärmebehandlung bei 760 °C für 90 min.

Im Folgenden sind die Ergebnisse von Zugversuchen der gesinterten Materialien beschrieben. Für die Durchführung wurde ein Teil der ungradierten gesinterten Proben in 1 mm dicke Scheiben mittels Drahterodieren zugeschnitten und anschließend wie in Anhang I dargestellt zu Flachzugproben weiterverarbeitet. Der Versuchsablauf geschah wie in Kapitel 4.11.2 erläutert und die Bestimmung der Zugfestigkeit wurde wie in Anhang J beschrieben durchgeführt. Das in Abb. 5.24 gezeigte Ergebnis stellt sowohl eine untere als auch eine obere Grenze für die Zugfestigkeiten der geprüften Zugproben dar. Die untere Grenze ergibt sich durch Division der Zugkraft durch die Querschnittsfläche. Aufgrund der unvermeidbaren Biegemomente im hier verwendeten Versuchsaufbau stellt dieser Berechnungsweg lediglich eine untere Grenze dar. Die obere Grenze ergibt sich durch Multiplikation angenommener Elastizitätsmoduln mit der (anhand des Kamerabildes ermittelten) Dehnung der äußeren Kante. Die Werte der angenommenen E-Moduln sind entsprechend des jeweiligen Wolfram/EUROFER97-Mischungsverhältnisses linear interpoliert. Gemäß den Überlegungen in Kapitel 2.1 führt eine lineare Interpolation zu leicht überschätzten Werten. Folglich sind die somit berechneten Zugfestigkeiten ebenfalls oberhalb der realen Zugfestigkeiten angesiedelt. Die Exemplare mit lediglich einem Wolframgehalt von 20 Vol.-% wiesen Verfestigung auf, so dass der lineare Zusammenhang zwischen Spannung und Dehnung zur Berechnung der oberen Grenze für die Zugfestigkeit nicht mehr gegeben ist. Alle restlichen Proben mit höherem Wolframgehalt verhielten sich bis zum Bruch, sofern erkennbar, rein elastisch. Dieser Umstand mag an die Tatsache, dass Wolfram die Matrixphase in diesen Verbundwerkstoffen ist, gekoppelt sein. Die ermittelten Zugfestigkeiten sind im Vergleich zu den in den FEM-Simulationen getroffenen Annahmen deutlich geringer, was bei einem elastisch- idealplastischem Modell zwar prinzipiell von Vorteil ist, da so Spannungen durch plastische Verformung besser abgebaut werden können. Doch zeigte sich, wie beschrieben, dass der Stahl in den Sinterwerkstoffen im zu geringen Maße, wenn überhaupt, zur Erhöhung der Duktilität beiträgt.

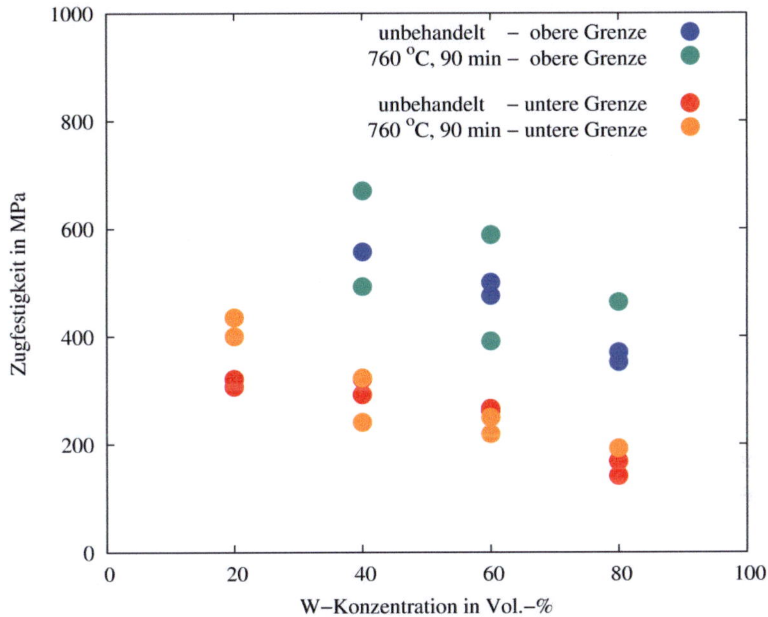

Abb. 5.24: Zugfestigkeiten der gesinterten Proben vor und nach der Wärmebehandlung bei 760 °C für 90 min.

Bereits bei Temperaturen oberhalb von 700 °C können sich geringe Mengen an Fe_2W-Kristalliten entlang der Kontaktflächen zwischen Eisen und Wolfram laut Literatur bilden [120][88]. Bezüglich der hier angewandten Wärmebehandlungstemperatur von 760 °C, könnte dies hier der Fall sein. Allerdings ergaben weder die REM- noch Nanoindentation-Analysen Hinweise auf das vorhanden sein dieser intermetallischen Phase. Dieser Umstand ist sicherlich durch die sehr kurze Sinterzeit von nur 60 s bedingt. Wärmebehandlungen bei unterschiedlichen Temperaturen für 1 Stunde ergaben jedoch neue Einsichten über die thermische Stabilität der gesinterten Wolfram/EUROFER97-Komposite. Für alle getesteten Temperaturen waren mit dem REM keine Risse in den EUROFER97-Bereichen sichtbar (Abb. 5.25). Die Wolfram-Regionen enthalten bereits direkt nach der Produktion Mikrorisse. Es bilden sich jedoch keine neuen Risse bis zu 800 °C, solange der Wolfram-Volumenanteil kleiner als 80 Vol.-% ist. Bei 900 °C entstehen rund um die EUROFER97-Kugeln kurze Mikrorisse, die bei höheren Temperaturen größer werden. Delamination zwischen den beiden Materialien geschieht, wenn die Wärmebehandlungstemperatur gleich oder höher als 1000 °C ist. Die intermetallische Phase Fe_2W tritt bei temperierten Proben ab 900 °C auf. Es kann somit wie für die plasmagespritzten Schichten auch für die gesinterten Wolfram/EUROFER97-Komposite gefolgert werden, dass die Temperatur nicht mehr als 800 °C betragen sollte.

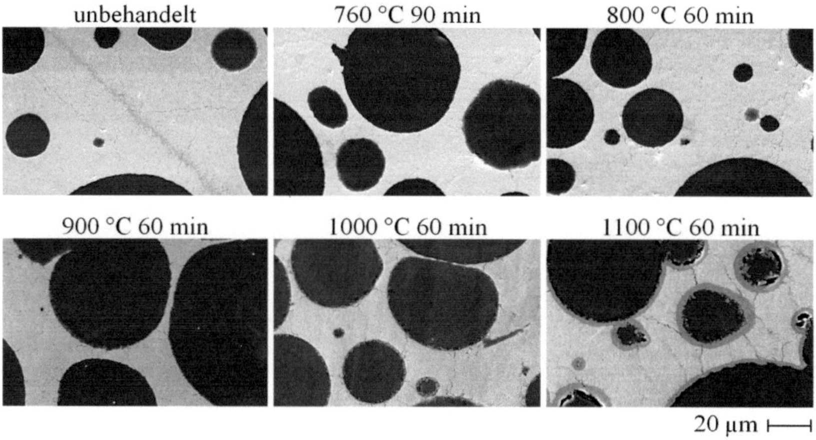

Abb. 5.25: Einfluss von einstündigen Wärmebehandlungen im Bereich von 800 °C bis 1100 °C - Volumenanteile sind 60 % W und 40 % EUROFER97.

Die Proben der ersten Charge mit gradiertem Verlauf konnten zwar basierend auf den Erkenntnissen der Vorversuche prinzipiell hergestellt werden, wiesen jedoch zwei Mängel auf. Konkret sind dies zum einen Makrorisse, die parallel zur Gradierungsrichtung sowohl im reinen Wolfram- als auch im reinen EUROFER97-Bereich verlaufen (Abb. 5.26).

Zum anderen führte eine geringfügige Änderung der Prozessparameter zur Erzeugung der intermetallischen Fe_2W-Phase an EUROFER97/Wolfram-Grenzflächen. Sämtliche EUROFER97-Pulverpartikel sind deshalb von einer ca. 3 µm dicken Hülle umgeben (Abb. 5.27).

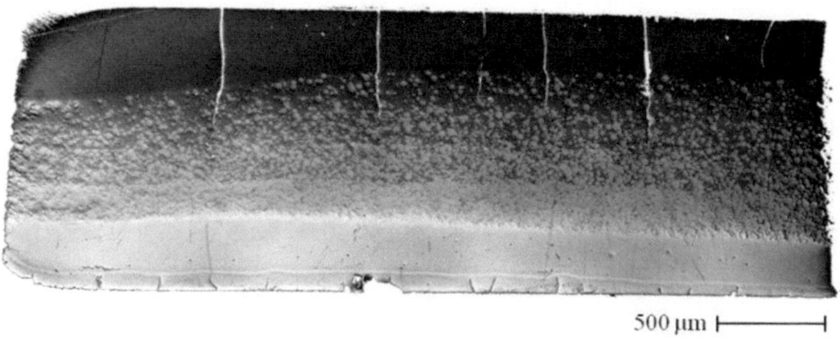

Abb. 5.26: Gradierte gesinterte Probe der 1. Charge: Mit dem OM abgelichteter Querschliff (Wolfram oben, EUROFER97 unten).

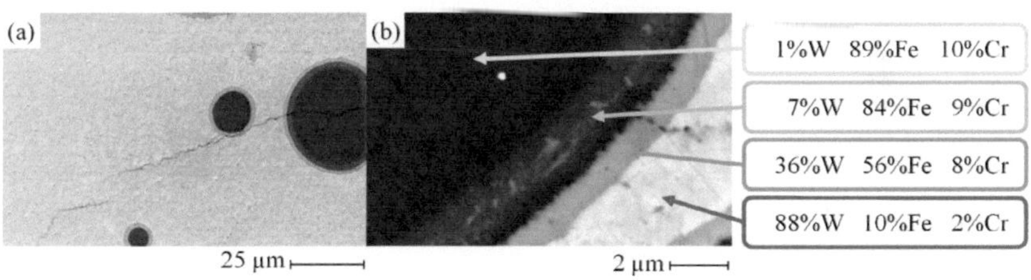

Abb. 5.27: Gradierte gesinterte Probe der 1. Charge: (a) Von Fe_2-W-Phase umschlossene EUROFER97-Sphären. (b) Vergrößerung mit EDX-Messwerte in At.-% an verschiedenen Stellen.

Die Ausbreitungsrichtung der Risse in den reinen Wolfram- bzw. EUROFER97-Bereichen (siehe Abb. 5.26) zeigt von der Probenoberfläche in Richtung gradiertem Übergang. Dies lässt vermuten, dass ein Temperaturgradient, welcher beim Abkühlen nach dem Sintervorgang vorlag, zur Rissinitiierung an der Probenoberfläche mit anschließender Rissausbreitung ins Probeninnere führte. Grundlage für diese ausgeprägte Rissausbreitung ist jedoch ein sprödes Materialverhalten, welches offensichtlich nicht nur für das gesinterte Wolfram, sondern auch für das gesinterte EUROFER97 vorliegt. Zwar ermöglicht eine Wärmebehandlung die Rekuperation der Duktilität, jedoch kann das Material bereits gebildete Risse dadurch nicht ausheilen.

Beide Nachteile der 1. Charge mit gradiertem Übergang konnten durch Weglassen der reinen Wolfram/EUROFER97-Bereiche bzw. durch Verwenden der ursprünglichen Prozessparameter ausgemerzt werden (siehe Abb. 5.28).

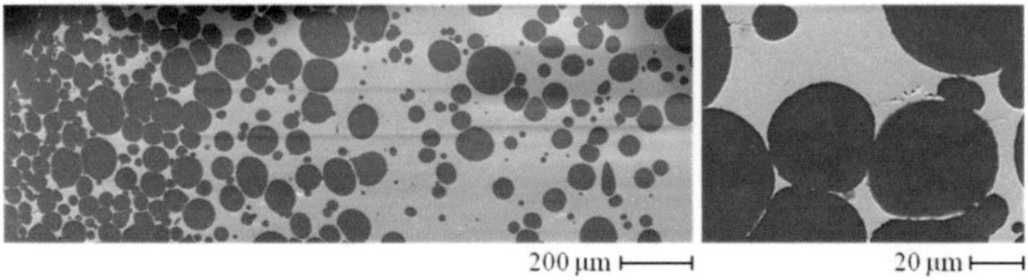

Abb. 5.28: Gradierte gesinterte Probe der 2. Charge.

5.4 Explosivverdichten

In Kooperation mit der Firma Bernhard Rieger, Tauberbischofsheim, wurden Vorversuche durchgeführt, um das Potential der in- und direkten sprengtechnischen Pulverkompaktierung auszuloten. Während die Versuche bei kalten Wintertemperaturen (< 0 °C) bzw. indirekter Kompaktierung erfolglos blieben, da sich kein monolithisches Material erzeugen ließ, konnte bei warmen sommerlichen Temperaturen (> 28 °C) ein Teilerfolg verbucht werden. Anders als in den anderen Vorversuchen wurde dabei ein Sprengstoff mit hoher Energie- bzw. Leistungsabgabe verwendet, der ca. eine Kompaktierungsgeschwindigkeit von 7,5 km/s erreicht. Der dabei verwendete rotationssymmetrische Versuchsaufbau ist in Abb. 5.29 skizziert. Die genauen Maße des Pulveraufnahme-Containers sowie eine Photographie sind in Anhang L einzusehen. Gesiebtes EUROFER97-Pulver ($d > 57$ µm) mit der chem. Zusammensetzung wie in Tab. 5.3 angegeben wurde zusammen mit Wolframpulver des Typs Amperit® 140.067 des Lieferanten H. C. Starck (Partikelgröße 9-13 µm, Massenanteile von Fe, O, N und C betragen weniger als 0,1 %.) im Pulveraufnahme-Container bei 400 MPa unter Normaldruck und Raumtemperatur vorkompaktiert. In diesem Zustand wies das EUROFER97-Pulver eine theoretische Dichte von 70 % und das Wolframpulver eine von 66 % auf. Ermittelt wurden die theoretischen Dichten durch Wiegen des eingefüllten Pulvers und Ausmessen der Verschiebung des oberen Stopfens.

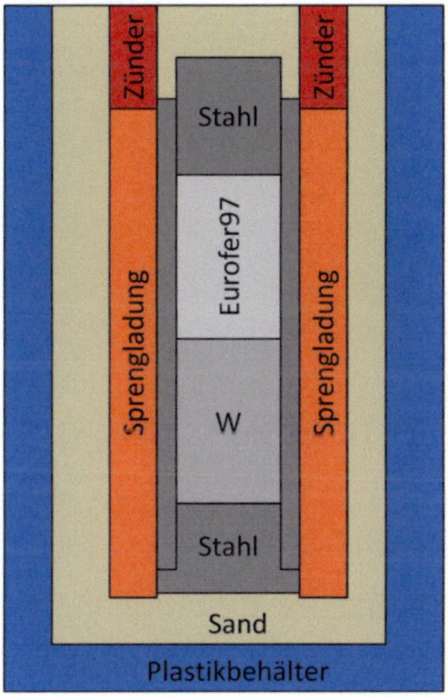

Abb. 5.29: Versuchsaufbau Explosivverdichten bei RT.

Abb. 5.30 zeigt die Bruchstücke des halbierten Pulveraufnahme-Containers nach der Sprengung. Der obere Bereich, in welchem sich das EUROFER97-Pulver befand, beherbergt kompaktiertes Material, während das Wolframpulver entweder bereits während der Sprengung oder beim Halbieren mittels Drahterodieren entwichen ist. Eine Kompaktierung des Wolframpulvers fand folglich nicht statt. Die gewaltige Detonationsenergie führte im unteren Teil sogar zum Bersten der Stahlummantelung.

Der anfängliche Außendurchmesser der Stahlummantelung von 30 mm hat sich im EUROFER97-Bereich auf 27,4 mm und der Innendurchmesser von 22 mm auf 18,7 mm verringert. Die Wandstärke nahm jedoch in Folge der Querkontraktion und Volumenerhaltung von 4 mm auf 4,35 mm zu. Der Durchmesser des kompaktierten EUROFER97-Zylinders beträgt 16 mm. Bei der näheren Betrachtung des verdichteten EUROFER97 in Abb. 5.31 (a) fällt ein schmaler Hohlraum entlang der Symmetrieachse auf, der sich sogar bis durch den unteren Stopfen in Abb. 5.31 (b) ausdehnt.

Abb. 5.30: Von links nach rechts: Oberer Stopfen, Stahlummantelung mit verdichtetem EUROFER97, Bruchstücke der Stahlummantelung, unterer Stopfen.

Abb. 5.31: (a) Mittels Drahterodieren zugeschnittene Teilstücke der Stahlummantelung mit kompaktiertem Material. Das mittlere Teilstück wurde zur metallographischen Untersuchung poliert. (b) Unterer Stopfen auf der Wolframseite mit axialem Hohlraum.

Gerade dieser Hohlraum ist jedoch nun von besonderem Interesse, da dieser, wie in Abb. 5.32 zu sehen, sowohl Wolfram als EUROFER97 enthält. Zwar ist dieser Bereich sehr inhomogen und mit vielen kleineren Hohlräumen versehen, gibt aber Hinweise darauf, dass die Verdichtung von Wolframpulver in einer EUROFER97-Matrix sprengtechnisch bei Raumtempera-

tur machbar ist. Abb. 5.33 umfasst REM-Aufnahmen von sechs verschiedenen Stellen, bei denen eine Mischungsverhältnisspannweite von 0 bis 60 Vol.-% Wolfram erkennbar ist. Wider Erwarten bildete sich jedoch an den Grenzflächen zwischen W und EUROFER97 bereits die intermetallische Phase Fe_2W aus. Eine naheliegende Erklärung hierfür ist weniger die Bildung der intermetallischen Phase während der Detonation, sondern vielmehr der Temperatureinfluss beim Abkühlvorgang nach der Sprengung.
Ähnliche Ergebnisse konnten mit einer W - 7 Gew.-% Ni – 3 % Fe - Legierung und einem Sprengstoff geringerer Detonationsgeschwindigkeit (3,6 km/s), jedoch durch Vorheizen auf 400 °C, erzielt werden [166]. Die Matrixphase mit dunklem Kontrast in Abb. 5.34, in der sich Wolframpartikel mit hellem Kontrast befinden, hat ein Konzentrationsverhältnis von 24 Gew.-% W - 22 % Fe - 54 % Ni.

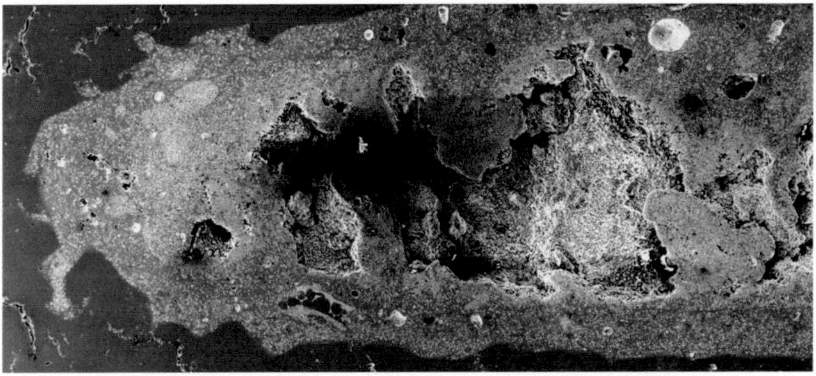

600 µm

Abb. 5.32: Rastermikroskop-Aufnahme polierten Oberfläche des explosivverdichteten Wolfram/EUROFER97-Bereichs.

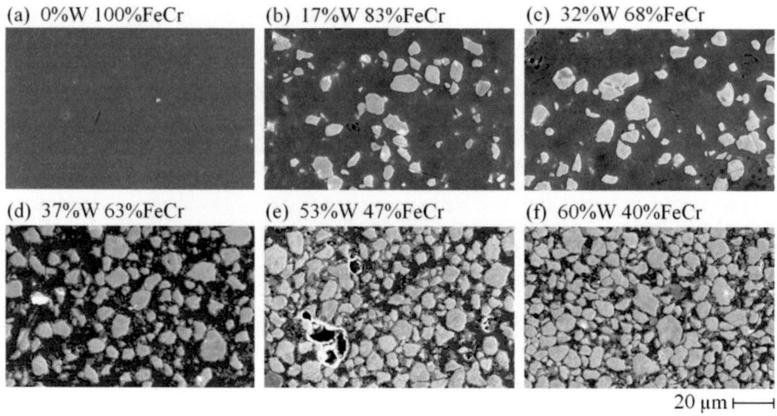

Abb. 5.33: REM-Aufnahmen aus Bereichen mit a) hohem EUROFER97- bzw. f) hohen Wolfram-Anteilen.

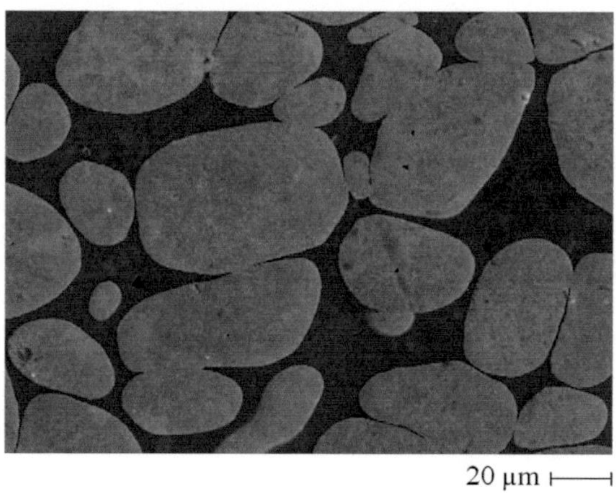

Abb. 5.34: REM-Aufnahme einer explosivverdichteten Wolfram-Nickel-Eisen-Legierung [166].

Wie eingangs beschrieben, handelt es sich bei den dargestellten Ergebnissen nur um Vorversuche. Ein dediziertes Vorgehen bestünde aus dem Ermitteln von idealen Prozessparametern bzgl. Pulverpartikelgröße, Verhältnis von Pulver- zu Sprengstoffmasse, Detonationsgeschwindigkeit des Sprengstoffes und Vorheiztemperatur. Des Weiteren ist das Vorverdichten des Pulvermaterials vorzugsweise in Vakuum durchzuführen, um Oxide bzw. Lufteinschlüsse zu vermeiden. Inwiefern sich ein höherer Druck als 400 MPa beim Vorkompaktieren positiv auf das Resultat auswirkt gilt es ebenfalls zu klären. Nicht zuletzt stellt die Wahl der Ausgangspulver noch eine weitere Stellschraube dar.

5.5 Diffusionsschweißen

Mit den in den Kapiteln 5.1, 5.2 und 5.3 beschriebenen Herstellungsverfahren ist es nach derzeitigem Entwicklungsstand möglich WL10-Vollmaterial zu beschichten bzw. freistehende gradierte Wolfram/EUROFER97-Schichten zu erzeugen. Beide Optionen erfordern dennoch zumindest das Fügen mit EUROFER97 und ggf. zusätzlich das Fügen mit WL10.
Eine naheliegende Lösung für die Verbindung mit EUROFER97 ist Diffusionsschweißen, was bereits hinreichend erforscht ist. Allerdings ist eine Schweißung bei 1050 °C [74] in diesem Falle nicht anwendbar, da lediglich eine Temperatur unterhalb von 800 °C bei Wolfram/EUROFER97-Kompositen verwendet werden sollte (siehe Kapitel 5.2 und 5.3). Aus diesem Grund wurde ein neuer Parametersatz (Temperatur, Druck, Dauer) ermittelt, der eine ausreichend niedrige Temperatur, aber eine hinreichend große Kriechverformung des EUROFER97-Körpers bewirkt. Als praktikabel erwies sich ein Parametersatz mit einer Temperatur von 800 °C, einem Druck von 60 MPa und einer Dauer von 2 h. Die Druckkraft wird aufgebracht, sobald die Schweißtemperatur erreicht worden ist. Die elektrischen Heizelemente werden eingeschaltet sobald der notwendige Vakuumdruck von $6 \cdot 10^{-5}$ mBar vorliegt. Die zu schweißenden Flächen sind stets wie im Kapitel 4.14.1 beschrieben geschliffen und poliert und anschließend wie in Kapitel 4.14.3 beschrieben im Ultraschallbad gereinigt worden.
Das Fügen von Wolframbauteilen ist im Vergleich zum Fügen von Stahl ungleich schwieriger. Der Hersteller Plansee schlägt hierfür Wolfram-Inertgasschweißen (WIG) oder Elektronenstrahlschweißen vor [31]. Jedoch sind beide Verfahren aufgrund der zu großen Hitze der Wärmeeinflusszone auszuschließen, da eine zu starke Schädigung der gradierten Schicht zu erwarten ist. Alternativ besteht die Möglichkeit Zwischenschichten einzusetzen. Dafür stehen verschieden Lotmaterialien zur Verfügung, die erfolg-

reich beim Fügen von Wolframbauteilen benutzt werden. Ihre jeweiligen Vor- und Nachteile werden nun im folgenden Absatz diskutiert.
Bei Belastungstests der heliumgekühlten Divertorkomponente wurde die Dachplatte aus reinem Wolfram mit dem Fingerhut aus WL10 testweise mit einem Nickel-basierten Lot (STEMET 1311®) bei 1050 °C sowie mit einer CuNi44-Legierung bei 1300 °C verbunden [167]. Im gleichen Testlauf wurde der EUROFER97- mit dem WL10-Teil des Fingerhuts mithilfe eines Kupferrings und einem Kobalt-basiertem (71 KHCP) Lotmaterial bei 1050 °C verbunden [167]. Alle drei Lotmittel erfordern jedoch Temperaturen weit über der Bildungstemperatur der Fe_2W-Phase und kommen somit nicht in Frage. Zwar würde reines Kupfer keine intermetallischen Phasen und kein Mischkristall mit Wolfram bilden, ist jedoch mit einem therm. Ausdehnungskoeffizienten von $16{,}5 \cdot 10^{-6}\ K^{-1}$ in Bezug auf die Idee einer gradierten Verbindung äußerst unpassend. Darüber hinaus wird Kupfer ebenfalls bei einer hierfür zu hohen Temperatur von 1085 °C verlötet [168].
Die Wahl fiel letztlich auf Vanadium, welches sich sowohl mit EUROFER97 als auch mit Wolfram bereits bei einer Temperatur von 700 °C diffusionsschweißen lässt [169]. Dies ermöglicht zudem die Nutzung eines gemeinsamen Parametersatz für alle notwendigen Fügungen (EUROFER97 ↔ grad. Schicht ↔ Vanadium ↔ WL10). Zwar hätte Niob ($\alpha_{th} = 7{,}1 \cdot 10^{-6}\ K^{-1}$ [170]) einen zu Wolfram passenderen thermischen Ausdehnungskoeffizienten im Vergleich zu Vanadium ($\alpha_{th} = 8{,}35 \cdot 10^{-6}\ K^{-1}$ [171]), erfordert aber wegen des verminderten Diffusionsvermögens eine Diffusionsschweiß-Temperatur von 1050 °C [172].
Prinzipiell gelingt sogar die direkte Diffusionsschweißung von EUROFER97 mit Wolfram ohne Zwischenschicht bei 1050 °C [73]. Diese Schweißtemperatur vollzieht die Austenitisierung von EUROFER97, sodass anschließende Wärmebehandlungen zwingend erforderlich sind. Hierbei versagt die Schweißung jedoch entlang der Naht.

5.5.1 Fügen von EUROFER97 mit EUROFER97

Wie eingangs beschrieben, wurde untersucht von welcher Qualität eine Diffusionsschweißung bei 800 °C von EUROFER97 mit selbigem Material ist. Dafür wurden zwei EUROFER97-Zylinder (Charge 993402) mit einem

Durchmesser von 18 mm bei 800 °C und 60 MPa für zwei Stunden im Vakuumofen miteinander verschweißt. Ein angefertigter Querschliff wies darauf dahin, dass beide Körper komplett entlang der Berührungsfläche miteinander verbunden waren. Eine Schweißnaht war weder mit dem optischen Mikroskop noch mit dem REM zu erkennen. Drei Kerbschlagbiegeproben gemäß Kapitel 4.10 sowie zwei Rundzugproben gemäß Kapitel 4.11.1 wurden mittels Drahterodieren und Drehen angefertigt.

Die ermittelte Zugfestigkeit von 506 MPa bei RT kommt dem für die FEM-Simulationen angenommenen theoretischen Wert von 545,57 MPa (Tab. 2.3) sehr nahe, liegt jedoch deutlich unterhalb der Zugfestigkeit von EUROFER97 (Charge 993402), die in [34] mit 663 MPa bestimmt worden ist. Leider kann nicht rekonstruiert werden, ob der Bruch auf Höhe der Schweißnaht geschah oder nicht, sodass offen bleibt, worauf die verringerte Zugfestigkeit zurückzuführen ist. Ursache kann die Schweißnaht sein, aber auch die Materialschädigung durch Kriechen (ca. 20-30 %) beim Diffusionsschweißen. Die Bruchdehnung betrug 35 % bei einer Extensometer-Ausgangslänge von 7 mm.

Wird der Kerbschlagbiegeversuch bei 550 °C durchgeführt, so ist eine Kerbschlagzähigkeit von 90,5 J/cm² festzustellen. Dies entspricht dem Niveau von EUROFER97, welches bei 1010 °C diffusionsgeschweißt wurde [74]. Problematisch hingegen zeigt sich die Kerbschlagzähigkeit bei RT, die für die beiden getesteten Proben 1,7 bzw. 24,9 J/cm² betrug. Der Referenzwert für EUROFER97 (Charge 993402) in [34] ist mit 106 J/cm² bzw. für bei 1010 °C geschweißtes EUROFER97 in [74] mit über 90 J/cm² angegeben. Eine Charakterisierung der Bruchfläche der hier getesteten Proben deutet klar auf einen Sprödbruch entlang der Schweißfläche hin.

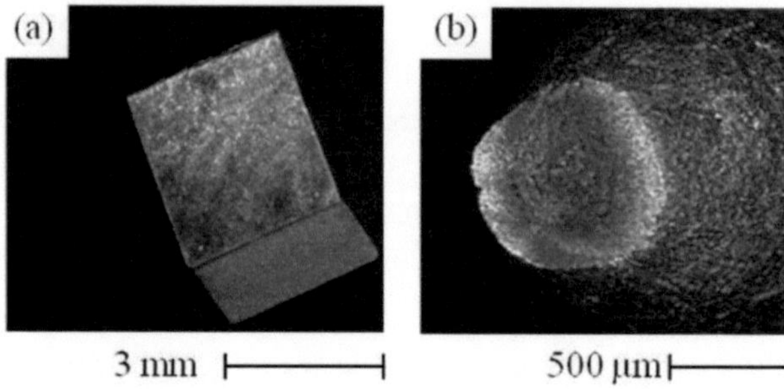

Abb. 5.35: Lichtmikroskopische Aufnahme der Bruchflächen der bei RT getesteten (a) KLST-Probe und (b) Zugprobe.

5.5.2 Fügen von Wolfram mit Wolfram

Hauptproblem beim Diffusionsschweißen zweier Wolfram-Zylinder mithilfe einer Vanadium-Zwischenschicht ist der Mangel einer gleichmäßigen Druckkraftverteilung entlang der Schweißoberflächen. Verursacht wird dieser Mangel durch ein vernachlässigbares Kriechverhalten von Wolfram bei der verwendeten Temperatur in Kombination mit einer gewissen Wölbung der Oberfläche nach dem Polieren. Die Folge sind Hohlräume und unverbundene Teilflächen. Die Wölbung beim Polieren auf Drehtellern ergibt sich aus Fehlertoleranzen des Drehtellers, dessen Rotationsachse nicht exakt senkrecht zur Tellerfläche ist, und aus der minimal wechselnden Orientierung des Drehtellers zur Probe während des Poliervorgangs. Des Weiteren kann der Drehteller selbst uneben sein. Um dem entgegenzuwirken, wurden einige Probenoberflächen von einer externen Firma, Wörner Technische Keramik in Oberrot, bearbeitet. Dies geschah dort mit einer Flachschleifmaschine, die mit einer Diamantschleifscheibe mit 25 µm Körnung bestückt war. Eine Messung mit dem Oberflächenprofilometer (siehe Kapitel 4.12) ergab, dass somit die Wölbung um nahezu zwei Größenordnungen verringert werden konnte (Abb. 5.36).

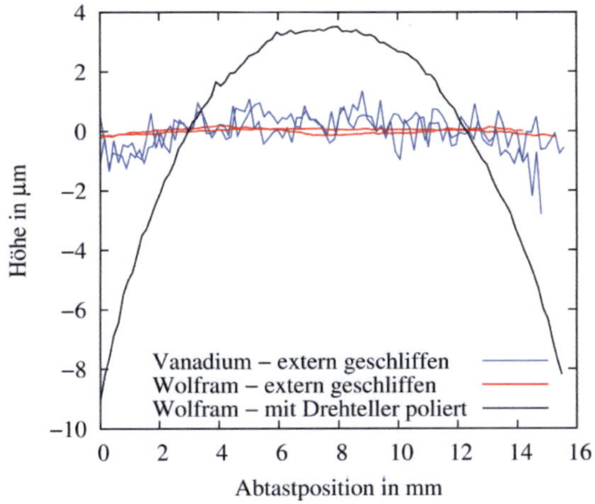

Abb. 5.36: Oberflächen-Krümmung bzw. -Rauheit der Vanadium und Wolframzylinder.

Die Rauheit der Vanadium-Scheiben ist jedoch im Vergleich zum Wolfram erheblich größer. Deshalb wurde noch eine dritte Variante, nämlich Vanadium-Folien mit einer Dicke von 20 µm, einem Durchmesser von 15 mm und einer sehr kleinen Dicke-Toleranz von lediglich ±2 % des Herstellers Goodfellow, ausprobiert und mit den anderen beiden verglichen. Diffusionsgeschweißt wurden jeweils zwei Wolframzylinder mit einem Durchmesser von 18 mm bei 800 °C, 60 MPa für 2 h. Bevor die Proben mittels Drahterodieren für metallographische Untersuchungen zerteilt wurden, lieferte jeweils eine vorgeschaltete Ultraschalluntersuchung bereits sehr gute Hinweise auf die Qualität der Schweißnähte. Abb. 5.37 stellt die Ergebnisse der drei Varianten gegenüber. Während die mit dem Drehteller polierten Wolframzylinder lediglich mittig verbunden waren, war die gefügte Fläche mit den extern geschliffenen Zylindern erheblich größer. Die vollständige Fügung der gesamten Zylinderstirnflächen geschah jedoch erst in der dritten Variante mit den Vanadium-Folien, wobei selbst in diesem Fall die Ultraschallanalyse eine geringe Inhomogenität plädiert.

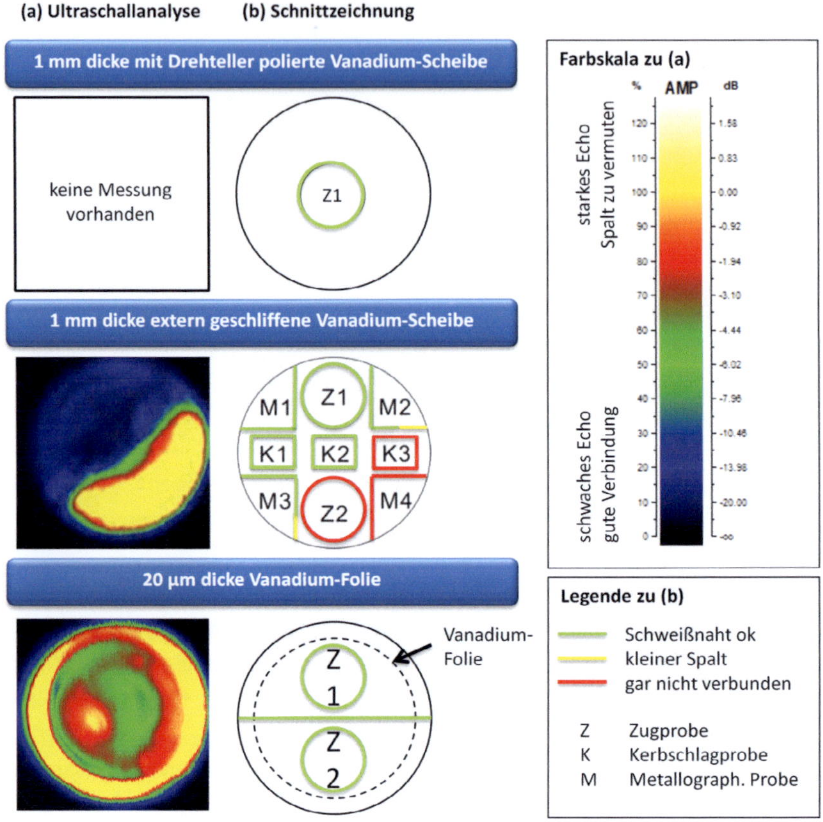

Abb. 5.37: Diffusionsschweißungen W-V-W (800 °C, 2 h, 60 MPa): (a) Intensitäten der an einer der beiden V/W-Schweißnähte reflektieren Ultraschallsignale, (b) Skizze der Schnittflächen deren Qualität farblich aufgeschlüsselt ist.

Kerbschlagbiege-Proben der Form KLST (siehe Kapitel 4.10) konnten lediglich für die Varianten mit extern geschliffenen Flächen gefertigt werden. Die Kerbschlagzähigkeit bei 550 °C wurde mit 3,4 J/cm² bzw. mit 1,3 J/cm² ermittelt. Der Referenzwert für Wolfram bei dieser Temperatur liegt bei 6,7 J/cm² [172]. Die Zugfestigkeit wurde für die drehtellerpolierte mit 369 MPa und für die extern geschliffene Variante mit 200 MPa bestimmt. Ungeklärt ist allerdings, ob die Ursache in der Rauheit liegt oder ob es sich lediglich um eine statistische Streuung der Messwerte handelt. Denkbar ist auch, dass sich der unbeabsichtigt höhere Schweißdruck (die gleiche Kraft verteilt sich mittig auf eine kleinere Fläche) positiv auswirkt. Alle Bruchflächen waren entlang einer der beiden Wolfram/Vanadium-Schweißnähte. Bereits mit bloßem Auge, besser noch mit dem Lichtmikroskop, lässt sich eine glatte Bruchfläche erkennen (Abb. 5.38).

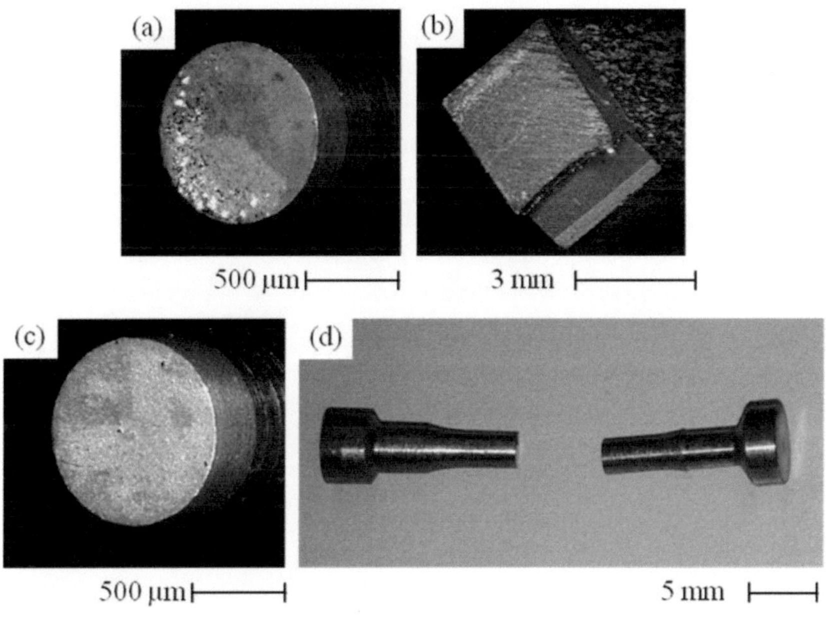

Abb. 5.38: LM-Aufnahme der bei 800 °C diffusionsgeschweißten Wolframzylinder-Bruchflächen: (a) Zugprobe (Flächen mit Drehteller poliert, 1 mm dicke Vanadium-Platte), (b) KLST- sowie (c) Zugprobe (Flächen extern geschliffen, 1 mm dicke Vanadium-Platte) und (d) beim Drehen zerbrochene Zugprobe (Flächen extern geschliffen, Vanadium-Folie).

Zusammenfassend lässt sich sagen, dass die Diffusionsschweißung von Wolfram mit Wolfram mithilfe einer Vanadium-Zwischenschicht prinzipiell möglich ist, jedoch beträchtliche Präzision bzgl. der Planparallelität der

Oberflächen erfordert. Auch zeigte sich, dass die Vanadiumschicht mit einer Dicke von 20 µm zu einem fragilen Ergebnis führt.

5.5.3 Fügen von Wolfram mit EUROFER97 mittels gradierter Zwischenschichten

Mit dem eingangs genannten Parametersatz (800 °C, 60 MPa und 2 h) wurden Diffusionsschweißexperimente mit gradierten Schichten zum Fügen von EUROFER97- mit Wolfram-Zylindern durchgeführt. Je nach Notwendigkeit wurde die wolframseitige Fügung mithilfe einer zusätzlichen Vanadium-Zwischenschicht realisiert. Die Ergebnisse der in Abb. 5.39 gezeigten Proben werden in den folgenden drei Abschnitten beschrieben. Dabei wurde der Durchmesser der gefügten Zylinder zunächst auf 12 mm durch Drahterodieren/Drehen reduziert und in einem zweiten Bearbeitungsschritt zu Rohren mit 1 mm Wandstärke zugeschnitten. Die Rohrgeometrie entspricht im Wesentlichen der angestrebten Endgeometrie des Fingerhuts, beinhaltet also die relevanten Belastungen für die Wolfram/EUROFER97-Verbindung. Ziel ist es, bei den abschließenden Thermozyklierversuchen die realen Belastungen der Divertorkomponente möglichst genau nachzuahmen. Das Rohrinnere diente jeweils zur Anfertigung von Querschliffen.

**Abb. 5.39: Gedrehte/drahterodierte Rohre mit 1 mm Wandstärke und 12 mm Außendurchmesser aus den bei 800 °C diffusionsgeschweißten Proben - von links nach rechts:
WL10 - ungradierte Magnetron-gesputterte Schicht (7 µm) - EUROFER97, WL10 - gradierte Magnetron-gesputterte Schicht (15 µm) - EUROFER97, WL10 - Vanadiumfolie (20 µm) - gradierte VPS-Schicht (1 mm) - EUROFER97, WL10 - Vanadiumscheibe (1 mm) - gradierte VPS-Schicht (1 mm) - EUROFER97, W - Vanadiumfolie (20 µm) - gradierte RSUHP-Schicht - EUROFER97, W - Vanadiumscheibe (1 mm) - gradierte RSUHP-Schicht - EUROFER97, WL10 - EUROFER97, WL10 - Vanadiumscheibe (1 mm) - EUROFER97.**

5.5.3.1 Ergebnisse bzgl. der gesputterten Schichten

Die auf WL10 gesputterten Schichten wurden mit EUROFER97-Zylindern verschweißt. Abb. 5.40 zeigt Querschliffe der Schweißnähte mit der ungradierten Schicht (40 At.-% Wolframgehalt) und der vierstufig gradierten Schicht. Während die ungradierte Schicht vermehrt Risse aufweist, sowohl senkrecht als auch waagrecht zur Substratoberfläche, sind im Fall der gradierten Schicht nur sehr selten senkrechte Risse zu erkennen. Zur weiteren Charakterisierung wurden der Elastizitätsmodul und die Berkovich-Härte vertikal zur Schweißnaht gemessen (Abb. 5.42). Die Nanoindentation der geschweißten Sputterschicht spiegelt tendenziell die Ergebnisse der Analysen der einzelnen ungradierten Schichten (siehe Abb. 5.5) wieder. Eine Differenzierung der einzelnen Lagen der gradierten Zwischenschicht ist jedoch, selbst bei der gewählten geringen Eindringtiefe von 200 µm, nicht möglich.

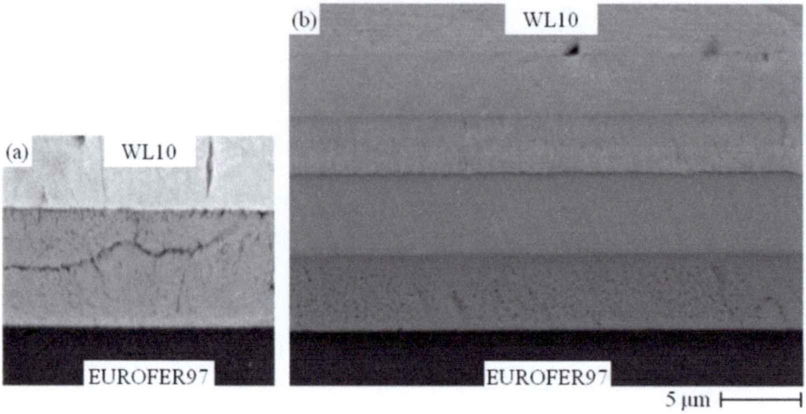

Abb. 5.40: Schliffbild der Diffusionsschweißung von EUROFER97 mit einer (a) ungradierten (40 At.-% W) und (b) vierstufig gradierten Magnetron-gesputterten Schicht.

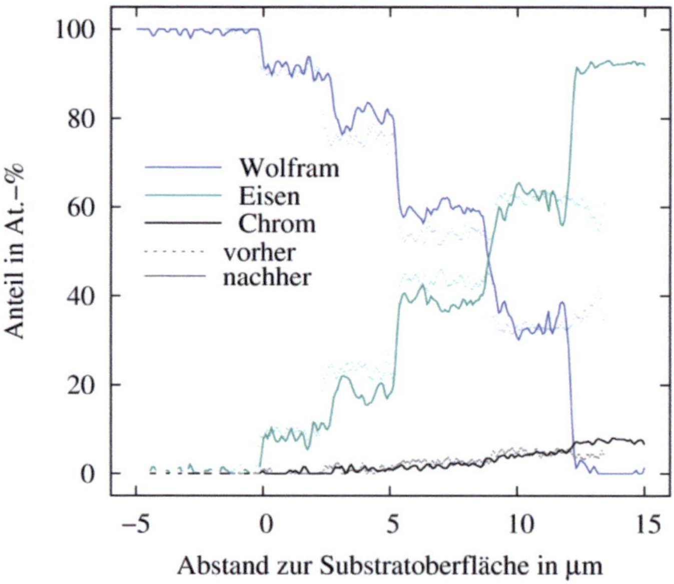

Abb. 5.41: Mittels AES-Analyse ermitteltet chem. Konzentration der Elemente der diffusionsgeschweißten vierstufig gradierten gesputterten Schicht (vor und nach der Schweißung).

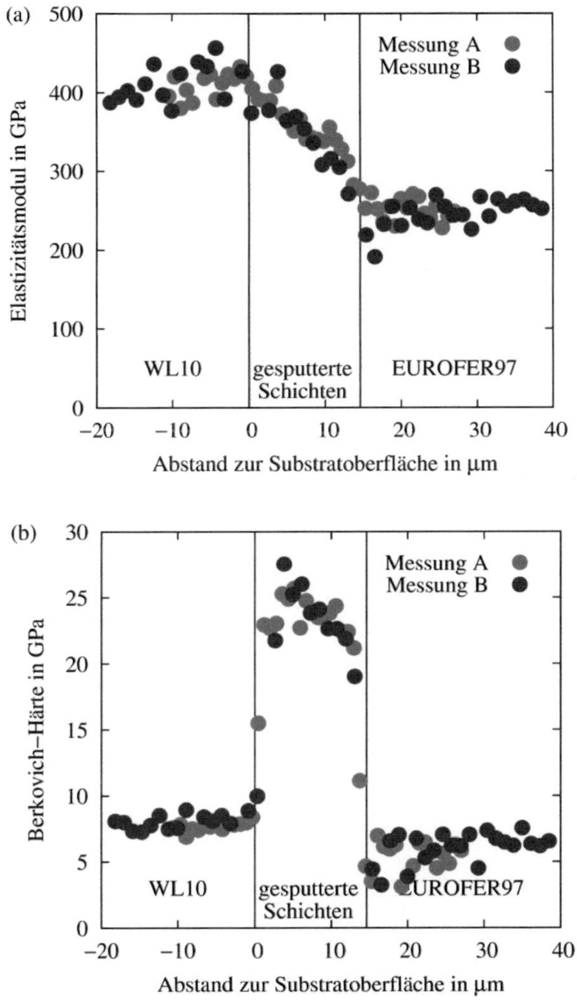

Abb. 5.42: (a) Elastizitätsmodul und (b) Berkovich-Härte der diffusionsgeschweißten vierstufig gradierten gesputterten Schicht mit EUROFER97.

Eine wesentliche Veränderung der chemischen Zusammensetzung der Elemente in den Schichten durch Diffusionsprozesse beim Schweißen konnte anhand der AES-Analyse (Abb. 5.41) nicht festgestellt werden. Ein Vorteil der AES- gegenüber der EDX-Analyse ist es, zusätzlich leichte Elemente

(O, Ar, C, usw.) detektieren zu können. In diesem Fall, war die präzise Bestimmung der Argon-Konzentration jedoch nicht möglich, da die Augerelektronen von Wolfram und Argon nahezu deckungsgleiche Energien aufweisen. Mit Gewissheit ausschließen lässt sich jedoch eine erhöhte Sauerstoff- bzw. Kohlenstoff-Konzentration infolge einer entsprechenden Phasenbildung.

5.5.3.2 Ergebnisse bzgl. der plasmagespritzten Schichten

Von hoher Güte erweisen sich die diffusionsgeschweißten thermisch gespritzten Schichten bei der REM-Analyse. Dabei offenbarten sowohl die Variante mit einer 1 mm dicken Vanadiumscheibe (Abb. 5.43) als auch mit einer 20 µm dünnen Vanadiumfolie (Abb. 5.44) keinerlei Rissbildung. Zur Präparierung der Diffusionsschweißung bei 800 °C wurden die zu fügenden Oberflächen, wie in Kapitel 4.14.1 beschrieben, mit dem Drehteller poliert.

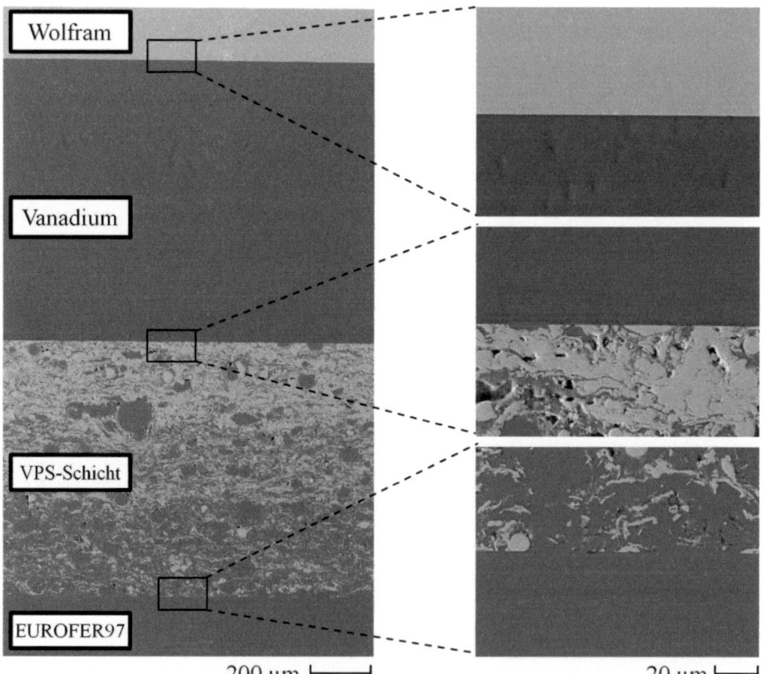

Abb. 5.43: REM-Aufnahme einer diffusionsgeschweißten VPS-Schicht zu Wolfram, Vanadium und EUROFER97.

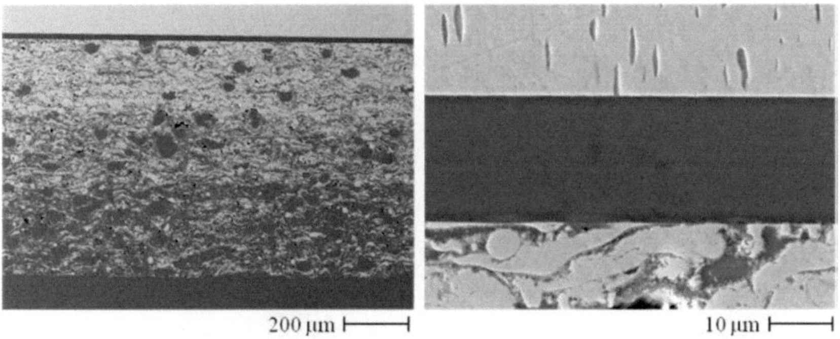

Abb. 5.44: Querschliff einer diffusionsgeschweißten VPS-Schicht zu Wolfram und EUROFER97 mithilfe einer 20 µm dünnen Vanadium-Folie.

5.5.3.3 Ergebnisse bzgl. der gesinterten Schichten

Drei Varianten mit gradierten Proben, die mit dem RSUHP-Verfahren hergestellt wurden, sind in Diffusionsschweißexperimenten mit Wolfram- bzw. EUROFER97-Zylindern (Ø=15 mm) getestet worden. Zwei Varianten basieren auf je einer 1 mm dicken Vanadiumscheibe und eine auf einer 20 Mikrometer dicken Vanadiumfolie, die zur wolframseitigen Verbindung erforderlich sind. Alle drei Varianten versagten jedoch bereits beim Drehen bzw. Drahterodieren. Die beiden erstgenannten Varianten versagten beim Übergang von EUROFER97 zur gesinterten Schicht und die Schwachstelle der letztgenannten Variante ist die Vanadiumfolie. Die Bruchflächen sind in Abb. 5.45 dargestellt. Bei Betrachtung der W/V-Bruchfläche (Abb. 5.45 (a)) ist zu erkennen, dass sich stellenweise Körner vom Wolfram gelöst haben und am Vanadium haften. Die EUROFER97-seitige Bruchfläche (Abb. 5.45 (b)) präsentiert sich, abgesehen von sehr seltenen Stellen, nahezu wie die unverbundenen Ausgangsoberflächen.

Die Ursache für das vanadiumseitige Versagen kann, ebenso wie die Problematik der Fügung zweier Wolframzylinder (Kapitel 5.5.2), der verminderte Anpressdruck sein. Naheliegend ist die Vermutung, dass die gesinterte Schicht kaum bis kein Kriechen aufweist, sodass diese entsprechend der Wölbung durch das Polieren elastisch gebogen wird.

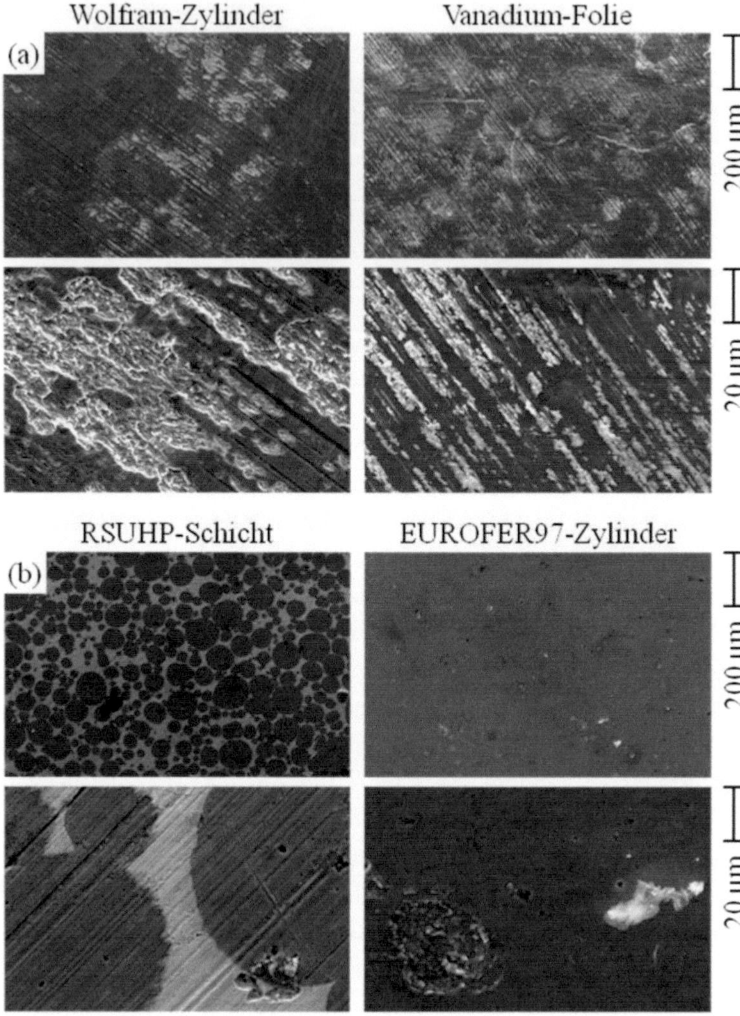

Abb. 5.45: REM-Aufnahmen der Bruchflächen der diffusionsgeschweißten gradierten RSUHP-Schichten: (a) Wolfram / Vanadium-Folie (*d*=20 µm) und (b) RSUHP-Schicht / EUROFER97.

5.6 Thermozyklierung

Zur Überprüfung der Belastbarkeit der hergestellten Wolfram/EUROFER97-Materialien bzgl. thermischer Zyklierung wurden diese im Vakuumofen abwechselnd auf 650 °C aufgeheizt und wieder auf Raumtemperatur abgekühlt. Mit zehn angewandten Zyklen ist der realisierte Versuch zwar zu kurz für aussagekräftige Ergebnisse bzgl. der angestrebten Lebensdauer von 1000 therm. Zyklen, dennoch sind einige Erkenntnisse bereits hierbei ersichtlich. Der Temperaturverlauf eines jeden Zyklus ist in Abb. 5.46 dargestellt. Untersucht wurden die freistehenden gradierten Schichten sowie die in Abb. 5.39 gezeigten gefügten Rohre. Den Thermozyklierversuchen der nicht-geschweißten Proben ist stets eine Wärmebehandlung bei 800 °C für 2 h im Vakuum vorgeschaltet, die sozusagen stellvertretend für die Diffusionsschweißung bei selbiger Temperatur steht. Ebenso wie bei der Analyse der Schweißverbindungen, beläuft sich auch hierbei die Bewertung der Materialschädigung auf die Identifizierung von Rissen mit dem REM.

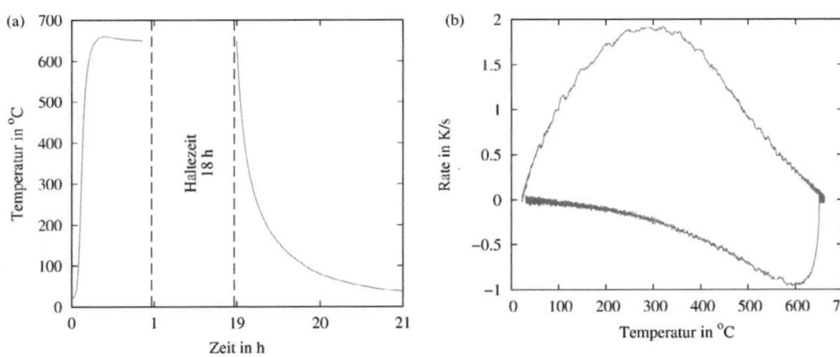

Abb. 5.46: (a) Temperatur über die Zeit und (b) Heiz- bzw. Abkühlrate eines Zyklus.

5.6.1 Freistehende gradierten Schichten

Die thermisch zyklierten VPS- und RSUHP-Proben wiesen nach dem Zyklierversuch keinerlei Besonderheiten auf. Es konnte keine Rissbildung in den VPS-Schichten festgestellt werden (Abb. 5.47 (b)). Das gesinterte Material (Abb. 5.47 (c)) zeigt lediglich Mikrorisse, die ohnehin in Bereichen mit hoher Wolframkonzentration durch die Wärmebehandlung bei 800 °C entstehen (siehe Abb. 5.19 (d)). Anders sieht die Situation der thermozyklierten Sputterschichten aus. In Abb. 5.47 (a) ist die vierstufig gradierte Schicht dargestellt, welche in regelmäßigen Abständen von 20-60 µm vertikale Risse enthält. Es bleibt jedoch offen, ob die Ursache die erste Wärmebehandlung bei 800 °C oder die 10 therm. Zyklen sind. Nichtsdestotrotz wirkt sich die Gradierung positiv aus. Zum Vergleich: Die Wärmebehandlung bei 760 °C der gesputterten reinen EUROFER97-Schicht führt zur vollständigen Delamination vom Substrat.

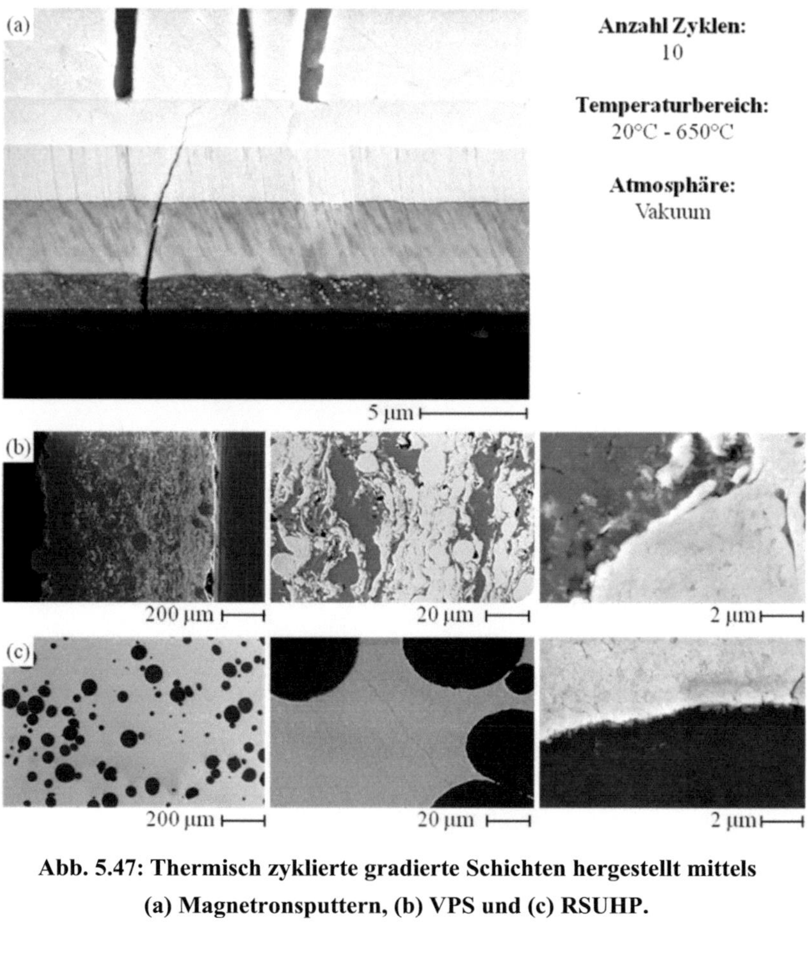

Abb. 5.47: Thermisch zyklierte gradierte Schichten hergestellt mittels (a) Magnetronsputtern, (b) VPS und (c) RSUHP.

5.6.2 Diffusionsgeschweißte Rohre

Die in Kapitel 2.6.1.2 abgeschätzte Lebensdauer für sehr dünne bzw. gar ungradierte Wolfram /EUROFER97-Verbindungen beträgt weniger als 10 Zyklen. Jedoch wurden für die Abschätzung scharfe Design-Kriterien berücksichtigt. So zeigt sich im Experiment, dass alle getesteten diffusionsgeschweißte Proben den hier durchgeführten Thermozyklierversuch mit 10 Zyklen nahezu unbeschadet überstehen. Selbst die direkte Wolfram/EUROFER97-Verbindung zeigte, sofern mit dem REM ersichtlich, keine Veränderung. Dies ist ein Hinweis, dass die niedrige Schweißtemperatur von 800 °C, welche die Austenit-Phasenbildung von EUROFER97 bei $T > 800$ °C vermeidet und therm. induzierte Spannungen beim Abkühlen reduziert, sich sehr positiv auswirkt.

Die Schwachstelle aller getesteten Fügevarianten ist jedoch die Übliche: die Schweißnaht. Abb. 5.48 und Abb. 5.49 zeigen unter anderem die Randbereiche der Schweißnähte, welche zur Innen- bzw. zur Außenseite der Rohre gehören. Zu erkennen sind ca. 10 bis 100 µm lange Risse, die von der Schweißnaht ausgehen und in den meisten Fällen entlang der Schweißnaht ins Probeninnere verlaufen. Hier stellt sich die Frage, ob Risswachstum bei weiterer therm. Zyklierung einsetzt. Zukünftige Zyklierversuche mit einer um eins/zwei Größenordnungen größeren Zyklenanzahl könnten letztlich Klarheit schaffen, welche Fügevariante die Beste ist.

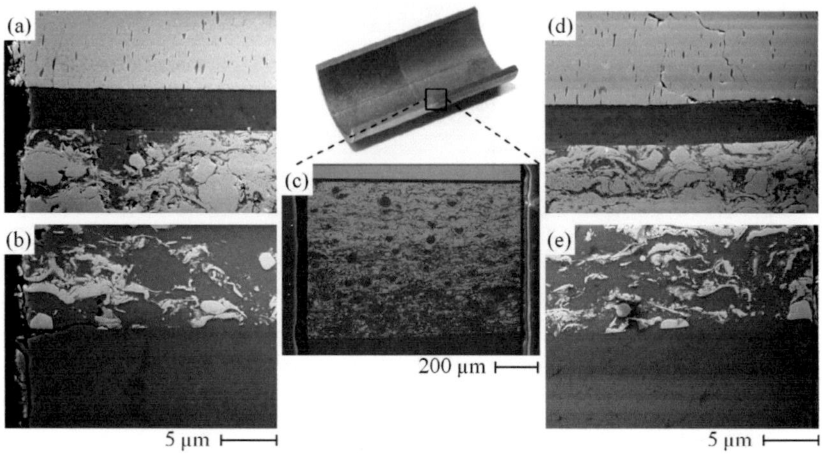

Abb. 5.48: Querschliffe der thermisch zyklierten Rohre mit VPS-Zwischenschicht: (a)/(b) Innenseite, (c) Gesamtansicht und (d)/(e) Außenseite.

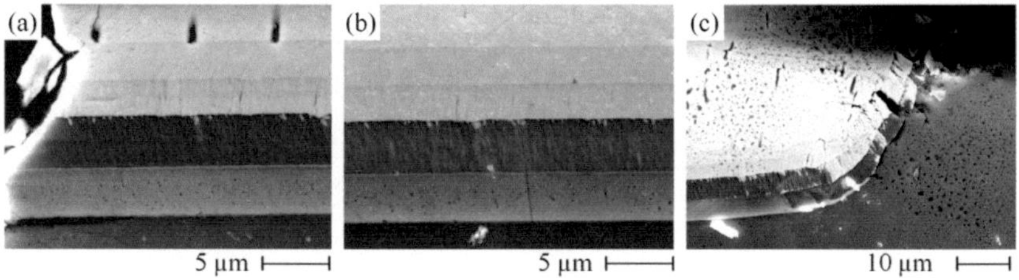

Abb. 5.49: Querschliff der thermisch zyklierten Rohre mit gesputterter Zwischenschicht: (a) Innen, (b) Mitte und (c) Außen (Verformung durch Kriechen beim Diffusionsschweißen).

6 Zusammenfassung

Ziel dieser Arbeit ist die Entwicklung und Optimierung einer gradierten EUROFER97/Wolfram-Verbindung für heliumgekühlte Divertorkomponenten in zukünftigen Fusionsreaktoren. Die hierbei berücksichtigte Geometrie der zu fügenden Bauteile ist im Wesentlichen eine WL10-Kappe und ein EUROFER97-Rohr mit 13 mm Innen- und 15 mm Außendurchmesser.

Eine theoretische Betrachtung und Bewertung des Einsatzes einer gradierten Übergangsverbindung zwischen EUROFER97 und Wolfram ist mithilfe von viskoplastischen FEM-Simulationen durchgeführt worden. Die dabei angenommenen Materialeigenschaften (Tab. 2.3 & Tab. 2.5) entsprechen experimentell ermittelten Werten und wurden für den Übergang gemäß dem Gradierungsniveau linear interpoliert. Simuliert wurden der Fertigungs- und Fügeprozess durch ein Abkühlen des spannungsfreien Zustands von 1000 °C auf 0 °C und die darauf folgenden Operationszyklen eines Tokamak-Fusionsreaktors durch thermische Zyklierung von 0 °C auf 650 °C. Für eine lineare Gradierung tritt beim Abkühlen die größte Spannung entlang einer Kreislinie auf, welche Schnittmenge der Außenwand und der Grenzfläche zwischen Wolfram und gradierter Schicht ist (Abb. 2.11). Die größte Dehnung befindet sich entlang der Grenzfläche zwischen EUROFER97 und gradierter Schicht (Abb. 2.12). Qualitativ betrachtet, bewirkt die Thermozyklierung mit 100 Zyklen im Falle einer 2 mm dicken linearen Gradierung eine maximale äquivalente inelastische Dehnung, die im Vergleich zur direkten Verbindung um zwei Größenordnungen geringer ist (Abb. 2.15).

Neben der bloßen Betrachtung der auftretenden Dehnungen und Spannungen wurden diese mithilfe von experimentell bestimmten Ermüdungs- und Zeitstandskurven von EUROFER97 und Wolfram umgerechnet in die Anzahl erlaubter Zyklen. Sofern vorhanden, fanden dabei auch Design-Kriterien Anwendung. Das Ergebnis dieser Analyse zeigt unter anderem, dass die Kriechschädigung im EUROFER97-Bereich gravierender als Ermüdung ist. Ein Vergleich mit einem ODS-EUROFER-Prototyp erbrachte keine eindeutige Klärung bzgl. einer Überlegenheit zu EUROFER97. Zwar steigert die Oxiddispersionshärtung im erheblichen Maße die Kriechbeständigkeit bei 650 °C, doch wirkt sich dies im hier vorliegenden dehnungsgesteuertem Fall nicht generell positiv aus.

Im Wolframbereich vermag gerade beim Abkühlen auf Raumtemperatur ein anderer Versagensmechanismus von Bedeutung sein. Während die meisten Stähle, insbesondere EUROFER97, bei RT duktil sind, versagt Wolfram vornehmlich durch Sprödbruch. Der Postprozessor STAU wurde für die Berechnung von Versagenswahrscheinlichkeiten im Wolframbereich der Komponente benutzt. Analysiert wurde der Einfluss der Anfangstemperatur sowie der Dicke und der Neigung der gradierten Schicht.

Auf experimenteller Ebene wurden vier Herstellungsmethoden auf die Eignung zur Herstellung gradierter Wolfram/EUROFER97-Schichten erprobt. Im Einzelnen sind dies Vakuum-Plasmaspritzen, Magnetronsputtern, Widerstandssintern unter ultrahohem Druck und Explosivverdichten. Die durchgeführten Experimente bewiesen die prinzipielle Machbarkeit, gradierte Wolfram/EUROFER97-Schichten herzustellen. Die Schichtdicke variiert dabei je nach Herstellungsmethode zwischen 15 µm (PVD) und mehreren Millimetern (RSUHP). Produziert wurden Proben, deren Wolframvolumenanteil von ca. 20 bis 80 Prozent reicht. Nach ausreichender Parameteroptimierung könnte gewiss mit jedem der vier erprobten Herstellungsverfahren eine volle Gradierung von 0 bis 100 Prozent erzielt werden.

Ungradierte Magnetron-gesputterte Schichten mit einem Wolframanteil von 34 bis 87 At.-% weisen eine amorphe bzw. nanokristalline Struktur mit länglichen Körnern, die senkrecht zur Substratoberfläche stehen, auf. Dies belegen die durchgeführten XRD- und TEM-Analysen. Extrem hohe Berkovich-Härtewerte von 14 bis 27 GPa deuten neben Korngrößen im Nanometerbereich auch auf sehr hohe Versetzungsdichten hin. Die Phasen FeW, Fe_2W und Fe_7W_6 konnten anhand des Röntgendiffraktometriespektrum nicht identifiziert werden. Klar erkennbar waren die jeweiligen α-Phasen von Eisen und Wolfram sowie bei streifendem Einfall die β-Phase von Wolfram. Die realisierte gradierte Schicht mit einer Gesamtdicke von 15 µm besteht, bedingt aus der zur Verfügung stehenden Sputter-Anlage, aus vier übereinander abgeschiedenen Einzelschichten. Eine stufenlose

Gradierung könnte aus materialwissenschaftlicher Sicht aber problemlos hergestellt werden, was zumindest für den Verlauf des therm. Ausdehnungskoeffizienten dem Idealfall entspräche.

VPS eignet sich zur Abscheidung von Wolfram/EUROFER97-Kompositen auf WL10-Substraten. Experimentell konnte eine Porosität von < 4 % bei einer Schichtdicke von 1 mm und einer Konzentrationsbandbreite von 0 bis 80 Vol.-% Wolfram erzielt werden. Auch wenn noch Steigerungspotential bei weiterer Prozessparameteroptimierung vorhanden ist, kommt dies den Anforderungen der gradierten Schicht, die sich anhand der FEM-Simulationen ergeben, sehr nahe. Die Abscheidung beim thermischen Spritzen geschieht lagenweise. Dennoch sind die einzelnen ~30 µm dicken Lagen im späteren Querschnitt der Gesamtschicht nicht mehr zu erkennen (ausgenommen 1. und 2. Charge). Intermetallische Phasen konnten sowohl anhand des XRD-Spektrums als den REM-Aufnahmen nicht festgestellt werden, da die Abkühlung durch die Bewegung des Fokus der Plasmakanone sehr rasch erfolgt. Die gemessenen Brinell-Härten der ungradierten Schichten siedeln sich zwischen den EUROFER97- und Wolfram-Referenzwerten an, leicht unterhalb einer linearen Interpolation in Abhängigkeit der Wolframkonzentration.

Das RSUHP-Verfahren gestattet die gleichzeitige Sinterung von Wolfram und EUROFER97 bei einer Sinterzeit von 60 s. Als besonders geeignet erwies sich ein Volumenmischungsverhältnis von 20 bis 80 %, wohingegen die reinen Wolfram- bzw. EUROFER97-Proben extrem spröde waren oder gar makroskopische Risse enthielten. Die Werkstoffart entspricht einem Metallmatrix-Verbundwerkstoff, wobei Wolfram die Matrix und EUROFER97 die sphärischen Partikel sind. Die Berkovich-Härte ist mit 7,5 GPa für die EUROFER97-Partikel und mit ~9 GPa für die Wolframmatrix bestimmt worden. Nach einer Wärmebehandlung bei 760 °C für 90 min senkt sich die Härte der EUROFER97-Partikel auf den Referenzwert. Die gemessene Brinell-Härte nach der Wärmebehandlung zeigt eine klare Korrelation zum Wolframgehalt. Abgesehen von der ersten Charge gradierter Proben, konnte auch hier anhand der REM-Analysen keine intermetallischen Phasen festgestellt werden.

Das vierte geprüfte Verfahren, Explosivverdichten, erbrachte nach derzeitigem Kenntnisstand Partikelkomposite von reinem EUROFER97 bis hin zu 60 Vol.-% Wolframanteil. Um jedoch das wirkliche Potenzial dieser Herstellungsmethode auszuloten, ist erheblich mehr Aufwand erforderlich, als im Rahmen dieser Arbeit verwirklicht werden konnte. Laut Literatur ist es mit den entsprechenden apparativen Aufbauten möglich, Wolframpulver detonativ zu Presslingen mit mehreren Millimetern Ausmaß zu kompaktieren.

Einstündige Wärmebehandlungen in Vakuum bei 800 °C, 900 °C, 1000 °C und 1100 °C offenbarten die Temperaturobergrenze für Wolfram/Eisen-Komposite. Ab einer Temperatur von 900 °C tritt für die betrachtete Dauer (1 h) an den Grenzflächen die Bildung der intermetallischen Phase Fe_2W ein. Zur Vermeidung dieser Phase muss die Fügung unterhalb von 900 °C geschehen. Diese Einschränkung schließt bereits einige Lote, die üblicherweise zum Fügen von Wolframbauteilen eingesetzt werden, aus. Darüber hinaus gilt der Grundsatz, je niedriger die Fügetemperatur, desto geringer die auftretenden therm. induzierten Spannungen.

Als praktikable Fügemethode, die der Temperatureinschränkung gerecht wird, wurde Diffusionsschweißen identifiziert. Versuche bei 800 °C, einem Druck von 60 MPa und einer Schweißdauer von 2 h belegten die Machbarkeit, EUROFER97 mit EUROFER97 bzw. Wolfram mit Wolfram zu verbinden. Letztere Varianten erfordert jedoch die Einbringung einer Zwischenschicht mit einem ähnlichen therm. Ausdehnungskoeffizienten wie Wolfram, da die Selbstdiffusion von Wolfram bei dieser Temperatur unbedeutend gering ist. Aufgrund vorhandener Erfahrung mit Vanadium wurde dieses Element für diesen Zweck gewählt. Bei glatt polierten Flächen, die miteinander verschweißt werden, ergibt sich für EUROFER97 eine Zugfestigkeit bei RT von 506 MPa und für Wolfram eine von 369 MPa. Die Kerbschlagzähigkeiten sind jedoch erheblich geringer als die Referenzwerte der jeweiligen Vollmaterialien.

Basierend auf den Erkenntnissen der Diffusionsschweißexperimente der reinen Materialien wurden Schweißungen mit gradierten Schichten durchgeführt und charakterisiert. Erfolgreich war das Fügen mit gradierten Magnetron-gesputterten Schichten und mit gradierten VPS-Schichten. Letztere erforderten wegen der zu geringen Haftung zum Substrat eine Vanadium-Zwischenschicht. Die gefügten gradierten RSUHP-Komposite versagten hingegen entweder an der Vanadiumfolie oder an der Schweißnaht zum EUROFER97 hin.

Thermozyklierversuche zwischen RT und 650 °C mit einer Zyklenzahl von 10 bestätigten die Widerstandsfähigkeit von ungradiertem, gradiertem und gefügtem Probenmaterial.

7 Diskussion

In diesem Kapitel werden die in der vorliegenden Arbeit gewonnen Erkenntnisse über die Eigenschaften gradierter Wolfram/EUROFER97-Übergänge in einem kritischen Vergleich mit anderen Lösungsansätzen diskutiert. Dies ist eine frühe und keinesfalls abschließende Bewertung der hier erprobten Herstellungsverfahren.

Um den Vergleich mit Alternativen in größerem Umfang abzudecken sei zunächst ein kurzer Blick auf die Möglichkeiten beim Fügen von Wolframkarbid mit Stahl geworfen. In der Bohrkopf- bzw. Schneidwerkindustrie werden bereits seit vielen Jahrzenten Kobalt-Wolframkarbid-Legierungen mit Stahl verbunden. Die grundlegende Problemstellung (therm. induzierte Spannungen) ist die gleiche wie beim Wolfram/EUROFER97-System. Eine Möglichkeit diese Spannungen zu umgehen ist die Verwendung von mechanischen Verbindungen, wie z. B. Klemm-, Schraub-, Schrumpf-Verbindung [173]. Diese Techniken stehen allerdings bei der Konstruktion der hier betrachteten Divertorkomponente nicht zur Verfügung, da sie keine heliumdichte Verbindung gestatten. Die andere weit verbreite Füge-Alternative ist Löten. Hierfür steht je nach Bauteilgeometrie und spezifischer Wolframkarbid-Legierung eine breite Palette an Loten, bestehend aus Kupfer, Silber, Zink, Palladium, Gold, Cadmium, Nickel, Mangan und/oder Kobalt, zur Verfügung. Die Schmelztemperatur dieser Lote reicht von 600 °C bis 1120 °C [174]. Dabei tragen eine ausreichende Plastizität und Dicke des Lotes entscheidend zum Erfolg der Verbindung bei [174]. Sind diese zu gering, versagt die Verbindung durch Rissbildung im Lot bzw. Wolfram. Des Weiteren handelt es sich bei der Konstruktion von Wolframkarbidwerkzeugen meistens um einfache Verbindungsgeometrien, die lediglich geringe Scherkräfte während des Betriebs aufweisen. Vorausgegangene Lötversuche von WL10 mit EUROFER97 bei 1180 °C mit nickelbasierten Loten führten in der hier erforderlichen Bauteilgeometrie zu keinem zufriedenstellenden Ergebnis [18]. Darüber hinaus gilt es zum Zwecke einer unproblematischen Entsorgung des neutronenbestrahlten Materials die leicht aktivierbaren Elemente wie z. B. Nb, Mo, Ni, Cu, Al, Si und Co zu vermeiden [175][176]. Der Einsatz von silber- bzw. kupferbasierten Loten wäre allenfalls ein Kompromiss, der aufgrund der geringen relativen Masse des Lotmaterials zum Gesamtbauteil in Betracht gezogen werden könnte.

Im Folgenden werden deshalb lediglich die Varianten, die ohne leicht aktivierbare Elemente auskommen, weiter beleuchtet. Die einfachste Variante repräsentiert dabei die direkte Verbindung zwischen Wolfram und EUROFER97. Diffusionsschweißen beider Materialien bei 1050 °C resultiert zwar direkt nach dem Schweißvorgang zu einer sehr stabilen Verbindung, die jedoch nach der zwingend erforderlichen anschließenden Wärmebehandlung von EUROFER97 bei 970 °C bzw. 760 °C (siehe Kapitel 1.4.3) kein adäquates Endresultat ergibt [73]. Eine erhebliche Verbesserung könnte jedoch eine Schweißung bei lediglich 800 °C (siehe Abb. 5.39) erbringen, da hierdurch die thermisch induzierten Spannungen geringer ausfallen als auch die Austenitisierung von EUROFER97 unterbunden wird. Obgleich diese Schweißung im Experiment gelingt, so sind in theoretischer Hinsicht extrem hohe Dehnungen zu verzeichnen (siehe Abb. 2.16), die bei einer Bewertung der Lebensdauer intolerabel sind.

Dies lässt die Schlussfolgerung zu, dass eine Zwischenschicht zwingend erforderlich ist. Unter Berücksichtigung der Aktivierbarkeit und einem thermischen Ausdehnungskoeffizienten, der zwischen Wolfram und EUROFER97 liegt, sind Vanadium, Niob und Tantal denkbare Kandidaten. Während der Einsatz einer Vanadiumzwischenschicht für die Schweißung der thermisch gespritzten bzw. gesinterten Proben in dieser Arbeit ein unbeabsichtigter Zwischenschritt ist, wird in einer parallelen Arbeit [169] das Fügen von Wolfram und EUROFER97 mittels Diffusionsschweißen mit lediglich dieser V-Zwischenschicht untersucht. Da Vanadium einen thermischen Ausdehnungskoeffizienten aufweist, der annähernd dem Mittelwert der zu fügenden Materialien aufweist, entspricht dieser Fall der „gelöteten" Variante (siehe Abb. 2.1) in den FEM-Simulationen. Die Ergebnisse in Abb. 2.16 zeigen, dass diese Variante bei entsprechender Dicke bereits eine erhebliche Reduzierung der inelastischen Dehnungen bewirken kann. Ein wesentlicher Nachteil dieses Ansatzes ist jedoch die Bildung von karbidischen V_2C-Phasen ab einer Temperatur von ca. 700 °C [169], welche bei der Fügung mit der Wolframseite einer gradierten Schicht nicht entstehen können.

Die FEM-Simulationen zeigen ein hohes Potential für linear gradierte Schichten auf. Auch die technische Umsetzbarkeit dieser Art Zwischenschichten konnte auf drei verschiedene Arten erfolg-reich demonstriert werden. Bei entsprechend gering gewählter Diffusionsschweißtemperatur (800 °C) werden die Schichten, sofern mit den hier verwendeten Methoden erkennbar, durch die Schweißung nicht modifiziert. Ebenso die Thermozyklierung mit 10 Zyklen verlief für zwei der drei Herstellungsverfahren vielversprechend. Das wahre Potential dieses Konzeptes gilt es jedoch noch aufzudecken. Zweifelsohne ist ein höherer Entwicklungsaufwand, der mit diesem Ansatz einhergeht, in Kauf zu nehmen: Dazu zählen die Komplexität des Systems (inhomogene Mikrostruktur, höhere Anzahl an Grenzflächen), die Prozessparameteroptimierung bei der Herstellung der gradierten Schicht, sowie ein tieferes Verständnis für Schädigungsmechanismen veranlasst durch den Sprung im thermischen Ausdehnungskoeffizienten auf mikromechanischer Ebene für thermische gespritzte und gesinterte Komposite. Zu guter Letzt hebt die Gradierung hauptsächlich die lokalen Spannungen am Übergang auf. Die Spannungen aufgrund der Radiusdifferenz können zwar vermindert, aber nicht gänzlich vermieden werden (siehe Abb. 2.26), sodass dieser Aspekt bei der Konstruktion und in der Geometrie des Fingerhutmoduls berücksichtigt werden muss.

Verbleibt nun die Frage, welches der getesteten Verfahren (Magnetronsputtern, Vakuum-Plasmaspritzen, Widerstandssintern und Explosivverdichten) die aussichtsreichten Ergebnisse erbrachte. Ein entscheidender Nachteil der gesinterten Proben kann in der Wolframmatrix, die den Haupteinfluss auf die mechanischen Eigenschaften hat, vermutet werden. Folglich offenbaren diese Komposite wenig bis keine plastische Verformung, so dass ihr Verhalten trotz hohen Stahlanteils nahezu dem von Wolfram gleich ist. Zwar gelang es, mittels Explosivverdichten eine invertierte Matrix/Partikel-Rollenverteilung zu erzeugen (siehe Abb. 5.33), jedoch erfordert dieses Verfahren einen erheblich höheren experimentellen Aufwand als hier realisierbar war. Magnetronsputtern entgeht zwar der Matrix/Partikel-Angelegenheit, da eine atomare Vermischung erreicht wird, hat aber bzgl. der Schichtdicke definitiv das Nachsehen. Eine Kombination aus verheißungsvoller Mikrostruktur und Schichtdicke stellen die thermisch gespritzten Schichten dar.

8 Ausblick

In theoretischer Hinsicht ist der Einsatz einer linear gradierten Übergangsverbindung zweifellos der direkten Wolfram/EUROFER97-Verbindung überlegen. Im Experiment gilt es jedoch noch einige Hürden zu überwinden. Diese seien im Folgenden zusammen mit möglichen Lösungswegen aufgelistet:

- Die Haftfestigkeit der VPS-Schichten auf dem WL10-Substrat könnte durch Variation der Substratoberflächenrauheit bzw. gezielter Bearbeitung durch Laserbestrahlung gesteigert werden. Dennoch bleibt offen, ob dieser Haftungsmechanismus, der im Wesentlichen auf mechanischer Verklammerung basiert, für den geplanten Einsatzzweck ausreichend ist. Womöglich ist eine chemische Verbindung hierfür zwingend erforderlich.

- Das gleichzeitige Sintern von Wolfram und Stahl ist gewiss eine anspruchsvolle Herausforderung. Dennoch könnte eine weitere Optimierung der Sinter-Parameter bzw. eine bessere Wahl der Ausgangspulver gerade die reinen EUROFER97- bzw. reinen Wolfram-Fabrikate bzgl. ihrer Bruchzähigkeit und Duktilität verbessern.
  Insbesondere die derzeitige Rollenverteilung von Matrix (Wolfram) und Partikel (EUROFER97) scheint sich als problematisch darzustellen, da sich das Komposit somit nahezu wie Wolfram verhält. Der umgekehrte Fall, ein Komposit, dessen duktile Stahl-Matrix harte Wolframpartikel beherbergt, könnte die Diffusionsschweißung ohne Rissbildung überstehen.

- Ein kontinuierlicher Übergang von 0 bis 100 % Wolfram könnte bei gesputterten Schichten die Bildung von Rissen unterbinden. Vorteil dieser Variante ist eine weitere Absenkung der thermisch induzierten Spannungen im Vergleich zur hier realisierten vierstufigen Schicht.

- Die Analyse der mikromechanischen Schädigung der gradierten Schichten sowie mithilfe derer gefügten Bauteile bei hoher Anzahl (~1000) thermischer Zyklen ist erforderlich, um deren Eignung für Tokamak-Fusionsreaktoren zu überprüfen.

- Alternative Elemente zu Vanadium mit einem therm. Ausdehnungskoeffizienten näher an Wolfram sollten in Betracht gezogen werden, um der Idee des stufenlosen Übergangs von α_{th} entlang der Wolfram/EUROFER97-Verbindung gerecht zu werden.

- Für optimale Ergebnisse der Diffusionsschweißung ist eine größer angelegte systematische Untersuchung der Schweißparameter (Temperatur, Druck, Dauer, Oberflächenbeschaffenheit) erforderlich. Darüber hinaus sollte untersucht werden inwiefern eine Variation der Bauteilgeometrie (Schweißung von Rohren statt Zylindern) den Eigenspannungszustand beeinflusst.

- Die Fertigung und der Test im geschlossenen Heliumgaskreislauf von Divertorkomponenten mit gradierten Wolfram/EUROFER97-Verbindungen würde das Konzept dieser Arbeit abschließend auf die Probe stellen.

- Die Anwendung gradierter W/Fe-Verbindungen beschränkt sich nicht nur auf den hier betrachteten Divertor. Denkbar ist deren Einsatz ebenfalls in plasmazugewandten Materialien, die gleichfalls aktiv gekühlt werden. Wolfram präsentiert sich aufgrund der geringen Erosionsrate als attraktiver Kandidat bei der Materialwahl, da somit das Plasma vor Verunreinigungen geschützt ist.

Anhang A: Abschätzung der ODS-EUROFER-Materialeigenschaften

Da die Entwicklung des oxiddispersionsgehärten Stahls ODS-EUROFER noch im Gange ist, stehen derzeit auch keine genauen experimentell überprüften Materialkennwerte zur Verfügung. Es ist jedoch davon auszugehen, dass einige Eigenschaften, wie dem Elastizitätsmodul und dem therm. Ausdehnungskoeffizient, im Vergleich zu EUROFER97 unverändert bleiben werden. Andere Eigenschaften hingegen, dies betrifft vor allem die Fließgrenze und die sekundäre Kriechgeschwindigkeit, werden definitiv größer bzw. geringer sein, da dies Sinn und Zweck der Dispersionshärtung ist. Basierend auf bisherigen experimentellen Ergebnissen von ODS-EUROFER-Prototypen werden die für die Simulation notwendigen Kriechparameter C^{ODS}, n^{ODS} (eingetragen in Tab. 2.5) und die Fließgrenze $R_m = R_p$ (eingetragen in Tab. 2.3) abgeschätzt.

Die hier verwendeten unpublizierten Daten [55] stammen von bei 980 °C/30 min und 750 °C/2 h wärmebehandelten ODS-EUROFER mit einem Y_2O_3-Anteil von 0,3 bzw. 0,5 Gew.-%. Getestet wurde Plattenmaterial (in transversaler Richtung) sowie Stabmaterial mit den Chargen-Bezeichnungen HXN954-4-3 und HXN958-3-3. In Abb. A.1 (a) sind die ermittelten $R_{p0,2}$-Streckgrenzen eingetragen. Auswirkungen auf die Ergebnisse bzgl. Kriechschädigung (siehe Kapitel 2.6.1.2) durch leichte Variation der Fließgrenze ergeben sich hauptsächlich für dünne gradierte Schichten, wie in Abb. A.1 (b) zu erkennen ist. Bei dicken gradierten Schichten liegen die Zugspannungen während der Haltezeit bei 650 °C deutlich unterhalb der Fließgrenze, weswegen deren Einfluss in diesem Fall sehr gering ist (Abb. A.1 (b)). Viel entscheidender für dicke gradierte Schichten sind die Kriechparameter. Die Kriecheigenschaften beeinflussen im erheblichen Maße die numerisch berechnete Lebensdauer der Wolfram/Stahl-Verbindung.

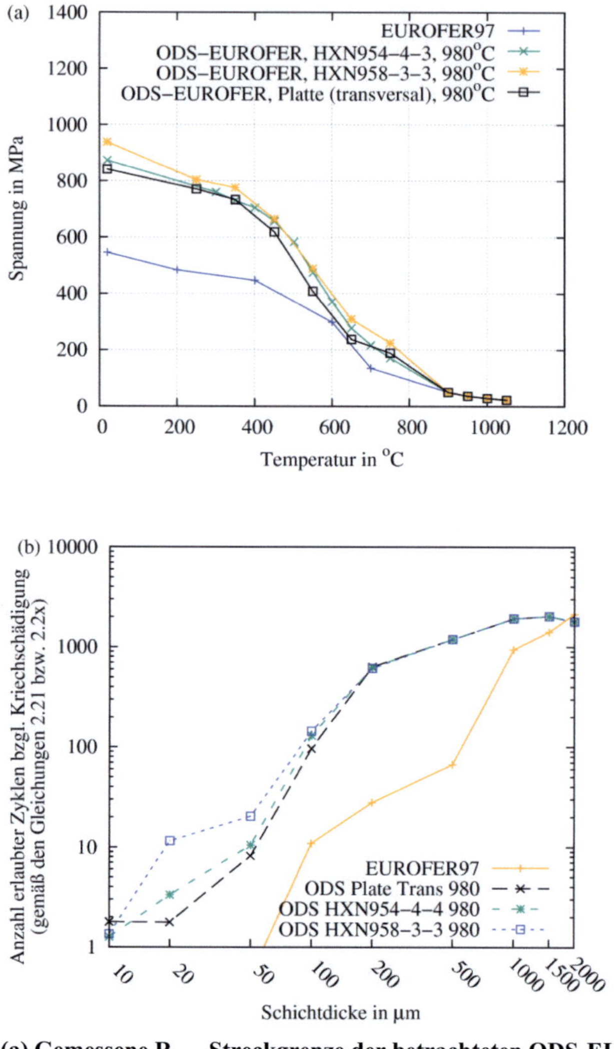

Abb. A.1: (a) Gemessene $R_{p0,2}$-Streckgrenze der betrachteten ODS-EUROFER-Prototypen [55]. (b) Anzahl erlaubter Zyklen bzgl. Kriechschädigung gemäß Mittelwert-Kriterium in Abhängigkeit der Streckgrenze.

Für die Ermittlung der beiden sekundären Kriechparameter C^{ODS} und n^{ODS} standen keine Messergebnisse zur direkten Verwendung zur Verfügung, sondern lediglich die Bruchzeiten bei verschiedenen Temperaturen (600 °C, 650 °C und 700 °C) und Spannungen (70 - 300 MPa). Die gemessenen Datenpunkte sind in Tab. A.1 aufgelistet. Die sekundären Kriechparameter können jedoch anhand der Fragestellung bei welcher Temperatur EUROFER97 so kriecht wie ODS-EUROFER bei 650 °C abgeschätzt werden. Mithilfe solch einer Äquivalenz-Temperatur $\theta_{äq}$, deren Wert zwischen 550 °C und 600 °C zu erwarten ist, können

$$C_{650°C}^{ODS} = 10^{\left(\frac{\lg(C_{600°C}^{EU97})-\lg(C_{550°C}^{EU97})}{600°C-550°C}(\theta_{äq}-550°C)+\lg(C_{550°C}^{EU97})\right)} \tag{A.1}$$

und

$$n_{650°C}^{ODS} = \frac{n_{600°C}^{EU97} - n_{550°C}^{EU97}}{600°C - 550°C}(\theta_{äq} - 550°C) + n_{550°C}^{EU97} \tag{A.2}$$

durch logarithmische bzw. lineare Interpolation abgeschätzt werden. Die Äquivalenz-Temperatur wurde bestimmt durch Anpassen der Zeitstandskurve

$$\sigma_r = 1{,}05049 \cdot P^2(\theta_{äq}, t_d) - 97{,}2822 \cdot P(\theta_{äq}, t_d) + 2067 \tag{A.3}$$

für EUROFER97 (Gleichung (2.34)) bei der Äquivalenz-Temperatur $\theta_{äq}$ an die Zeitstandskurve

$$\sigma_r = 2{,}1602 \cdot P^2(650, t_d) - 169{,}949 \cdot P(650, t_d) + 3323{,}63 \tag{A.4}$$

für ODS-EUROFER (Gleichung (2.38)) bei 650 °C. Die einheitenlosen Zeitstandskurven stellen jeweils den Zusammenhang zwischen Temperatur θ in °C, Bruchzeit t_d in Stunden und Spannung σ_r in MPa her. Die Temperaturen sind, wie soeben beschrieben, 650 °C und $\theta_{äq}$. Die Bruchzeit und Spannung werden gleichgesetzt, sodass zwei Gleichungen und drei Variablen vorliegen. Nun sind nicht mögliche Schnittpunkte gesucht, sondern ein Wert für $\theta_{äq}$, der beide Zeitstandskurven in einem relevanten Wertebereich zur Überlappung bringt. Prinzipiell wäre es einfacher, Gleichung (A.3) direkt an die Messdaten für ODS-EUROFER aus Tab. A.1 anzupassen. Doch leider liegen hierfür nur drei Datenpunkte bei 650 °C vor, sodass der Umweg über Gleichung (A.4) genommen wird, um alle neun Datenpunkte berücksichtigen zu können. Nun ist es nicht zielführend, eine quadratische Funktion (wobei nicht die drei Koeffizienten, sondern der Parameter $\theta_{äq}$ variiert wird) an eine andere quadratische Funktion über den gesamten Definitionsbereich anzupassen. Um eine ähnliche Gewichtung wie bei der Anpassung der Parameter von Gleichung (2.38) zu erhalten, wird Gleichung (A.3) vielmehr an den gleichen Spannungswerten wie die Messdatenpunkte angepasst. Die zu jedem Spannungswert gehörige Bruchzeit bei 650 °C für ODS-EUROFER wird mithilfe von Gleichung (A.4) errechnet. Der Rechnungsweg sei im Folgenden kurz erläutert. Die quadratische Ergänzung ermöglicht das Auflösen von (A.4) nach dem Larson-Miller-Parameter

$$P(650, t_d) = \frac{-(-169{,}949) \pm \sqrt{(-169{,}949)^2 - 4 \cdot 2{,}1602 \cdot (3323{,}63 - \sigma_r)}}{2 \cdot 2{,}1602}. \tag{A.5}$$

Physikalisch sinnvoll ist dabei nur die Subtraktion der Wurzel. Weiter kann nun die Bruchzeit für ODS-EUROFER durch Auflösen des Larson-Miller-Parameters nach t_d für eine gegebene Spannung σ_r und einer Temperatur von 650 °C berechnet werden:

$$t_d = 10^{\left(\frac{10^3 \cdot P(650, t_d)}{650+273} - 30\right)} \tag{A.6}$$

Tab. A.2 zeigt auf diesem Weg abgeleiteten Bruchzeiten. Ein Anpassen von Gleichung (A.3) an die Werte aus Tab. A.2 ergibt die Äquivalenz-Temperatur $\theta_{äq} = 584{,}121$ °C. In Abb. A.2 sind die Gleichungen (A.3) und (A.4), die Werte aus Tab. A.2 sowie die Design-, Mindestspannung- und Mittelwert-Kriterien für EUROFER97 (Gleichungen (2.33), (2.32) und (2.34)) jeweils für 550 °C und 650 °C eingezeichnet.

Versuch-Nr.	Temperatur in °C	Spannung in MPa	Bruchzeit in h	Larson-Miller-Parameter
ZSV2900	600	300	17	27,269
ZSV2892	600	250	167	28,136
ZSV2903	600	200	1559	28,983
ZSV2896	650	200	103	29,553
ZSV2913	650	150	635	30,282
ZSV2915	650	120	3000	30,905
ZSV2895	700	150	53	30,873
ZSV2893	700	120	369	31,693
ZSV2910	700	100	817	32,029
ZSV2914	700	70	3000	32,579

Tab. A.1: Ergebnisse der Zeitstandversuche mit ODS-EUROFER-Plattenmaterial (transversal, 980 °C/30 min, 750 °C/2 h) [55].

Temperatur in °C	Spannung in MPa σ_r	Bruchzeit in h gemäß (A.4) t_d
650	300	0,3
650	250	3
650	200	51
650	200	51
650	150	1087
650	120	8480
650	150	1087
650	120	8480
650	100	37846
650	70	462718

Tab. A.2: Ausgewählte Spannungswerte und nach Gleichung (A.4) abgeleitete Bruchzeiten für ODS-EUROFER.

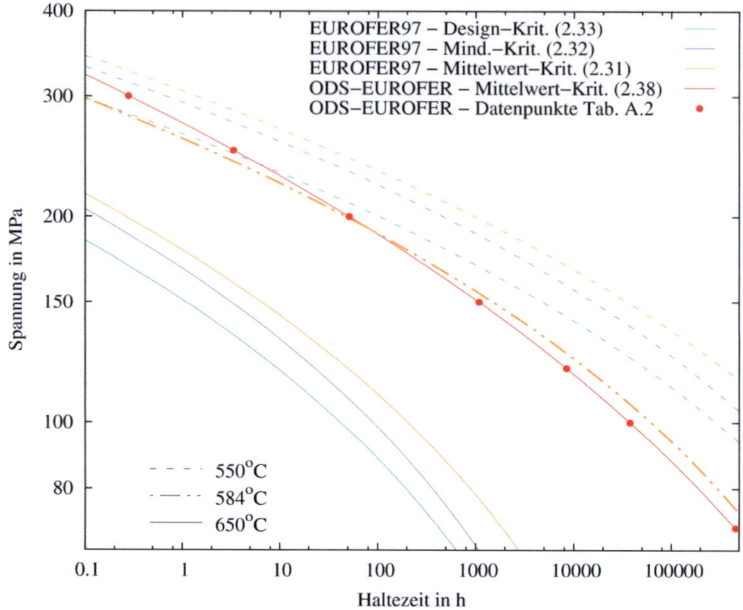

Abb. A.2: Zeitstanddiagramm mit Design-, Mindestspannung- und Mittelwert-Kriterium für EUROFER97 und Mittelwert-Kriterium für ODS-EUROFER.

Dieser Abschnitt behandelt abschließend die Abhängigkeit der Äquivalenz-Temperatur auf die Ergebnisse bzgl. Kriechschädigung (siehe Kapitel 2.6.1.2). Versuchsweise seien dazu leicht Veränderte Werte für $\theta_{äq}$ für die numerische Simulation angenommen (Abb. A.3). Die daraus resultierenden Ergebnisse sind in Abb. A.4 dargestellt.

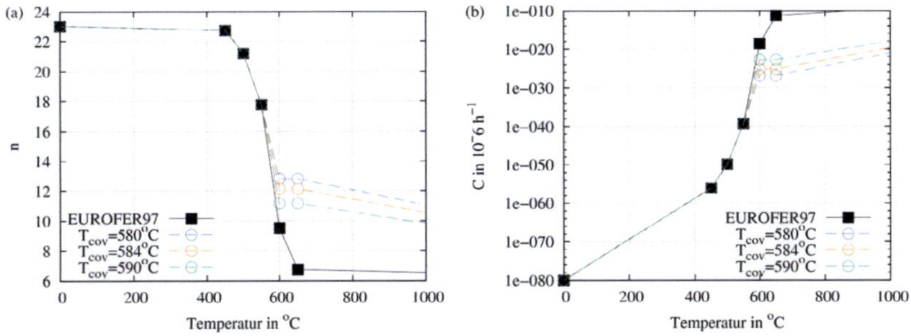

Abb. A.3: Sekundäre Kriechparameter bei Variation der Äquivalenz-Temperatur.

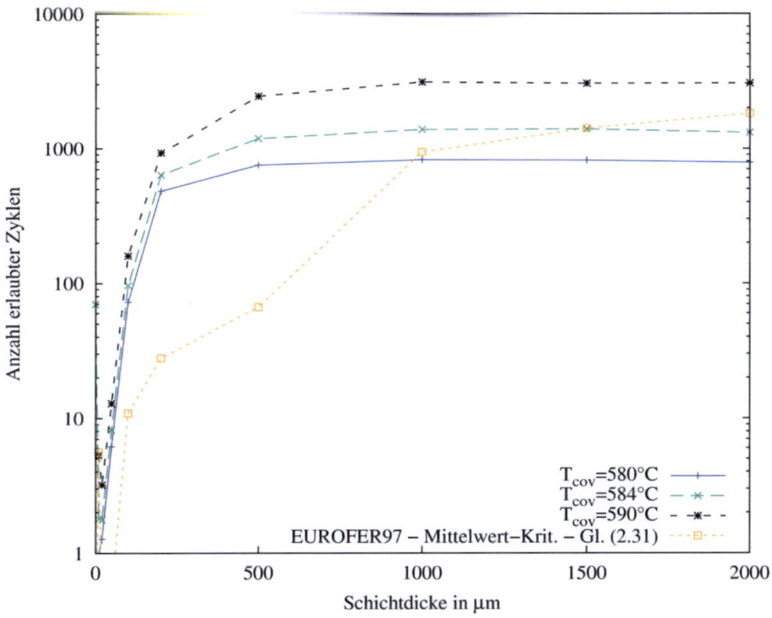

Abb. A.4: Anzahl erlaubter Zyklen bzgl. Kriechschädigung gemäß Mittelwert-Kriterium für verschiedene Äquivalenz-Temperaturen.

Anhang B: Erstellung des Gittermodells

Die verwendeten Gittermodelle der Divertorkomponente wurden mithilfe eines Skriptes in der Programmiersprache Python jeweils automatisch erzeugt. Dazu müssen lediglich skalare Parameter für jedes Gittermodell vorher festgelegt werden. Dies erleichtert nicht nur die Arbeit, da verschiedene Parameterkombinationen schnell ausprobiert werden können, sondern gewährt auch eine präzise Kontrolle bei der Gittergenerierung, da z. B. nicht versehentlich unsymmetrische Gitter entstehen können, wie dies der Fall wäre, wenn sämtliche Erzeugungsschritte per Mausklick getätigt würden.

Die Bezeichnung der Parametervariablen (siehe Tab. B.1 und Abb. B.1) ist dabei so gewählt, dass Längenabstände in mm zwischen zwei Sektionsknoten mit einem y beginnen, Längenabstände in mm zwischen zwei Gitterpunkten mit einem d und Parametersätze für eine gewichtete Gitterpunktverteilung mit einem $\vec{b}$. Eine gewichtete Gitterpunktverteilung von n/m bedeutet, dass der größte Gitterpunktabstand der m-Gitterknoten n-mal dem kleinsten Gitterpunktabstand entspricht. Für den Parameter $d_{y,s}$ wurde für sämtliche Gittermodelle der Wert 0,01 gewählt, sodass die Höhe eines jeden Elements im Bereich der Gradierung stets 10 µm beträgt.

Gitter-Modell	**m20**	**m200**	**m500**	**m1000**	**m2000**	**m3000**	**m4000**
Anzahl Elemente	2701	3593	5113	7602	12604	17553	23181
y_y	1,06	1,15	1,3	1,55	2,05	2,55	3,05
y_s	0,16	0,25	0,40	0,65	1,15	1,65	2,15
$y_{W,a}$, $y_{Fe,a}$	0,50	0,50	0,50	0,50	0,50	0,50	0,50
$y_{W,i}$, $y_{Fe,i}$	0,30	0,30	0,30	0,30	0,30	0,30	0,30
$\vec{b}_{x,s}$	1/25	1/25	1/25	1/25	1/25	1/25	1/25
$d_{y,s}$	0,01	0,01	0,01	0,01	0,01	0,01	0,01
$\vec{b}_{y,W,1}$, $\vec{b}_{y,Fe,1}$	7/20	7/20	7/20	7/20	7/20	7/20	7/20
$\vec{b}_{y,W,2}$, $\vec{b}_{y,Fe,2}$	2/5	2/5	2/5	2/5	2/5	2/5	2/5
$\vec{b}_{x,W}$, $\vec{b}_{x,Fe}$	1,5/6	1,5/6	1,5/6	1,5/6	1,5/6	1,5/6	1,5/6
$\vec{b}_{y,W,m}$, $\vec{b}_{y,Fe,m}$	3/5	3/5	3/5	3/5	3/5	3/5	3/5
$d_{x,W}$, $d_{x,Fe}$	0,333	0,333	0,333	0,333	0,333	0,333	0,333

Tab. B.1: Verwendete Parametersätze für die Erzeugung der Gittermodelle.

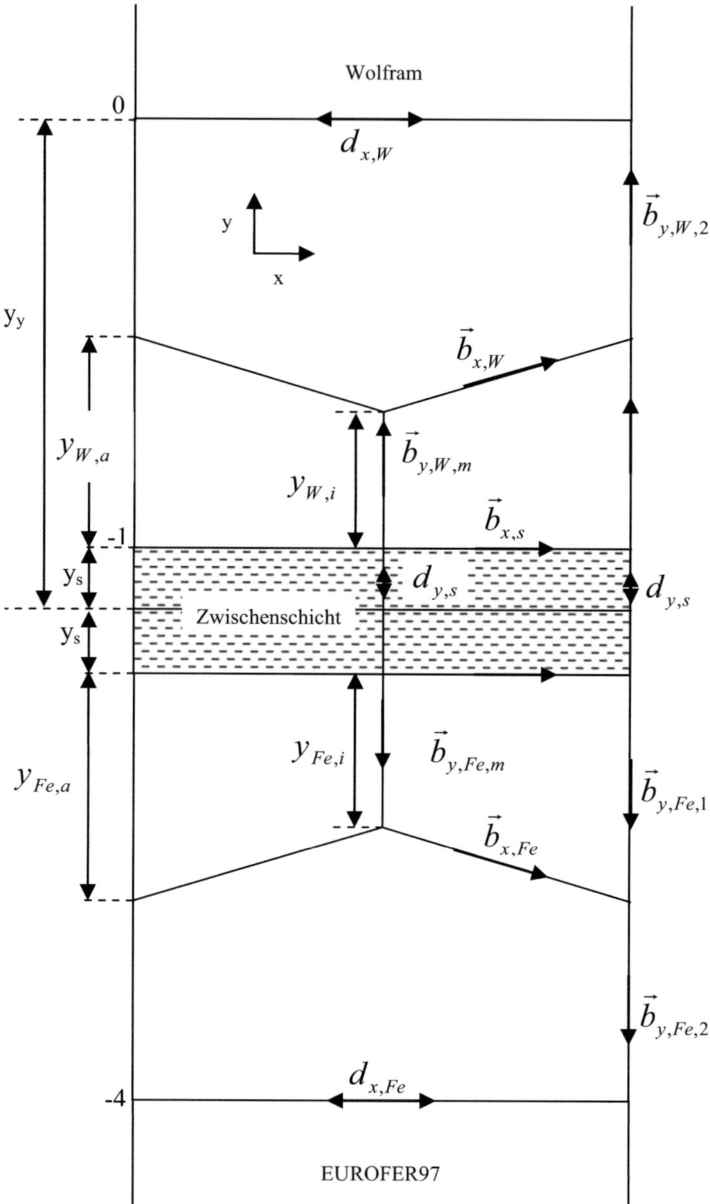

Abb. B.1: Schablone für die Erzeugung der Gittermodelle.

Anhang C: Gitterabhängigkeit

Wie eingangs in Kapitel 2.2 beschrieben, wurde für die relevanten Bereiche des FEM-Modells, bei denen die höchsten Dehnungen bzw. Spannungen auftreten, eine minimale Elementgröße von 10x20 µm gewählt. Die Zuverlässigkeit dieser Wahl in Bezug auf die Simulationsergebnisse sei im Folgenden diskutiert. Ein Vergleich der maximalen äquivalenten inelastischen Dehnung resultierend aus viskoplastischen Simulationen mit einem feineren Gitter, siehe Abb. C.1, zeigen, dass die Ergebnisse zwar für dickere Schichten davon unberührt bleiben, dünnere Schichten jedoch größere Dehnungen aufweisen.

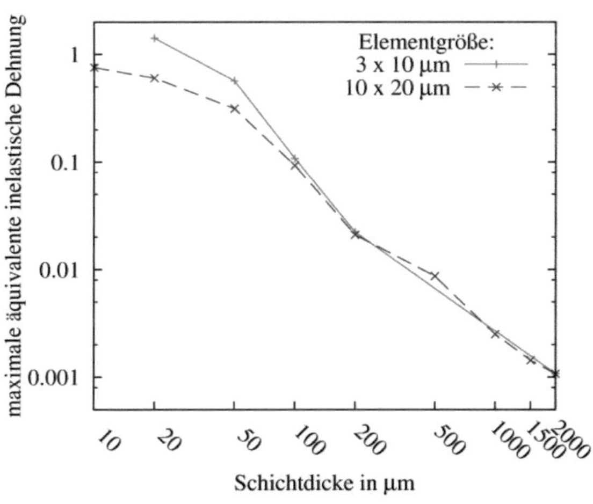

Abb. C.1: Maximale äquivalente inelastische Dehnung nach 100. therm. Zyklen für eine linear gradierte Schicht - simuliert mit zwei unterschiedlichen Elementgrößen.

Diese Erscheinung ist jedoch nicht auf numerische Ungenauigkeiten, sondern vielmehr darauf zurückzuführen, dass die Dehnungsinformation an unterschiedlichen Stellen entnommen wird. Gerade beim Übergang von EUROFER97 zur gradierten Schicht bzw. von dieser zum Wolfram treten hohe Dehnungs- und Spannungsgradienten bzgl. der y-Position auf. Dieser

Sachverhalt ist exemplarisch für eine 50 µm dicke linear gradierte Schicht in Abb. C.2 dargestellt.

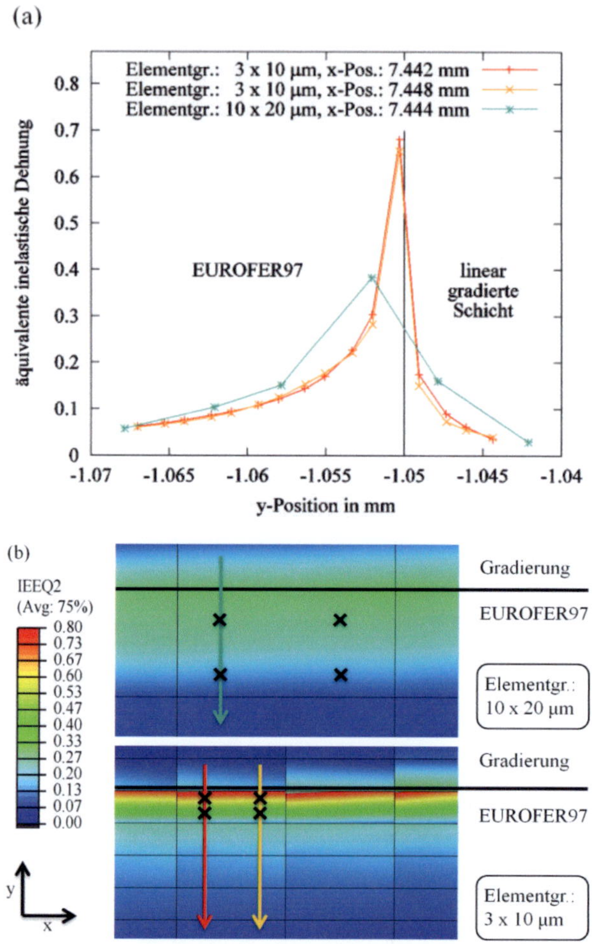

Abb. C.2: Äquivalente inelastische Dehnung nach 20 Zyklen einer linear gradierten 50 µm dicken Schicht simuliert mit einer Elementgröße von 10x20 µm bzw. 3x10 µm (a) aufgetragen über die y-Position bzw. (b) als Kontur-Plot dargestellt. Einige Integrationspunkte sind als Kreuze markiert.

Eine bilineare Interpolation der äquivalenten inelastischen Dehnungen an den ursprünglichen Positionen der Integrationspunkte der Elemente mit einer Größe von 10x20 µm behebt die Problematik der Informationsentnahme an zwei verschiedenen Stellen. Abb. C.3 zeigt, dass, wenn jeweils dieselben Positionen betrachtet werden, nahezu die gleichen Werte für beide Elementgrößen resultieren.

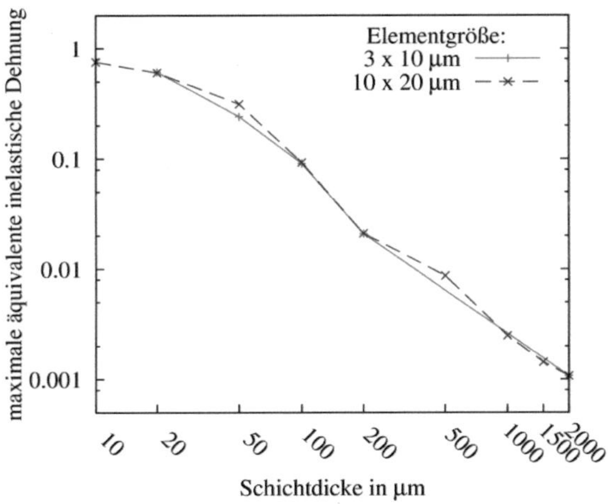

Abb. C.3: Ergebnisse der viskoplastischen Analyse nach bilinearer Interpolation der Werte an den Integrationspunkten.

Für die in Kapitel 2.7 beschriebene Analyse der Ausfallwahrscheinlich gilt die oben erläuterte Erscheinung der Gitterabhängigkeit jedoch nicht, da hier der Postprozessor STAU bereits die genauen Positionen der Integrationspunkte und Volumina der Elemente bei der Berechnung der Ausfallwahrscheinlich berücksichtigt. Nichtsdestotrotz sind die Ergebnisse nicht völlig unabhängig von der Gitternetzfeinheit. Abb. C.4 stellt den Einfluss auf die Ausfallwahrscheinlichkeit nichtgeneigter linear gradierter Schichten bei 1000 °C Anfangstemperatur dar und offenbart, dass lediglich kleine Abweichungen für sehr dünne Schichten auftreten.

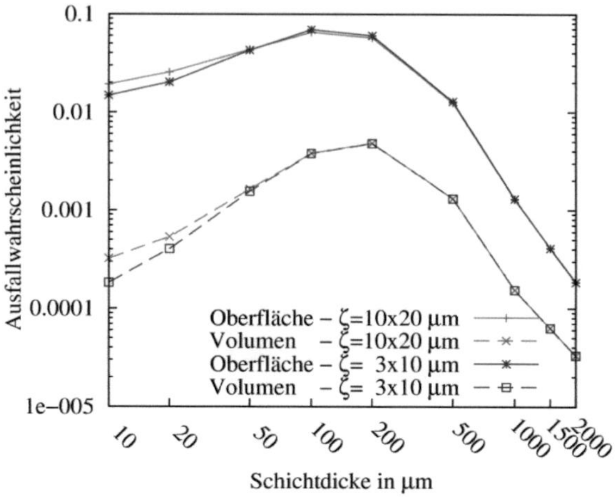

Abb. C.4: Ausfallwahrscheinlich für das in Kapitel 2.7 verwendete Netz im Vergleich zu einem testweise feinerem Gitternetz.

Anhang D: Kriechrate der Gradierung

Für die in dieser Arbeit durchgeführten viskoplastischen FEM-Simulationen ist die Annahme eines Kriechgesetzes, welches sowohl für den Stahl- als auch für den gradierten Bereich gilt, erforderlich. Die Kriechrate der Wolframlegierung ist für den hier relevanten Temperaturbereich vernachlässigbar klein, sodass eine Kriechrate von null angenommen wird. Vernachlässigt werden, wie in Kapitel 2.3.1 beschrieben, darüber hinaus die primären und tertiären Kriechbereiche, sodass für den Stahlbereich das viskose Verhalten mit dem Nortonkriechgesetz definiert werden kann:

$$\dot{\varepsilon}_{cr} = C \cdot \sigma^{n} \tag{D.1}$$

Die Spannungs- und Temperaturabhängigkeiten sind durch die physikalisch zugrunde liegenden Kriechmechanismen bedingt. Dabei unterscheidet man zwischen Versetzungskriechen und Diffusionskriechen, wobei letztere Variante nochmals in Coble-Kriechen (Diffusion entlang der Korngrenzen) und Nabarro-Herring-Kriechen (Diffusion durch das Materialvolumen) unterteilt werden kann. Der hier relevante Kriechmechanismus ist Versetzungskriechen und weist aufgrund von thermisch aktivierten Kletterbewegungen der Versetzungen eine Spannungs- und Temperaturabhängigkeit auf.

Die wesentliche Fragestellung ist jedoch das Kriechverhalten der gradierten Zwischenschicht in Abhängigkeit des Gradierungsniveaus f. Die Kriechrate von Metall-Matrix-Kompositen hängt vorrangig von den Materialeigenschaften sowie dem Mischungsverhältnis der Konstituenten ab. Darüber hinaus hat neben der räumlichen Verteilung der Partikel vor allem die Partikelart einen Einfluss. Tendenziell verringern Whisker oder Fasern die Kriechrate in stärkerem Maße als sphärische Partikel [177]. Die Literatur bietet zahlreiche analytische als auch numerische Ansätze für die Abschätzung der Kriechrate von Metallkompositen basierend auf Informationen der jeweiligen Konstituenten. Zum Beispiel erarbeiteten Bartholomeusz & Wert [177] analytisch die Winkelabhängigkeit lamellenartiger Metallmatrixkomposite (siehe Abb. D.1).

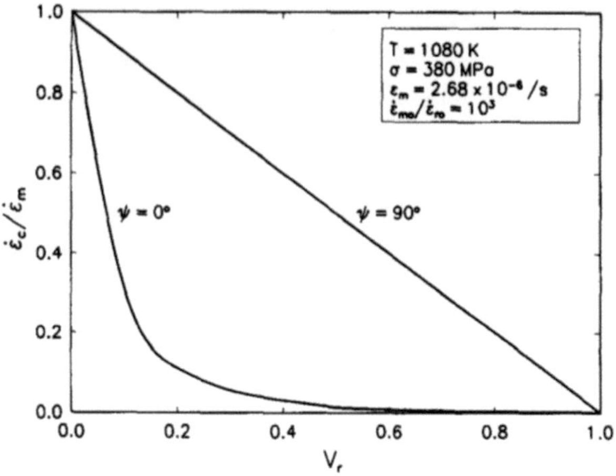

Abb. D.1: Kriechratenverhältnis von Komposit $\dot{\varepsilon}_c$ zu Matrix $\dot{\varepsilon}_m$ aufgetragen über den Volumenanteil V_r der Partikelphase [177]. Der Winkel $\psi = 90°$ stellt dabei den Verlauf für Lamellen senkrecht zur Spannungsrichtung und $\psi = 0°$ den parallelen Fall dar.

Ein weiteres Beispiel ist die Arbeit von Davis & Allison [179], welche eine numerische Analyse für sphärische Partikel umfasst. Unter der Annahme, dass die Partikelphase kein Kriechen aufweist und die Kriechrate des Komposits lediglich von der Partikelform und dem Partikelphasenanteil abhängt schätzen sie die Kriechrate für Metallkomposite ab. Ihr Vorgehen dabei war das Anpassen einer Polymomfunktion an Datenpunkte, die mithilfe von FEM-Simulationen für die gewählte Partikelgeometrie berechnet wurden. Der Vergleich mit experimentellen Ergebnissen an TiC-verstärktem Aluminium (Abb. D.2) offenbarte jedoch eher die hohe Komplexität dieser Angelegenheit, da eine relativ hohe Abweichung der Abschätzung zum Experiment besteht.

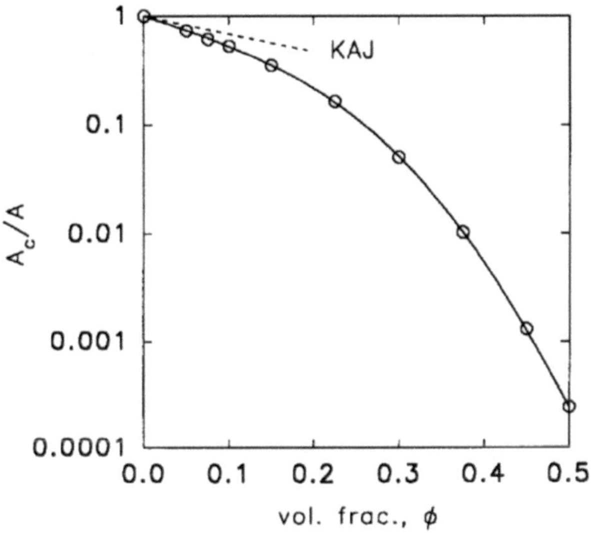

Abb. D.2: Kriechratenverhältnis von Komposit zu Matrix aufgetragen über den Volumenanteil der Partikelphase [179]. Mit KAJ sind experimentelle Ergebnisse gekennzeichnet.

Allen Ansätzen gemein ist letztlich eine erhebliche Komplexität der erforderlichen Annahmen, Berechnungen und Bedingungen. Der Versuch diese Modelle, sofern sie dann für die hier realisierten gradierten Schichten anwendbar sind, als Grundlage für die hier durchgeführten FEM-Simulationen zu verwenden ist in Anbetracht des Aufwandes und des vermutlich kleinen Gewinns an Datengenauigkeit zum momentanen Entwicklungsstadium gradierter Verbindungen nicht praktikabel. Aus diesem Grund werden im Folgenden lediglich mathematisch einfach zu handhabende Fälle und deren Auswirkung auf die Ergebnisse betrachtet. Die einfachste Variante stellen senkrecht zur Belastungsrichtung angeordnete Plattenelemente dar (siehe Abb. D.1 mit ψ = 90°), die folgende Kriechrate (siehe rote Linien in Abb. D.3 (a)) aufweisen:

$$\dot{\varepsilon}_{cr} = f \cdot C \cdot \sigma^n \quad \text{(D.2)}$$

Die hier gewählte und verwendete Annahme ist:

$$\dot{\varepsilon}_{cr} = f \cdot C \cdot \sigma^{f \cdot n} \tag{D.3}$$

Sie basiert auf der Multiplikation jeder Materialkonstante mit dem Gradierungsniveau und ergibt erheblich niedrigere Kriechraten als hintereinandergeschaltete Plattenelemente. Gewissermaßen mag dieser Ansatz unphysikalisch sein, da der Kriechexponent für Versetzungskriechen üblicherweise größer 3 ist, hier aber sehr klein werden kann (siehe blaue Linien in Abb. D.3 (a)). Eine dritte denkbare Variante ist die Interpolation zwischen der Kriechgeraden von EUROFER97 und einer Senkrechten, die die Zugfestigkeit σ_W von Wolfram wiederspiegelt. Diese Kriechgerade (siehe orangene Linien in Abb. D.3 (a)) ist im doppeltlogarithmischen Graph so gewählt, dass deren Winkel zu der Senkrechten gleich f multipliziert mit dem Winkel zwischen der Kriechgeraden für EUROFER97 und der Senkrechten ist. Die beiden Kriechgeraden und die Senkrechte haben einen gemeinsamen Schnittpunkt. Die Kriechrate berechnet sich für diesen Ansatz wie folgt:

$$\dot{\varepsilon}_{cr} = C \cdot \sigma^{\varphi} \cdot \sigma_W^{n-\varphi} \tag{D.4}$$

mit

$$\varphi = \frac{1}{tan\left(f \cdot tan^{-1}\left({}^{1}/_{n}\right)\right)} \tag{D.5}$$

In Abb. D.3 (b) ist der Einfluss dieser verschiedenen Kriechratenannahmen auf die Anzahl der erlaubten Zyklen dargestellt. (Der Berechnung der erlaubten Zyklen aufgrund von Kriechschädigung ist in Kapitel 2.6.1.2 erläutert.) Erkennbar ist, dass sich bis auf geringe Unterschiede für 1 mm dicke linear gradierte Schichten die Ergebnisse gleichen und somit der Einfluss der Kriechrate der gradierten Schicht sich in nur geringem Maße auf die Kriechschädigung im Stahlbereich auswirkt. Gerade für gradierte Schichten dicker als 500 Mikrometer ist die dominante Schädigungsursache ein Spannungsfeld, welches durch die Radiusdifferenz der Wolfram- und EU-

ROFER97-Rohre bedingt ist (siehe Abb. 2.26). Dieses Spannungsfeld bleibt von gradierten Schichten vorwiegend unberührt.

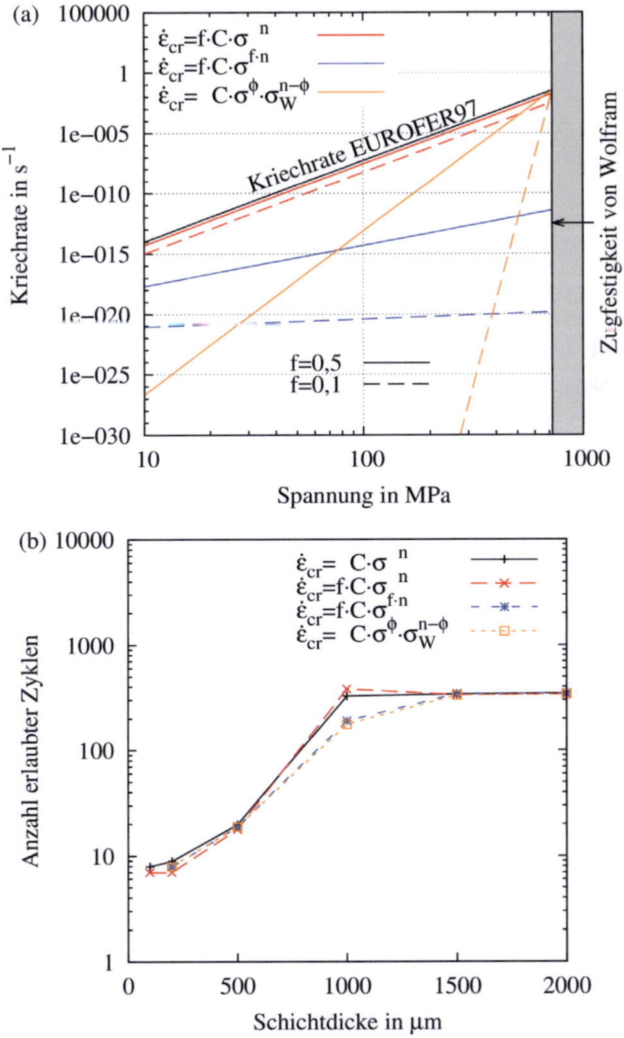

Abb. D.3: (a) Kriechraten verschiedener Annahmen bei 650 °C und (b) erlaubte Anzahl Zyklen bzgl. Kriechschädigung für unterschiedlich gewählte Kriechraten.

Anhang E: ASME- und RCC-MR-Standards

Die in [62] publizierten Design-Kriterien bzgl. Kriech- und Ermüdungsschädigung für EUROFER97 basieren wahlweise auf dem amerikanischen ASME-B&PV-Standard oder auf dem französischen RCC-MR-Standard [180]. Der RCC-MR-Standard stammt vom französischen Interessenverband AFCEN, welcher Richtlinien bzgl. Design, Konstruktion und Überwachung von Druckleitungen und -Kesseln im nuklearen Bereich erarbeitet. Ursprünglich für natriumbasierte schnelle Brutreaktoren geplant, wird der RCC-MR-Standard derzeit auch für Hochtemperaturkomponenten und Vakuumbehälterbauteilen des geplanten ITER-Fusionsreaktors verwendet. Insbesondere die ITER-Design-Kriterien enthalten für Komponenten innerhalb des Vakuumbehälters [181] angepasste Richtlinien aus dem RCC-MR-Standard. Dieser wurde bei den in Kapitel 2.6 beschriebenen numerischen Simulationen verwendet. Zum Vergleich wird im Folgenden dennoch der ASME-B&PV-Standard betrachtet.

Für die äquivalente Spannung gelten, gemäß den beiden Standards, die Berechnungsvorschriften

ASME-B&PV, Code Case N-47, T-1400:

$$\sigma_{\text{äq}} = \bar{\sigma} \cdot exp\left[C\left(\frac{J_1}{S_s} - 1\right)\right] \tag{E.1}$$

RCC-MR, RB 3262.12:

$$\sigma_{\text{äq}} = 0{,}867\bar{\sigma} + 0{,}133 J_1 \tag{E.2}$$

mit

$$\begin{gathered} J_1 = \sigma_I + \sigma_{II} + \sigma_{III} \\ S_s = \sqrt{\sigma_I{}^2 + \sigma_{II}{}^2 + \sigma_{III}{}^2} \\ \bar{\sigma} = \frac{1}{\sqrt{2}}\sqrt{(\sigma_I - \sigma_{II})^2 + (\sigma_{II} - \sigma_{III})^2 + (\sigma_I - \sigma_{III})^2} \end{gathered} \tag{E.3}$$

wobei mit $\sigma_I, \sigma_{II}, \sigma_{III}$ die Hauptspannungen bezeichnet werden. Die Konstante C hat für Stähle des Typs 304 oder 316 den Wert 0,24. Abb. E.1 zeigt die Isoflächen der von-Mises-Spannung in grau, die Spannungswerte nach dem ASME-Standard in rot und nach dem RCC-MR-Standard in blau. Die Pfeile der Koordinatenachsen zeigen in Richtung positiver Werte, was Zugspannungen entspricht. Beide Standards werten hydrostatischen Druck weniger kritisch als die von-Mises-Spannung, während der RCC-MR-Standard höhere Vergleichsspannungswerte für die hydrostatische Zugspannung liefert und somit am konservativsten ist.

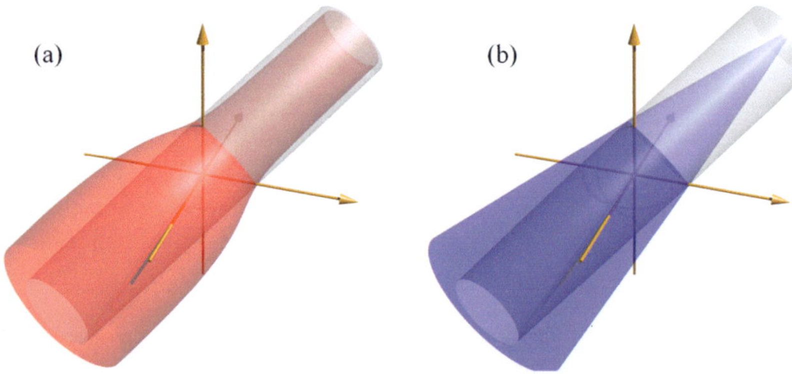

Abb. E.1: Isochrone Oberfläche im Hauptspannungsraum: Vergleich zwischen (a) ASME- und (b) RCC-MR-Standard.

Die Berechnung der äquivalenten Dehnungsschwingbreite $\Delta\varepsilon$ ist gemäß RCC-MR-Standard, RB 3227.9, wie folgt festgelegt: Ausgehend von den sechs Dehnungskomponenten $\varepsilon_{11}(t)$, $\varepsilon_{22}(t)$, $\varepsilon_{33}(t)$ $\varepsilon_{12}(t)$, $\varepsilon_{23}(t)$ und $\varepsilon_{31}(t)$ zur Zeit t und der vereinfachenden Schreibweise für die Differenz vom Zeitpunkt t zum Zeitpunkt t'

$$\Delta\varepsilon_{ij}(t,t') = \varepsilon_{ij}(t) - \varepsilon_{ij}(t') \tag{E.4}$$

wird angelehnt an die Berechnung der äquivalenten Dehnung folgende Zwischengröße definiert:

$$
\begin{aligned}
\varepsilon_{\ddot{a}q}(t,t') = \frac{\sqrt{2}}{3}\Big[&\big(\Delta\varepsilon_{11}(t,t') - \Delta\varepsilon_{22}(t,t')\big)^2 \\
&+ \big(\Delta\varepsilon_{22}(t,t') - \Delta\varepsilon_{33}(t,t')\big)^2 \\
&+ \big(\Delta\varepsilon_{33}(t,t') - \Delta\varepsilon_{11}(t,t')\big)^2 \\
&+ 6\big(\Delta\varepsilon_{12}(t,t') + \Delta\varepsilon_{23}(t,t') + \Delta\varepsilon_{31}(t,t')\big)^2\Big]^{1/2}
\end{aligned}
\tag{E.5}
$$

Die äquivalente Dehnungsschwingbreite ist nun das Maximum für alle möglichen Paare der beiden Zeitparameter t und t':

$$
\Delta\varepsilon = \max_{t,t'}\left(\varepsilon_{\ddot{a}q}(t,t')\right) \tag{E.6}
$$

Sofern die Hauptdehnungskomponenten keine Rotation aufweisen, ist diese Berechnungsvorschrift äquivalent zum ASME Standard, Code Case N-47, T-1414. In Abb. E.2 ist der eindimensionale Fall skizziert, um die Bedeutung der äquivalenten Dehnungsschwingbreite zu erläutern bzw. beispielhaft dargestellt, wie die äquivalente Dehnung über die Zeit in Ergebnissen der numerischen Simulationen auftritt.

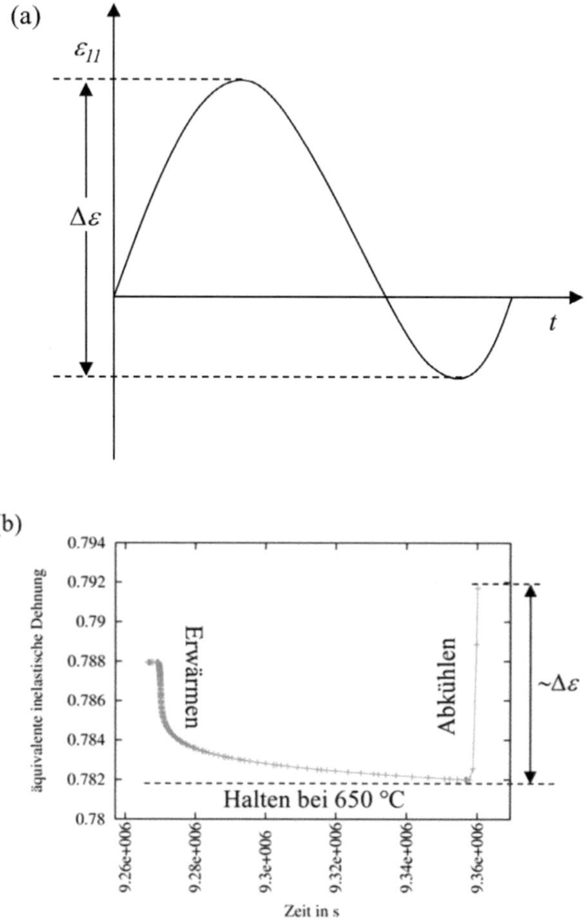

Abb. E.2: (a) Skizze zur Verdeutlichung der äquivalenten Dehnungsschwingbreite am eindimensionalen Fall. (b) Äquivalente inelastische Dehnung über die Zeit des 100. therm. Zyklus eines ausgewählten Integrationspunktes bei einer linear gradierten Schicht der Dicke 50 µm.

Anhang F: Funktionsweise des STAU-Postprozessors

Dieser Abschnitt bietet eine kurze Zusammenfassung der internen Berechnungen, die im Postprozessor STAU implementiert sind. Eine umfassendere Beschreibung ist in [185] zu finden.

In STAU werden Volumen- bzw. Oberflächenanrisse als münzförmig angenommen, sodass die Intensität der Spannungsfelder der Rissspitze bei mehrachsiger Belastung dabei mithilfe der Spannungsintensitätsfaktoren

$$K_I = \sigma_n Y_I \sqrt{a}, \qquad K_{II} = \tau_{II} Y_{II} \sqrt{a} \quad \text{und} \qquad K_{III} = \tau_{III} Y_{III} \sqrt{a}\,, \tag{F.1}$$

entsprechend den drei Rissöffnungsarten beschrieben werden können. Y charakterisiert ein Geometrie-Korrekturfaktor, a die Risslänge und σ bzw. τ die Projektionen des Spannungstensors auf die Rissebene, welche anhand der Tensortransformationsregeln berechnet wird. Das Versagenskriterium für mehrachsige Spannungszustände kann in allgemeiner Form mit

$$g(\sigma_n, \tau_{II}, \tau_{III}) \geq g_c \tag{F.2}$$

notiert werden. In STAU wird stattdessen folgendes effektives Versagenskriterium mithilfe des äquivalenten Modus-I-Spannungsintensitätsfaktors $K_{I_{eq}}$ verwendet:

$$g\left(K_{I_{eq}}, 0{,}0\right) = g(K_I, K_{II}, K_{III}) \tag{F.3}$$

Daraus ergibt sich die vereinfachte Formulierung

$$K_{I_{eq}} \geq K_{I_c} \tag{F.4}$$

mit K_{I_c}als Bruchzähigkeit. Die äquivalente Spannung σ_{eq} wird hierfür mit

$$K_{I_{eq}} \equiv \sigma_{eq} Y_I \sqrt{a} \tag{F.5}$$

definiert. Die kritische Risslänge a_c ist letztlich mit

$$a_c = \left(\frac{K_{I_c}}{\sigma_{eq} Y_I} \right)^2 \tag{F.6}$$

gegeben. Versagen durch spontane Rissausbreitung geschieht, sobald die Risslänge a den Wert a_c übersteigt. Die kritische Risslänge a_c als auch die äquivalente Spannung σ_{eq} hängen von der Position $\vec{x}$ und der Orientierung $\vec{\omega}$ des Risses innerhalb des Spannungsfeldes ab. Die Wahrscheinlichkeit, dass ein Anriss länger als die kritische Risslänge ist, kann mit

$$P_a = \int_{a_c(\vec{x},\vec{\omega})}^{\infty} f_a(a) da = \left(\frac{\sigma_{eq}(\vec{x},\vec{\omega}) \cdot Y_I \cdot \sqrt{a_0}}{K_{I_c}} \right)^m \tag{F.7}$$

berechnet werden. Dabei ist $f_a(a)$ die Wahrscheinlichkeitsdichtefunktion und

$$F_a(a) = 1 - \frac{a_0^{m/2}}{a^{m/2}} \tag{F.8}$$

die Wahrscheinlichkeitsverteilung der Risslänge a, welche mit einer Pareto-Verteilung und $a \geq a_0$ angenommen wird. Die Wahrscheinlichkeiten

$$P_x = \frac{dV}{V} \quad \text{und} \quad P_\omega = \frac{d\Omega}{4\pi} \tag{F.9}$$

entsprechen denen für ein Anriss mit der Position $\vec{x}$ bzw. der Orientierung $\vec{\omega}$, innerhalb der jeweiligen infinitesimalen Elemente, relativ zum globalen Koordinatensystem. V ist hierbei das Volumen des betrachteten Bauteils und 4π das Oberflächenintegral über alle Winkel. Die Versagenswahrscheinlichkeit durch spontane Rissausbreitung für ein Bauteil mit genau einem Anriss zufälliger Länge, Position und Orientierung erhält man durch Multiplikation von P_a, P_x und P_ω und anschließender Summation über alle möglichen Positionen und Orientierungen des Anrisses:

$$P_F^{(1)} = \frac{1}{V} \int\limits_V \frac{1}{4\pi} \int\limits_\Omega \left(\frac{\sigma_{eq}(\vec{x}, \vec{\omega}) \cdot Y_I \cdot \sqrt{a_0}}{K_{I_c}} \right)^m d\Omega dV \qquad \text{(F.10)}$$

Die tatsächliche Anzahl Anrisse in statistisch unabhängige infinitesimale Volumenelemente dV wird als Poisson-verteilte Zufallsvariable angenommen. Die entsprechende Versagenswahrscheinlichkeit für ein Bauteil mit durchschnittlich M Anrissen ist somit gegeben durch:

$$P_{F,V} = 1 - \exp\left(-M \cdot P_F^{(1)}\right) \qquad \text{(F.11)}$$

Das Einsetzen von Gleichung (F.10) in (F.11) ergibt die in STAU elementare Formel für die Berechnung von Versagenswahrscheinlichkeiten:

$$P_{F,V} = 1 - \exp\left(-\frac{1}{V_0} \int\limits_V \frac{1}{4\pi} \int\limits_\Omega \left(\frac{\sigma_{eq}(\vec{x}, \vec{\omega})}{\sigma_0} \right)^m d\Omega dV \right) \qquad \text{(F.12)}$$

Die Integration erstreckt sich über das Bauteilvolumen V und den möglichen Anriss-Orientierungswinkeln Ω. Die Größe

$$\sigma_0 = M_0^{-\frac{1}{m}} \cdot \frac{K_{I_c}}{Y_I \sqrt{a_0}} \qquad \text{(F.13)}$$

kann als normalisierte Festigkeit bezüglich des Einheitsvolumen V_0, welches im Schnitt M_0 Anrisse enthält, betrachtet werden.Die Größen m und σ_0 sind materialspezifische Eingangsparameter. Gleichung (F.12) kann auch als zweiparametrige Weibull-Verteilung geschrieben werden:

$$P_{F,V} = 1 - \exp\left[-\left(\frac{\sigma^*}{b} \right)^m \right] \qquad \text{(F.14)}$$

Dabei ist σ^* eine Referenzspannung, die die Belastung darstellt. Der Weibull-Parameter b steht mit σ_0 im folgenden Zusammenhang:

$$b = \sigma_0 \left[\frac{1}{V_0} \int_V \frac{1}{4\pi} \int_\Omega \left(\frac{\sigma_{eq}(\vec{x}, \vec{\omega})}{\sigma^*} \right)^m d\Omega dV \right]^{-\frac{1}{m}} \tag{F.15}$$

Mithilfe der Gleichungen (F.14) und (F.15) können die beiden benötigten Parameter m und σ_0 ausgehend von den Weibull-Parametern b und m berechnet werden, welche wiederum bei Vierpunktbiegeversuchen bestimmt werden können.

Für den Fall von Oberflächenanrissen ergibt sich analog zu Gleichung (F.12) folgende Formel für die Berechnung der Versagenswahrscheinlichkeit:

$$P_{F,A} = 1 - \exp\left(-\frac{1}{A_0} \int_A \frac{1}{2\pi} \int_\alpha \left(\frac{\sigma_{eq}(\vec{x}, \alpha)}{\sigma_0} \right)^m d\alpha dA \right) \tag{F.16}$$

Die Integration geschieht dabei über die Oberfläche A und den Orientierungswinkel α. Zu beachten ist, dass σ_0 sich in diesem Fall auf die Einheitsfläche A_0 bezieht und sich vom Wert, welcher für Volumenanrisse gilt, unterscheidet. Der Weibull-Parameter b ist zu σ_0 über folgende Beziehung verknüpft:

$$b = \sigma_0 \left[\frac{1}{A_0} \int_A \frac{1}{2\pi} \int_\alpha \left(\frac{\sigma_{eq}(\vec{x}, \alpha)}{\sigma^*} \right)^m d\alpha dA \right]^{-\frac{1}{m}} \tag{F.17}$$

Für das in dieser Arbeit gewählte Normalspannungskriterium ist die äquivalente Spannung σ_{eq} in beiden Fällen, Volumen- und Oberflächenanrissen, gleich der zur Anrissfläche orthogonalen Spannung.

Anhang G: Biegefestigkeiten von WL10

Bez.-Nr.	h_1 in mm	h_2 in mm	b_1 in mm	b_2 in mm	l in mm	Bruchkraft in N	Bruchspannung in MPa
1A	3,020	3,010	4,010	4,010	48,800	1557	1277
2A	3,014	3,011	4,016	4,018	48,700	1889	1553
3A	3,016	3,016	4,020	4,019	48,750	1241	1018
4A	3,025	3,014	4,018	4,014	48,800	1513	1235
5A	3,022	3,018	4,016	4,015	48,750	2034	1664
6A	3,020	3,018	4,015	4,018	48,700	1871	1533
7A	3,018	3,012	4,022	4,018	48,750	1838	1505
8A	3,025	3,023	4,020	4,018	48,750	1696	1383
9A	3,020	3,018	4,023	4,019	48,700	1936	1583
10A	3,024	3,019	4,021	4,022	48,700	1767	1441
11A	3,021	3,023	4,020	4,018	48,700	1752	1433
12A	3,025	3,030	4,024	4,018	48,700	1611	1312
13A	3,025	3,024	4,021	4,022	48,750	1892	1542
14A	3,022	3,022	4,024	4,022	48,700	1725	1408
15A	3,018	3,021	4,022	4,021	48,750	1731	1417
16A	3,017	3,017	4,024	4,031	48,700	1925	1577
17A	3,020	3,019	4,025	4,020	48,700	2088	1706
18A	3,022	3,019	4,019	4,021	48,700	1750	1431
19A	3,022	3,013	4,012	4,014	48,700	1910	1564
20A	3,015	3,019	4,015	4,016	48,700	1982	1629
1B	3,018	3,023	4,010	4,012	48,750	1811	1488
2B	3,012	3,020	4,013	4,019	48,700	2006	1653
3B	3,022	3,017	4,022	4,018	48,750	2065	1686
4B	3,012	3,013	4,016	4,019	48,700	2122	1747
5B	3,013	3,008	4,015	4,015	48,800	1949	1604
6B	3,020	3,010	4,013	4,010	48,700	1922	1576
7B	3,015	3,015	4,025	4,017	48,750	1858	1523
8B	3,020	3,023	4,017	4,020	48,700	1965	1609
9B	3,016	3,017	4,019	4,020	48,700	2064	1694
10B	3,010	3,013	4,020	4,022	48,750	1704	1403
11B	3,019	3,022	4,017	4,018	48,700	1929	1581

12B	3,017	3,017	4,015	4,013	48,750	1997	1639
13B	3,013	3,015	4,017	4,018	48,700	1976	1626
14B	3,022	3,016	4,018	4,022	48,800	1857	1518
15B	3,011	3,022	4,020	4,016	48,700	1979	1629
16B	3,022	3,018	4,020	4,017	48,750	1715	1401
17B	3,018	3,018	4,023	4,023	48,750	1965	1609
18B	3,022	3,013	4,020	4,022	48,750	1838	1502
19B	3,013	3,017	4,015	4,016	48,700	1692	1393
20B	3,014	3,020	4,022	4,017	48,750	2137	1755

Tab. G.1: Messwerte der durchgeführten Vierpunktbiegeversuche an WL10 bei Raumtemperatur.

Anhang H: Schulterkopfprobe

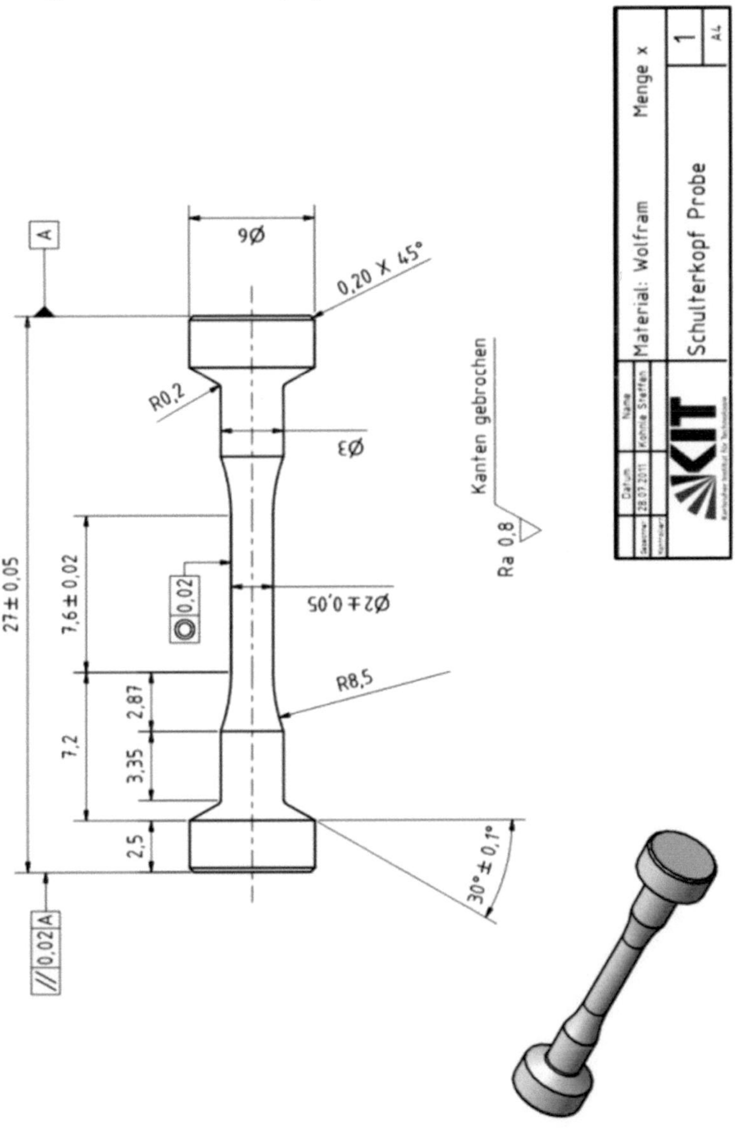

Abb. H.1: Techn. Zeichnung der rotationsymmetrischen Schulterkopfprobe.

Anhang I: Optimierung des Flachzugprobendesigns

Im Rahmen einer Bachelorarbeit [184] wurde die hier verwendete Flachzugprobenform optimiert. Diese Optimierung war erforderlich, da das ursprüngliche Probendesign (siehe Abb. I.1) zwar für duktile Materialien geeignet ist, nicht aber für spröde Materialien wie z. B. Wolfram. Vorversuche mit dem ursprünglichen Design führten stets zu einem Bruch an der Viertelkreis-Kerbe oder an einer der beiden Bohrungen der Probe, da dort jeweils Spannungsüberhöhungen auftreten. Das optimierte Design, in Abb. I.2 dargestellt, sieht statt einem Viertelkreis eine durch Zugdreiecke [183] optimierte Kerbkontur sowie einen schmaleren Steg zur Entlastung der Bohrung, vor.

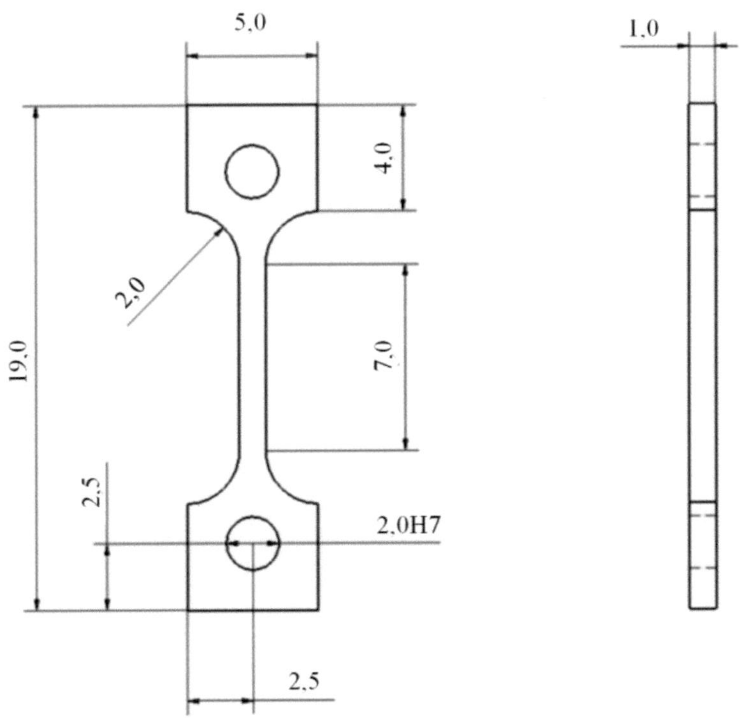

Abb. I.1: Ursprüngliche Flachzugprobenform [32].

Neben der Probenform spielt allerdings auch die Beschaffenheit der Oberfläche eine wichtige Rolle. Drei verschiedene Verfahren (Drahterodieren, Bohren und Mikro-Erodierfräsen) zum Bearbeiten von Wolfram bzw. WL10 wurden in Betracht gezogen. Beim Drahterodieren kann zum einen die Drahtdicke variiert werden und zum anderen die Anzahl der Schlichtdurchgänge. Abb. I.3 stellt die sechs getesteten Kombinationen gegenüber und zeigt, dass die Drahtdicke wenig Einfluss auf die Rauheit der Oberfläche hat. Eine scheinbar sehr geringe Rauheit wird durch Bohren/Fräsen erreicht, führt aber beim gesinterten Probenmaterial (Abb. I.4) zum Herausbrechen von Material an den Kanten. Auch wenn diese Bereiche durch nachträgliches Schleifen und Polieren abgetragen werden könnten, wurde aufgrund folgender Nachteile dennoch auf das Bohren verzichtet: Das Bohren würde neben dem Drahterodieren der äußeren Kontur einen zusätzlichen Arbeitsschritt erfordern. Des Weiteren kann die Bohrung aufgrund von Toleranzen nicht exakt mittig platziert werden, was zu ungewünschten Biegespannungen im Testvolumen führe. Abschließend ist eine gleichmäßige Qualität für Kerbe und Loch vorzuziehen. Die mehrfach geschlichtete drahterodierte Oberfläche weist zwar bereits eine Besserung gegenüber dem einfachen Schnitt auf, enthält aber noch Vertiefungen (Abb. I.5 (a)) die weiterhin zu ungewünschten Spannungsspitzen und verfrühtem Materialversagen führen. Abhilfe schafft hierbei ein Polieren der Seitenfläche (Abb. I.5 (b)), das mit einer Schleifgrundplatte realisiert werden konnte (Abb. I.6). Dazu werden mehrere Flachzugproben über zwei passende Bolzen, die durch die Löcher geschoben werden, unter fließendem Wasser auf der Schleifgrundplatte hin- und her bewegt. Die Polierwirkung wird durch auf der Grundplatte fixierte Polierfolien mit einer Körnung von 30 bzw. 9 µm erzeugt. Letztendlich konnte die Zugfestigkeit der getesteten Proben aus WL10 von anfänglich 500 MPa (ursprüngliches Probendesign), auf 800 MPa (nur Ober- und Unterseite poliert) bzw. 900 MPa (alle Seitenflächen poliert) gesteigert werden.

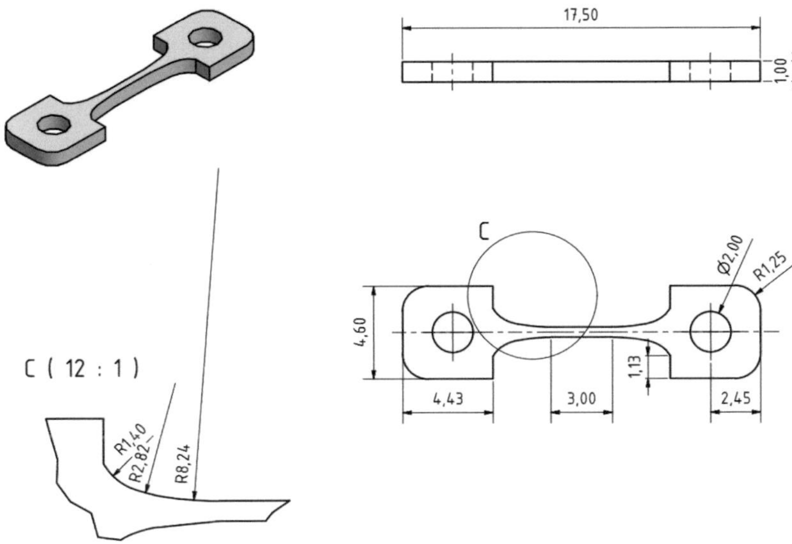

Abb. I.2: Technische Zeichnung der optimierten Flachzugprobenform [184].

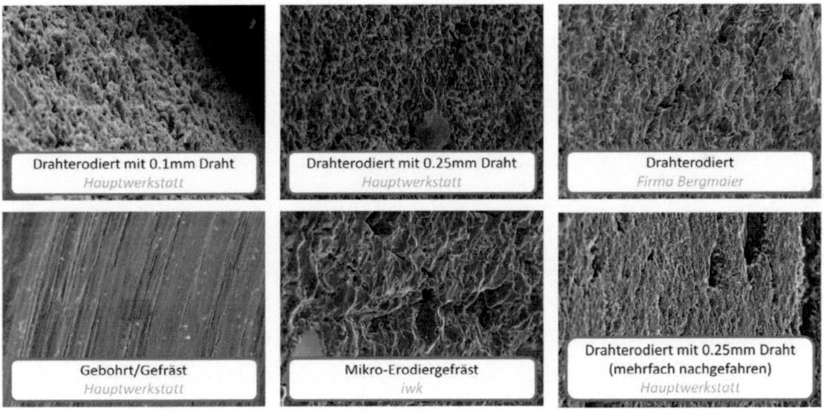

Abb. I.3: REM-Aufnahmen im 30°-Winkel bei gleicher Vergrößerung der unterschiedlich bearbeiteten Oberfläche von WL10.

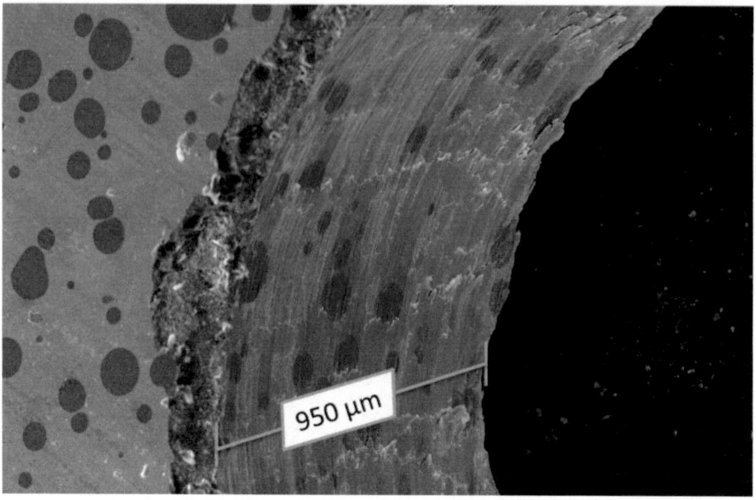

Abb. I.4: Bohrung (2 mm Durchmesser) in RSUHP-gesintertes Wolfram/EUROFER97-Komposit.

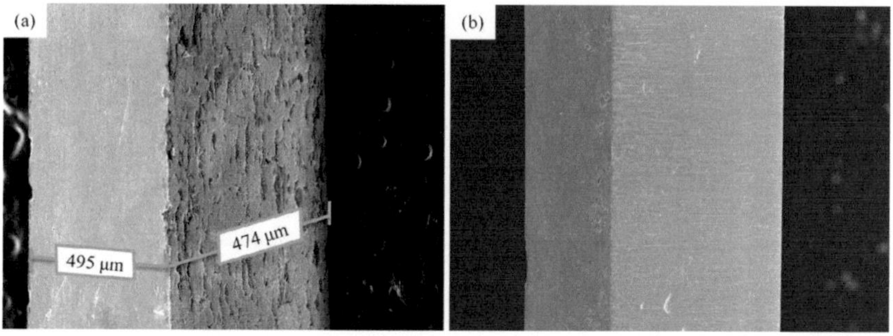

Abb. I.5: (a) REM-Aufnahme im Winkel von 30° des Steges einer Zugprobe aus WL10 mit optimierter Form. Links ist die polierte Oberfläche und rechts die fünffach geschlichtete drahterodierte Seitenfläche zu erkennen. (b) Mittels Schleifbock polierte Seitenfläche im Winkel von 60°.

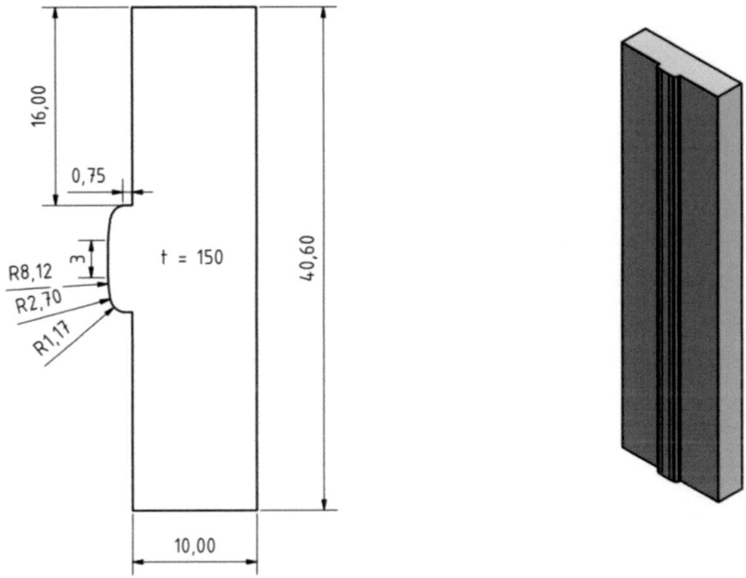

Abb. I.6: Technische Zeichnung der Schleifgrundplatte aus Edelstahl.

Anhang J: Auswertung des Zugversuchs mit Flachzugproben

Dieser Abschnitt beschreibt die Vorgehensweise bei der Berechnung der Dehnungen und Spannungen der mit Flachzugproben (siehe Anhang I) durchgeführten Zugversuche. Grundlage für die Bestimmung der Dehnungen sind die mithilfe von Kamera, Objektiv und entsprechender Beleuchtung digital erfassten Einzelbilder der Zugproben. Die hier dargestellten Bilder und Grafiken stammen von einer zufällig ausgewählten gesinterten Probe, die stellvertretend die durchgeführten Berechnungen erläutern soll. Abb. J.1 zeigt das letzte Kamerabild dieser Probe, kurz vor dem Bruch. In Anbetracht der extrem geringen Dehnungen, die im Bereich von 0,05-0,2 % liegen, ist eine entsprechend hohe Auflösung unabdingbar. Mit dem hier verwendeten Aufbau wurde ein ca. 2 mm langer Abschnitt der Zugprobe mit einer Auflösung von 3000 Pixeln erfasst. Die Bildwiederholrate von 2 Hz erbrachte während der Versuchsdurchführung eine Bildfolge bestehend aus ca. 150-250 Einzelbildern. Zunächst wird über das erste Kamerabild ein Rechteckgitter gelegt, deren Knoten im Folgenden „Marker“ genannten werden. Die relative Bewegung der Marker von Bild zu Bild wurde mithilfe eines Bildkorrelationsverfahrens [141] errechnet. Ausgehend von den Positionen der Marker für jeden Zeitpunkt können die Dehnungen der betrachteten Oberfläche kalkuliert werden.

Biegemomente und Scherkräfte, die auf die Probe wirken und ein inhomogenes Spannungsfeld verursachen sind zwar für einen einachsigen Zugversuch gänzlich ungeeignet, aber im hier verwendeten Versuchsaufbau nicht vermeidbar gewesen. Diese Biegemomente werden verursacht durch geringe elastische Verformungen des Gestänges in ungewollte Richtungen bzw. durch Fertigungstoleranzen der Proben und deren Halterung. Im Normalfall werden zum einen ungewünschten Spannungsspitzen beim Testen von duktilen Materialien durch lokale plastische Verformung während des Zugversuchs abgebaut und zum anderen sind die Dehnungen und Dimensionen deutlich größer, sodass Fertigungstoleranzen relativ gesehen geringer ausfallen.

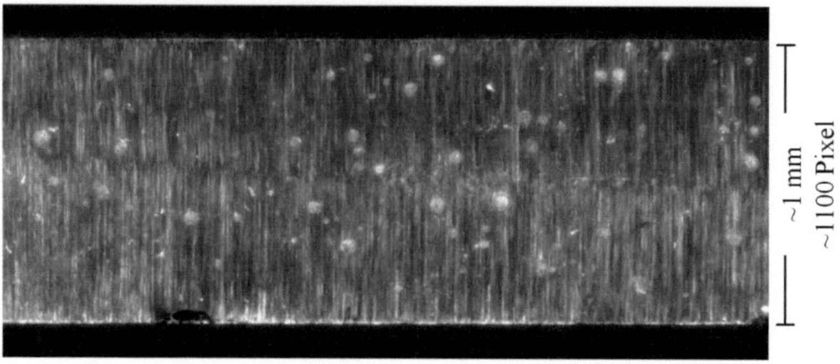

Abb. J.1:. Letztes Kamerabild kurz vor dem Bruch (Bildebene ist parallel zu den beiden Bolzen und hier um 90° gedreht dargestellt - sprich waagrecht statt senkrecht).

Zur Berücksichtigung des zumindest größten Biegemomentes wird ein um einen Mittelpunkt gebogenes Rechteckgitter als Modell für die Marker-Positionen verwendet (siehe Abb. J.2). Dieses Gittermodell wird durch sechs Parameter festgelegt (ρ_i, ρ_a, c_x, c_y, α_o und α_u).

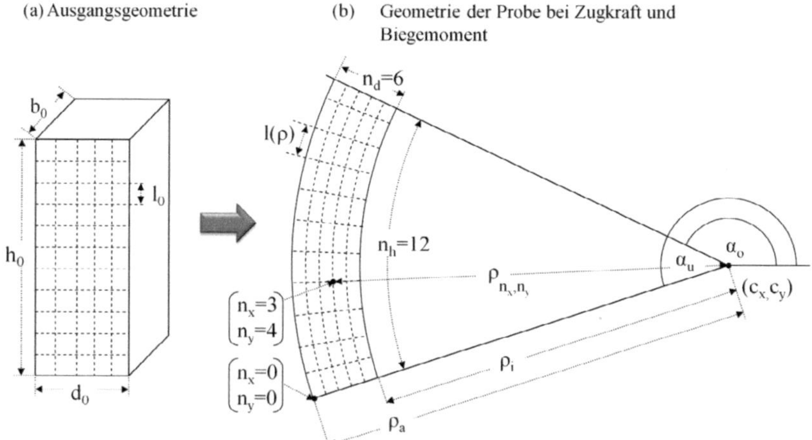

Abb. J.2: (a) Anfangsgitter der Marker-Positionen im unbelasteten Fall und (b) Gitter, welches um einen Mittelpunkt gebogen ist, für den Fall mit überlagerter Zugkraft und Biegemoment. Die eingetragenen Zahlen sind Beispielwerte zur Veranschaulichung.

Ausgangspunkt ist nach wie vor ein regelmäßiges Rechteckgitter, welches die Marker-Positionen des Anfangszustandes beschreibt. Hier liegt der Mittelpunkt sozusagen im Unendlichen. Nach gleichzeitigem Aufbringen von Zugkraft und Biegemoment sind die Marker um ein Zentrum herum angeordnet, welches mit steigender Last immer näher an das Gitter rückt. Die Bestimmung der Parameter ρ_i, ρ_a, c_x, c_y, α_o und α_u erfolgt für jedes einzelne Kamerabild, unabhängig von den restlichen Aufnahmen, durch eine mathematische Anpassung. Hierfür werden die Parameter mithilfe des Levenberg-Marquardt-Algorithmusses so variiert, dass die Summe

$$\sum_{i=0}^{n_h \cdot n_d} \left(x_i - x_{n_x,n_y}\right)^2 + \left(y_i - y_{n_x,n_y}\right)^2 \tag{J.1}$$

minimal wird. n_h und n_d sind dabei die Anzahl der Marker-Reihen bzw. -Spalten, (x_i, y_i) die Position des i-ten Markers und $\left(x_{n_x,n_y}, y_{n_x,n_y}\right)$ die Knotenposition des angepassten Modells. Die Summe (J.1) entspricht somit der Abweichung von Kamerabild und Modell. n_x und n_y bezeichnen die Position des Knotenpunktes innerhalb des Gitters. Die Knotenpositionen des angepassten Modells können wie folgt in kartesischen Koordinaten dargestellt werden:

$$\begin{aligned} x_{n_x,n_y} &= c_x + \rho_{n_x,n_y} \cos \theta_{n_x,n_y} \\ y_{n_x,n_y} &= c_y + \rho_{n_x,n_y} \sin \theta_{n_x,n_y} \end{aligned} \tag{J.2}$$

Als Polarkoordinaten dargestellt haben sie folgende Form:

$$\begin{aligned} \rho_{n_x,n_y} &= \rho_a - \frac{\rho_a - \rho_i}{n_d - 1} \cdot n_x \\ \theta_{n_x,n_y} &= \alpha_u + \frac{\alpha_o - \alpha_u}{n_h - 1} \cdot n_y \end{aligned} \tag{J.3}$$

wobei α_u und α_o die Winkel zur unteren und oberen Marker-Reihe und ρ der Abstand zum Mittelpunkt sind. Die Indizes i und a von ρ kennzeichnen die innere und äußere Kante. Der Abstand zweier übereinander angeordneter Nachbarknotenpunkte beträgt:

$$l(\rho) = \rho \frac{\alpha_u - \alpha_o}{n_h - 1} \cdot 1 \tag{J.4}$$

Die technische Dehnung tangential zur Biegung ist somit durch $l(\rho)$ und dem anfänglichen Marker-Abstand l_0 gegeben:

$$\varepsilon_{||}(\rho) = \frac{l(\rho) - l_0}{l_0} \tag{J.5}$$

Sofern keine plastische Verformung vorliegt ist die Spannung proportional zur Dehnung:

$$\sigma_{||}(\rho) = E \cdot \varepsilon_{||}(\rho) \tag{J.6}$$

Die Breite b und Dicke d der Probe werden als konstant angenommen:

$$b = b_0 \left(1 - \frac{\nu \cdot \sigma_{||}}{E}\right) \approx b_0 \tag{J.7}$$

$$d = \int_{\rho_i}^{\rho_a} d\rho = d_0 \left(1 - \frac{\nu \cdot \sigma_{||}}{E}\right) \approx d_0 \tag{J.8}$$

Die Zugkraft F ist gleich dem Integral der Spannung $\sigma_{||}(\rho)$ über die Querschnittsfläche $b \cdot d$:

$$F = b \cdot \int_{\rho_i}^{\rho_a} E \cdot \varepsilon_{||}(\rho) \cdot d\rho \tag{J.9}$$

Durch Umstellen der Gleichung (J.6) und Lösen des Integrals kann der E-Modul anhand der Zugkraft F und der angepassten Parameter des gebogenen Gittermodells errechnet werden:

$$E = \frac{F}{b\left(\frac{1}{2l_0(n_h - 1)}(\alpha_u - \alpha_o)({\rho_a}^2 - {\rho_i}^2) - (\rho_a - \rho_i)\right)} \tag{J.10}$$

Die Zugfestigkeit R_m der äußeren Randfaser ergibt sich letztlich wie folgt:

$$R_m = \max_{\rho_i<\rho<\rho_a}\left(\sigma_{||}(\rho)\right) = \sigma_{||}(\rho_a) \tag{J.11}$$

Die folgenden Grafiken dienen zur Veranschaulichung der angepassten (Abb. J.5 und Abb. J.4) und daraus abgeleiteten Größen (Abb. J.5 und Abb. J.6). Die gezeigten Werte stammen von einer gesinterten Probe mit einem Wolframanteil von 40 Vol.-%.

(a)

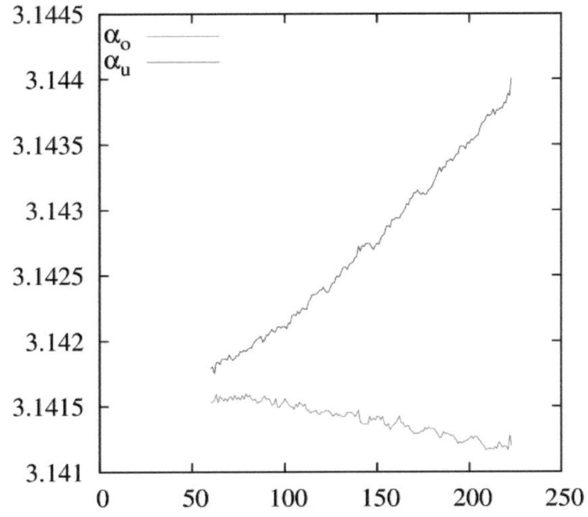

Abb. J.3: Entwicklung der Winkel α_o und α_u.

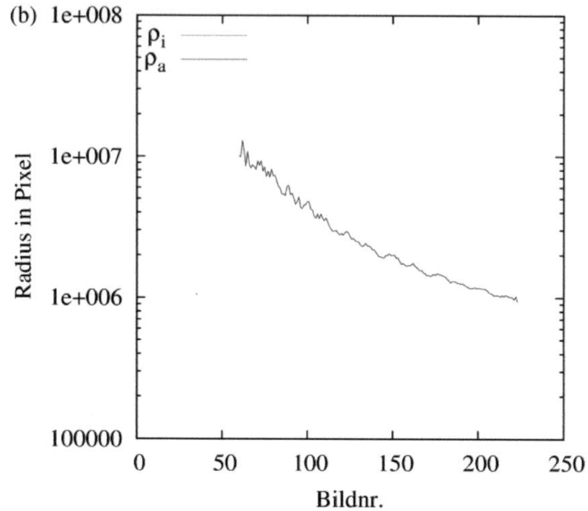

Abb. J.4: Entwicklung der Radien ρ_i und ρ_a. Der geringe Unterschied (~1000 Pixel) der Radien lässt beide Kurven deckungsgleich erscheinen.

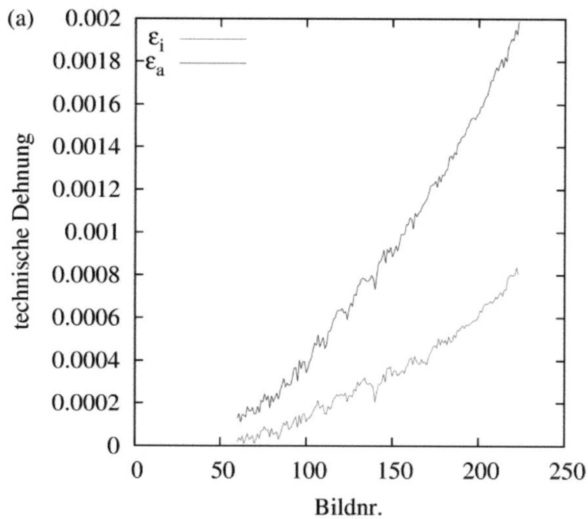

Abb. J.5: Entwicklung der Innendehnung ε_i und Außendehnung ε_a.

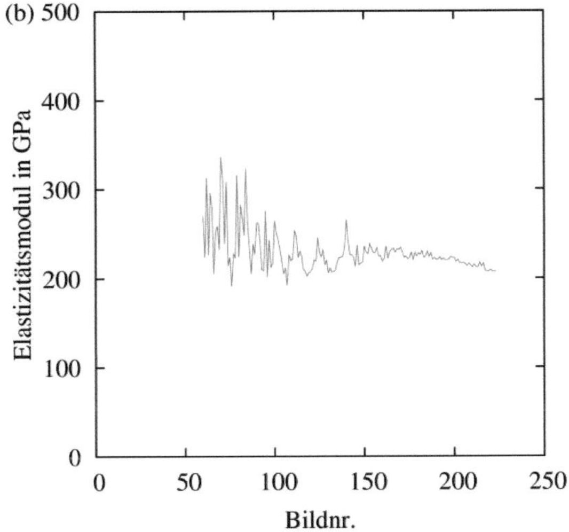

Abb. J.6: Entwicklung des Elastizitätsmoduls *E*.

Die Qualität der Anpassung sowie die Eignung des Modells wird zum einen anhand der Summe (J.1) wiedergespielt. Zieht man gemäß dem Satz von Pythagoras die Wurzel der einzelnen Summenglieder, erhält man den Abstand eines jeden Markers zum Knotenpunkt des Gittermodells. Im Schnitt beträgt diese Summe der Abstände ~450 Pixel, sodass bei 3300 Markern ein durchschnittlicher Fehler von ~0,136 Pixel vorliegt. Desweiteren wird die Eignung des Modells durch die Abweichungsrichtung bestätigt, die, wie in Abb. J.7 (b) zu sehen ist, statistisch verteilt ist. Wären Muster durch tendenziell gleichgerichtete Abweichungsrichtungen zu erkennen, so würde dies auf ein ungeeignetes Modell hindeuten.

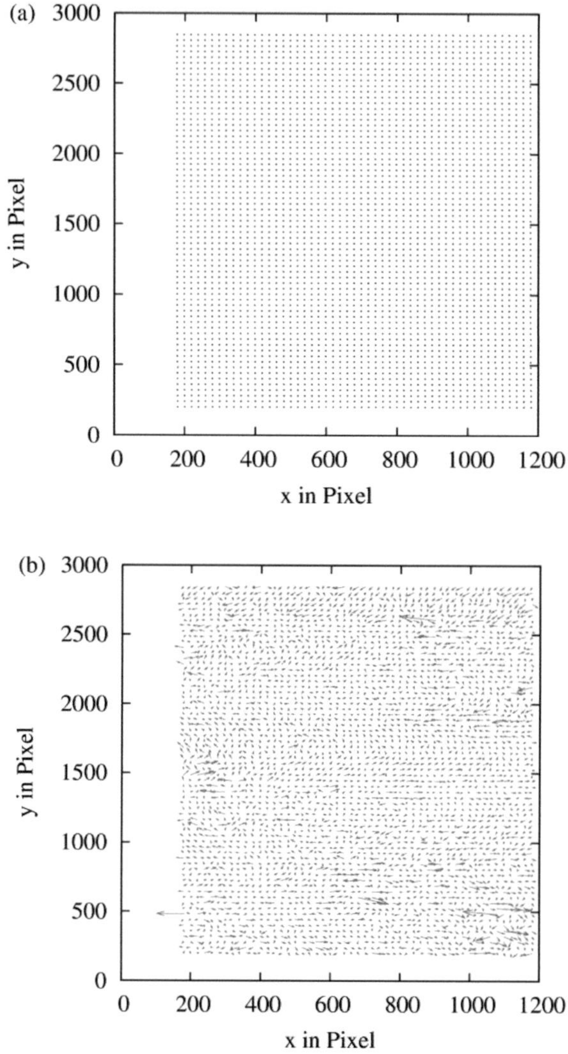

Abb. J.7: (a) Marker-Positionen und Anpassung bei Belastung und (b) Fehler der Anpassung (Vektorpfeile zeigen vom Marker zum Knotenpunkt des Modells und sind dabei 100-fach verlängert).

Trotz der bisher umfangreichen und tiefreichenden Berechnungen zur Auswertung der Zugversuche, sind die letztlich erzielten Ergebnisse bzgl. der E-Moduln vermutlich fehlerbehaftet (siehe Abb. J.8). Abgesehen von einer großen Streuung von ± 50 GPa für identisches Probenmaterial, zeigte sich keine Abhängigkeit der Wolframkonzentration. Alle ermittelten Werte liegen, abgesehen von der Streuung, in dem für Stahl typischen Bereich von 200-220 GPa. Die Ursachen hierfür können noch unerkannte weitere Biegemomente, Risse in der Wolframmatrix oder plastische Verformung der Proben sein. Letzteres führt dazu, dass die Annahme (J.6) ungültig ist. Da die in Abb. J.8 gezeigten Messwerte aus den soeben genannten Gründen mit großer Unsicherheit behaftet sind, werden sie lediglich im Anhang gezeigt und sind nicht Teil der in Kapitel 5.3 präsentierten Ergebnissen.

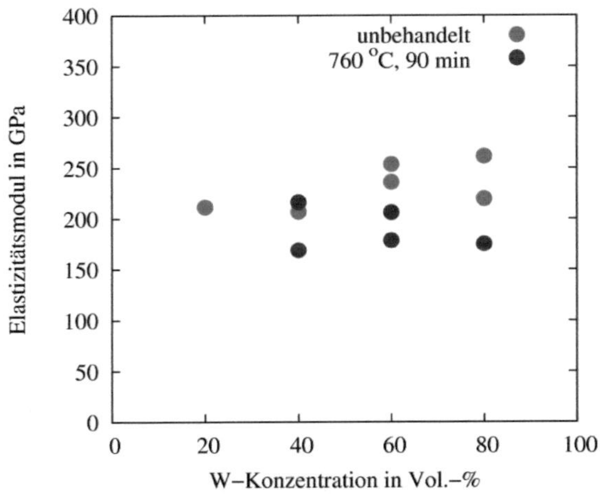

Abb. J.8: E-Moduln der gesinterten Proben (siehe Kapitel 5.3) gemäß der hier beschriebenen Auswertemethode bestimmt.

Anhang K: Substrathalterung für die VPS-Versuche

Wie bereits in Kapitel 5.2 beschrieben, fanden während der Durchführung der VPS-Experimente zwei verschiedene Substrattypen Anwendungen: zum einen WL10-Substrate in zylindrischer Form mit einem Durchmesser von 12,7 mm und einer Höhe von 4 mm und zum anderen Graphitsubstrate mit den Abmessungen 5x50x50 mm. Da das Evakuieren der Vakuumkammer einen erheblichen Zeitanteil eines Abscheide-Durchgangs ausmacht, wurde die Halterung so konzipiert, dass möglichst viele Substrate innerhalb eines Durchgangs auf einmal beschichtet werden können. Das Grundelement der verwendeten Substrathalterung ist eine U-förmige Blockhalterung, siehe Abb. K.3, dessen Arme mit einem auf der Rückseite angeschweißtem Blech stabilisiert werden. Entlang der seitlichen Schienen der Blockhalterung können nun wahlweise 3 Blöcke, siehe Abb. K.1 bzw. Abb. K.2, hineingeschoben werden. Ein Block kann vier WL10-Substrate bzw. ein Graphitsubstrat aufnehmen, die jeweils mit einer bzw. zwei Schrauben fixiert werden. Die Fixierschrauben der Blöcke für WL10-Substrate werden von dem Plasmastrahl durch ein angeschweißtes Blech (in blau dargestellt) abgeschirmt. Die Blöcke werden jeweils durch ein Schutzblech wie in Abb. K.4 dargestellt voneinander getrennt, da die Plasmaflamme einen gewissen Streuradius aufweist. Insgesamt können 12 WL-10 Substrate bzw. 3 Graphitsubstrate pro Durchgang beschichtet werden. Als Material wurde gewöhnlicher ST37-Baustahl gewählt, welcher Temperaturen zwischen 600 und 800 °C standhält. Alle Einheiten und Maße in den Abbildungen sind in Millimeter angegeben.

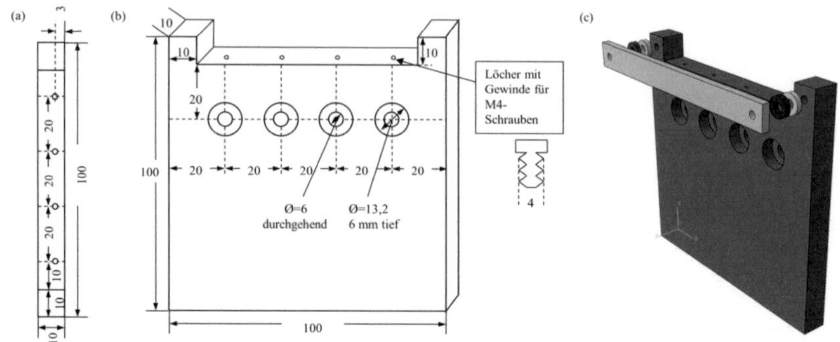

Abb. K.1: Block für WL10-Substrate: (a) Sicht von oben, (b) Frontalansicht und (c) 3D-Ansicht.

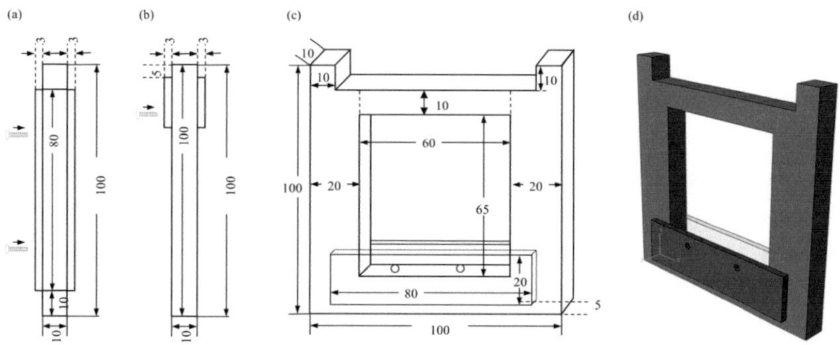

Abb. K.2: Block für Graphitsubstrate: (a) Seitenansicht, (b) Sicht von oben, (c) Frontalansicht und (d) 3D-Ansicht.

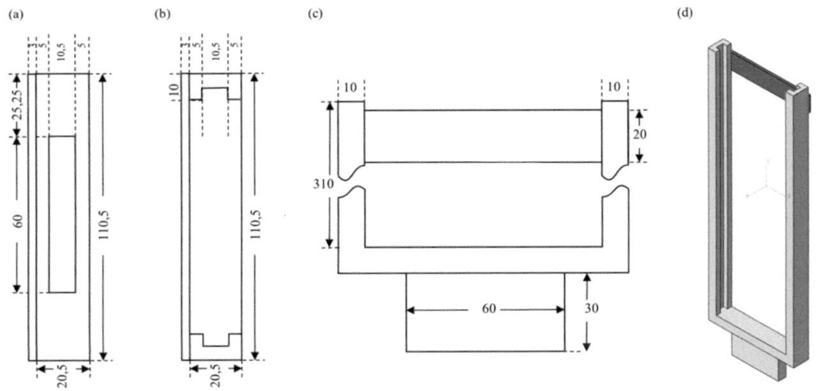

Abb. K.3: Block-Halterung: (a) Sicht von unten, (b) Sicht von oben, (c) Frontalansicht und (d) 3D-Ansicht.

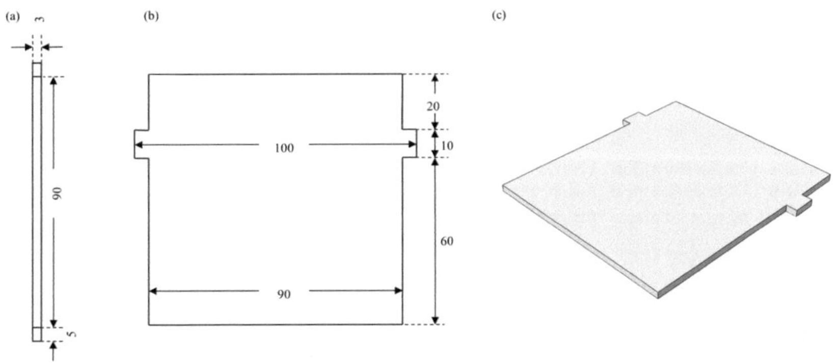

Abb. K.4: Schutzblech: (a) Frontalansicht, (b) Sicht von oben und (c) 3D-Ansicht.

Anhang L: Pulveraufnahme-Container für die Explosivverdichtung

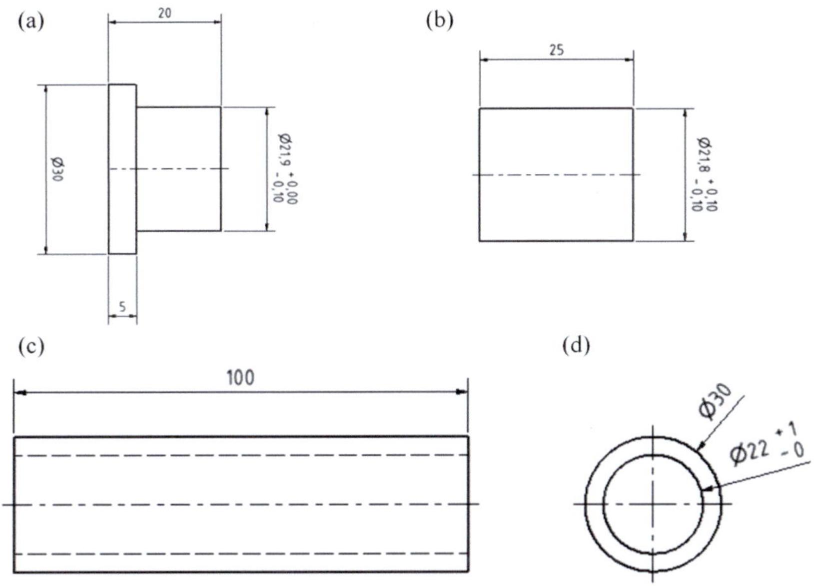

Abb. L.1: Techn. Zeichnung (a) des unteren Stopfens, (b) des oberen Stopfens und (c)/(d) der Pulverummantelung. Die Bauteile sind jeweils aus rostfreiem Stahl gefertigt.

Abb. L.2: Pulveraufnahme-Container mit herausragendem unteren Stopfen nach einer Sprengung.

Abkürzungsverzeichnis

Numerik

FEM	-	Finite Elemente Methode
STAU	-	Statistische Auswertung

Fusionstechnologie

ITER	-	engl. International Thermonuclear Experimental Reactor
DEMO	-	engl. DEMOnstration Power Plant
IFMIF	-	engl. International Fusion Materials Irradiation Facility
HEMJ	-	engl. helium-cooled divertor with multiple-jet cooling
ELM	-	engl. edge localized mode
VDE	-	engl. vertical displacement event
CRPP	-	engl. Centre of Researching Plasma Physics
KIT	-	Karlsruher Institut für Technologie

Werkstoffkennwert

RT	-	Raumtemperatur
DBTT	-	engl. ductile to brittle transition temperature
At.-%	-	Atomprozent
Gew.-%	-	Gewichtsprozent
Vol.-%	-	Volumenanteil in Prozent
dpa	-	engl. displacements per atom

Werkstoff

FGM	-	engl. functionally graded material
WL10	-	Wolfram-Dilanthantrioxid (1,0 Gew.-% La_2O_3)
ODS	-	engl. oxide dispersion strengthened

Herstellungsverfahren

CVD	-	engl. Chemical Vapour Deposition
PVD	-	engl. Physical Vapour Deposition
APS	-	Atmosphärisches Plasmaspritzen
VPS	-	Vakuum-Plasmaspritzen

MS	-	Magnetronsputtern
CMSII	-	engl. Combined Magnetron Sputtering and Ion Implantation
LC	-	engl. Laser Cladding
LSAS	-	Laserstrahl-Auftragsschweißen
SLS	-	engl. Selective Laser Sintering
RSUHP	-	engl. Resistance Sintering under Ultra High Pressure
SPS	-	engl. Spark Plasma Sintering
EPD	-	engl. Electrophoretic Deposition
TAC	-	engl. transferred arc-cleaning
DC	-	engl. direct current
CCD	-	engl. Charge-coupled Device

Analysemethode

AES	-	Auger-Elektronen-Spektroskopie
REM	-	Rasterelektronenmikroskop
TEM	-	Transmissionselektronenmikroskop
FIB	-	engl. focused ion beam
EDX	-	Elektronendispersive Röntgenstrahlanalyse
XRD	-	Röntgendiffraktometrie

Allgemein

bzgl.	-	bezüglich
therm.	-	thermisch
techn.	-	technisch
engl.	-	englisch

Nomenklatur

Lateinische Zeichen

a	:	An- bzw. Risslänge
b	:	Weibull-Parameter bzw. Breite der Flachzugprobe und des Biegebalkens
c	:	Mittelpunkt
d	:	Dicke, Diagonale, Abstand
e	:	Netzebenenabstand
f	:	Feldvariable, welche das Gradierungsniveau wiederspiegelt
g	:	Erdbeschleunigung
h	:	Höhe, Eindringtiefe
i	:	Index, Zählervariable
l	:	Länge
m	:	Weibull-Exponent, Masse des Pendelhammers
n	:	Kriechexponent
p	:	Gasdruck
q	:	Wechselwirkungs-Parameter für Kriechermüdung
r	:	Radius
t	:	Zeit
v	:	Volumenanteil
x, y, z	:	Koordinaten im Euklidischen Raum
A	:	Fläche
C	:	Kriechfaktor, Koeffizient für Spitzenkalibration bei der Nanoindentation
D	:	Durchmesser, Korngröße, Schaden / engl. damage
E	:	Elastizitätsmodul
F	:	Kraft
G	:	Schubmodul
K	:	Kompressionsmodul, Spannungsintensitätsfaktor
M	:	durchschnittl. Anzahl Anrisse

N	:	Anzahl (Zyklen, Proben, Zeitschritte)
P	:	Ausfallwahrscheinlichkeit bzw. Larson-Miller-Parameter
R_m	:	Zugfestigkeit
R_p	:	Streckgrenze
$R_{p0,2\%}$	:	0,2%-Streckgrenze
R_a	:	Arithmetischer Mittenrauwert
R_q	:	Quadratischer Mittenrauwert
R_t	:	Rautiefe
R_z	:	Gemittelte Rautiefe
S	:	elastische Entlastungssteifigkeit
T	:	Temperatur
V	:	Volumen
Y	:	Formfaktor in der Bruchmechanik
Z	:	Kerbschlagzähigkeit

Griechische Zeichen

α_{th}	:	thermischer Ausdehnungskoeffizient
α	:	Orientierungswinkel des Oberflächenanrisses
β_L^f	:	korrigierter Lorentz-Anteil
β_G^f	:	korrigierter Gauß-Anteil
δ	:	Dicke des Bereichs mit feinen Elementen
ε	:	Dehnung
ϵ	:	Indenter-Geometrieparameter
$\Delta\varepsilon$	:	Dehnungsschwingbreite
η	:	Teilchendichte des Plasmas
θ	:	Temperatur in Grad Celsius bzw. Winkel im Polarkoordinatensystem
θ_B	:	Bragg-Winkel
λ	:	Wellenlänge
ν	:	Querkontraktionszahl
ξ	:	Anpassungsparameter im Mischungsregel-Modell von Halpin & Tsai
π	:	Kreiszahl

ρ	:	Radius
σ	:	Spannung
$\vec{\omega}$	:	Orientierungswinkel des Volumenanrisses
τ	:	Einschlussdauer des Plasmas bzw. Scherspannung

Indizes

el	:	elastisch
in	:	inelastisch
th	:	thermisch
pl	:	plastisch
cr	:	engl. creep
max	:	Maximalwert
min	:	Minimalwert
k	:	Komposit
m	:	Matrix
p	:	Partikel
0	:	Anfangsphase, Anfangswert
H	:	engl. high temperature phase / Haltezeit
L	:	engl. low temperature phase / Kaltphase
R	:	engl. ramp phase / Temperaturanstiegsphase
F	:	engl. fall phase / Temperaturabstiegsphase
W	:	Wolfram
Fe	:	Eisen bzw. EUROFER97
Cr	:	Chrom
He	:	Helium
$radial$	:	senkrecht zur Rotationsachse
$axial$	:	paraller zur Rotationsachse
a	:	außen

i	:	innen, Zeitschrittnummer
o	:	oben
u	:	unten
q	:	Querschnitt
x	:	bzgl. x-Richtung
y	:	bzgl. y-Richtung
V	:	Volumen
A	:	Oberfläche / engl. area
$Mises$	:	von-Mises-Vergleichsspannung
äq	:	äquivalente Vergleichsspannung
I, II, III	:	Hauptspannungskomponenten bzw. Bruchmoden
r	:	Bruch / engl. rupture
z	:	Zyklus
t, *total*	:	total
d	:	Schädigung / engl. damage
f	:	Festigkeit bzw. Ermüdung / engl. fatique
c	:	kritisch / engl. critical
E	:	Eindruck einer Härteprüfung
K	:	Kontakt der Spitze mit Prüfkörper bei einer Härteprüfung
s	:	Einsinken des Prüfkörpermaterials um die Indenterspitze herum
F	:	einzelner Fingerhut
D	:	alle Fingerhüte des Divertors

Danksagung

Herrn Prof. Dr. rer. nat. O. Kraft gilt mein Dank für die Möglichkeit, diese Arbeit an seinem Institut durchführen zu können, als auch für seine wertvolle fachliche Unterstützung bei regelmäßig stattfinden Besprechungsrunden.

Dankbar bin ich Herrn PD Dr. J. Aktaa für seine wissenschaftliche Betreuung dieser Arbeit und die anregenden Diskussionen, die immer neue Wege aufgezeigt haben. Gleicherweise schätze ich seine Förderung meines Auslandsaufenthaltes in Beijing und meiner Konferenzteilnahmen in Italien und China.

Herrn Prof. Dr. V. Saile danke ich für die Übernahme des Prüfungsvorsitzenden. Ebenso bin ich Herrn Prof. Dr.-Ing. M. Heilmaier für seinen Einsatz als Korreferent und sein Interesse an der Arbeit dankbar.

Mein herzlicher Dank gilt den Kollegen vom Nachbarinstitut IAM-AWP für die Herstellung der Sputterschichten, die unter der Leitung von Herrn Dr. M. Stüber und Herrn Dr. S. Ulrich durchgeführt worden sind. Ebenso möchte ich den beiden Technikern, Herrn S. Mumbauer und Herrn S. Schweiger, für die Messung der Oberflächenrauhigkeit danken. Herrn R. Lindau schulde ich meinen Dank für das Bereitstellen von EUROFER97-Pulver sowie Materialkennwerten des sich in Entwicklung befindlichen ODS-EUROFER.

Herrn Prof. Dr. Robert Vaßen und Herrn K.-H. Rauwald vom Institut für Energie- und Klimaforschung des Forschungszentrums Jülich gilt mein aufrichtiger Dank für die großzügige Herstellung plasmagespritzter Schichten.

Herrn Prof. Dr. Z. Zhou und Frau D. Qu danke ich vielmals für die überaus angenehme Gastfreundschaft während meines Aufenthaltes an der Universität für Wissenschaft und Technik in Beijing. Sehr zu schätzen weiß ich das Bereitstellen der gesinterten Proben.

Ebenso bedanke ich mich für die Leistungen von Herrn B. Rieger, der mit seinen ausgeprägten sprengtechnischen Kenntnissen zahlreiche Vorversuche durchführte. Ohne seine aufopfernde Unterstützung wären die hier gezeigten Ergebnisse nicht möglich gewesen.

Zu erwähnen ist auch die wertvolle Beihilfe meiner Kollegen, die entscheidend zum Gelingen dieser Arbeit beigetragen haben. Deshalb bedanke ich mich bei Frau Dr. I. Sacksteder für die Einweisung am Makroindenter, bei Herrn Dr. W. W. Basuki für die zahllosen Diffusionsschweißungen, bei Herrn Dr. M. Walter und Herrn A. Mehrling für die Mitarbeit an den Zugversuchen, bei Frau W. Sittel für die TEM-Untersuchung, bei Frau D. Exner für die TEM-Lamellen-Präparation, bei Frau T. Martin für die Ultraschall-Analyse und bei Herrn Dr. H. Gesswein vom Nachbarinstitut IAM-WPT für die XRD-Messungen.

Den drei Technikern unserer Arbeitsgruppe, Herrn M. Klotz, Herrn S. Kohnle und Herrn U. Bürkle, danke ich für die tatkräftige Unterstützung. Auf ihre schnelle Hilfe bei technischen Fragestellungen konnte ich jederzeit zuverlässig zurückgreifen. Tief berührt richte ich mein Beileid den Angehörigen von Herrn U. Bürkle, der bei einem Wanderurlaub tragischer Weise ums Leben kam.

Den Kollegen aus der Nachbararbeitsgruppe WM1 danke ich für die tolle Skifreizeit und den entspannenden Spielen am Kickertisch. Insbesondere möchte ich Herrn J. Lohmiller für die fachliche Unterstützung bei der Auswertung der XRD-Analyse sowie Herrn Dr. C. Eberl und Frau Dr. R. Schwaiger für die Einweisung am Nanoindenter danken. Herrn Dr. M. Härtelt sei ebenfalls gedankt für seine hervorragende Beihilfe bezüglich der probabilistischen Analyse. Dankbar bin ich ebenfalls den beiden amerikanischen Forschern Herrn S. Boles und Herrn D. Burns für das Korrekturlesen von Publikationen.

Mein Dank gilt in besonderer Weise Frau T. Fabry von der Hauptwerkstatt für das Drahterodieren unzähliger Proben, da sie mit viel Geduld jede individuelle Geometrie anstandslos anfertigte. Ebenso möchte ich Herrn S. Dichiser und seinen Kollegen für das Drehen der Zylinder und Zugproben danken.

Ein großes Dankeschön an alle meine Doktoranden-Kollegen, die mich in einer meist heiteren Arbeitsatmosphäre in den letzten Jahren begleitet haben. Besonders danke ich Herrn B. Albinski, Herrn M. Funk, Herrn M. Scherwitz und Herrn F. Guzman für inspirierende Unterhaltungen und Diskussionen, Herrn M. Teutsch für die Armbanduhr-Reparatur, sowie Herrn M. Wobrock für seine Fürsorge als Chauffeur während meiner Invalidität nach einem Bänderriss.

Meinen Eltern danke ich besonders für den gegebenen Rückhalt während meiner gesamten Ausbildungszeit. Nicht zuletzt gilt mein herzlicher Dank meiner Freundin Annette Düren, die diese Arbeit korrekturgelesen hat und vortreffliche Anmerkungen einbrachte.

Referenzen

[1] K. Walter, Meeting the Target Challenge, Science & Technology Review, July/August (2007) 12-19.

[2] D. Keefe, Inertial Confinement Fusion, Annual Review Of Nuclear And Particle Science 32 (1982) 391-441.

[3] ITER Organization, http://www.iter.org/sci/plasmaheating (2012).

[4] A. R. Polevoi, M. Shimada, V. S. Mukhovatov, ITER plasma performance assessment on the basis of newly-proposed scalings, Plasma Physics and Controlled Fusion 48 (2006) A449.

[5] D. J. Ward, The physics of DEMO, Plasma Physics and Controlled Fusion, 52 (2010) 124033.

[6] V. Mukhovatov, M. Shimada, K. Lackner, D. Campbell, N. Uckan, J. Wesley, T. Hender, B. Lipschultz, A. Loarte, R. Stambaugh, R. Goldston, Y. Shimomura, M. Fujiwara, M. Nagami, V. Pustovitov, H. Zohm, I. C. Members, I. T. G. Chairs, Co-Chairs, the ITER International Team, Chapter 9: ITER contributions for Demo plasma development, Nuclear Fusion, 47 (2007) S404.

[7] P. Vladimirov, A. Möslang, Radiation damage conditions for ESS target hull and irradiation rigs, Journal of Nuclear Materials 343 (2005) 205-211.

[8] G. A. Cottrell, R. Pampin, N. P. Taylor, Transmutation and Phase Stability of Tungsten Armor in Fusion Power Plants, Fusion Science and Technology 50 (2005) 89-98.

[9] V. Voyevodin, I. Neklyudov, Modern Status of Accelerators in R&D of Structural Materials for Nuclear Reactors, International Topical Meeting on Nuclear Research Applications and Utilization of Accelerators, Vienna (2009).

[10] U.S. DONE Nuclear Energy Research Advisory Committee and the Generation IV International Forum, A Technology Roadmap for Generation IV Nuclear Energy Systems, (2002).

[11] R. L. Klueh, D. S. Gelles, S. Jitsukawa, A. Kimura, G. R. Odette, B. van der Schaaf, M. Victoria, Ferritic/martensitic steels - overview of recent results, Journal of Nuclear Materials 307-311 (2002) 455-465.

[12] R. Lindau, M. Schirra, First results on the characterisation of the reduced-activation-ferritic-martensitic steel EUROFER, Fusion Engineering and Design 58-59 (2001) 781-785.

[13] E. Gaganidze, H.-C. Schneider, B. Dafferner, J. Aktaa, Embrittlement behavior of neutron irradiated RAFM steels, Journal of Nuclear Materials 367-370 (2007) 81-85.

[14] R. Lindau, A. Möslang, M. Schirra, P. Schlossmacher, M. Klimenkov, Mechanical and microstructural properties of a hipped RAFM ODS-steel, Journal of Nuclear Materials 307-311 (2002) 769-772.

[15] P. Norajitra, A. Gervash, R. Giniyatulin, T. Ihli, W. Krauss, R. Kruessmann, V. Kuznetsov, A. Makhankov, I. Mazul, I. Ovchinnikov, He-cooled divertor for DEMO: Experimental verification of the conceptual modular design, Fusion Engineering and Design 81 (2006) 341-346.

[16] V.Widak, P. Norajitra, Optimization of He-cooled divertor cooling fingers using a CAD-FEM method, Fusion Engineering and Design 84 (2009) 1973-1978.

[17] P. Norajitra, A. Gervashb, R. Giniyatulinb, N. Holsteina, T. Ihlia, G. Janeschitz, W. Kraussa, R. Kruessmanna, V. Kuznetsovb, A. Makhankov b , I. Mazulb , I. Ovchinnikovb , B. Zeep, Development of a He-cooled Divertor: Technological and manufacturing studies on tungsten parts, Symposium on Fusion Engineering (2005).

[18] T. Chehtov, J. Aktaa, O. Kraft, Mechanical characterization and modeling of brazed EUROFER-tungsten-joints, Journal of Nuclear Materials 367-370 (2007) 1228-1232.

[19] M. Koizumi, FGM activities in Japan. Composites 28B (1997) 1-4.

[20] G. Pintsuk, I. Smid, J.-E. Döring, W. Hohenauer, J. Linke, Fabrication and characterization of vacuum plasma sprayed W/Cu-composites for extreme thermal conditions, Journal of Materials Science 42 (2007) 30-39.

[21] J.E. Döring, R. Vaßen, G. Pintsuk, D. Stöver, The processing of vacuum plasma-sprayed tungsten-copper composite coatings for high heat flux components, Fusion Engineering and Design 66-68 (2003) 259-263.

[22] G. Pintsuk, S.E. Brünings, J.E. Döring, J. Linke, I. Smid, L. Xue, Development of W/Cu-functionally graded materials, Fusion Engineering and Design 66-68 (2003) 237-240.

[23] Z.-J. Zhou, J. Du, S.-X. Song, Z.-H. Zhong, C.-C. Ge, Microstructural characterization of W/Cu functionally graded materials produced by a one-step resistance sintering method, Journal of Alloys and Compounds 428 (2007) 146-150.

[24] G. Pintsuk, S. E. Brünings, J. E. Döring, J. Linke, I. Smid, L. Xue, Development of W/Cu--functionally graded materials, Fusion Engineering and Design 66-68 (2003) 237-240.

[25] J. Pintsuk, Integration eines funktionell gradierten WCu-Übergangs für Divertorkomponenten von Fusionsanlagen, (2004).

[26] E. Lassner, W.-D. Schubert, Tungsten - Properties, Chemistry, Technology of the Element, Alloys, and Chemical Compounds, Kluwer Academic / Plenum Publishers, New York (1999).

[27] E. Rudy, St. Windisch, and J. R. Hoffman, AFML-TR-65-2, Part I, Vol. VI, Air Force Materials Laboratory, Res. And Techn. Div., Dayton, Ohio (1966).

[28] L. Greenwood, F. Garner, Transmutation of Mo, Re, W, Hf, and V in various irradiation test facilities and STARFIRE, Journal of Nuclear Materials 212-215, Part 1 (1994) 635-639.

[29] P. Gumbsch, Brittle fracture and the brittle-to-ductile transition of tungsten, Journal of Nuclear Materials 323 (2003) 304-312.

[30] D. Rupp, S. M. Weygand, Anisotropic fracture behaviour and brittle-to-ductile transition of polycrystalline tungsten, Philosophical Magazine 90 (2010) 4055-4069.

[31] Plansee AG, Broschüre: Wolfram - Werkstoffeigenschaften und Anwendungen, www.plansee.com, (2010).

[32] M. Walter, Karlsruhe Institute of Technology - Institute for Applied Materials, Germany, Private Communication, (2011).

[33] M. Schirra, A. Falkenstein, P. Graf, S. Heger, H. Kempe, R. Lindau, H. Zimmermann, Ergebnisse von Charakterisierungsuntersuchungen zu physikalischen und mechanischen Eigenschaften des martensitischen 9% Cr-Stahles EUROFER97, FZKA 6707, (2002).

[34] E. Materna-Morris, C. Adelhelm, S. Baumgärtner, B. Dafferner, P. Graf, S. Heger, U. Jäntsch, R. Lindau, C. Petersen, M. Rieth, R. Ziegler, H. Zimmermann, Structural material EUROFER97-2: characterization of rod and plate material: structural, tensile, Charpy and creep properties, (2007).

[35] A. Danon, A. Alamo, Behavior of Eurofer97 reduced activation martensitic steel upon heating and continuous cooling, Journal of Nuclear Materials 307-311, Part 1 (2002) 479-483.

[36] A. Paúl, A. Beirante, Nuno Franco, Eduardo Alves, José Antonio Odriozola, Phase Transformation and Structural Studies of EUROFER RAFM Alloy, Materials Science Forum 514-516 (2006) 500-504.

[37] G. Yu and N. Nita and N. Baluc, Thermal creep behaviour of the EUROFER 97 RAFM steel and two European ODS EUROFER 97 steels, Fusion Engineering and Design 75-79 (2005) 1037-1041.

[38] R. Schäublin, A. Ramar, N. Baluc, V. de Castro, M. Monge, T. Leguey, N. Schmid, C. Bonjour, Microstructural development under irradiation in European ODS ferritic/martensitic steels, Journal of Nuclear Materials 351 (2006) 247-260.

[39] P. S. Turner, Thermal expansion stresses in reinforced plastics, J. Res. NBS 37 (1946) 239.

[40] E. H. Kerner, The Elastic and Thermo-elastic Properties of Composite Media, Proceedings of the Physical Society. Section B 69 (1956) 808.

[41] J. P. Thomas, Effect of Inorganic Fillers on Coefficient of Thermal Expansion of Polymetric Materials, Tech. Report, AD, 287826, (1966).

[42] R. R. Tummala, A. L. Friedberg, Thermal Expansion of Composite Materials, Journal of Applied Physics 41 (1970) 5104-5107.

[43] M. Taya, S. Hayashi, A. S. Kobayashi, et al., Toughening of a Particulate Ceramic-Matrix Composite by Thermal Residual Stress, J. Am. Ceram. Soc. 73 (1990) 1382–1391.

[44] W. Voigt, Über die Beziehung zwischen den beiden Elastizitätskonstanten isotroper Körper, Wiedmanns Annalen der Physik und Chemie 38 (1889) 573-587.

[45] A. Reuss, Berechnung der Fließgrenze von Mischkristallen auf Grund der Plastizitätsbedingung für Einkristalle, Z. Angew. Math. Mech. 9 (1929) 49–58.

[46] Z. Hashin, S. Shtrikman, A variational approach to the theory of the elastic behaviour of multiphase materials, Journal of the Mechanics and Physics of Solids 11 (1963) 127-140.

[47] J. C. H. Affdl, J. L. Kardos, The Halpin-Tsai equations: A review, Polymer Engineering & Science 16 (1976) 344-352.

[48] J. C. Halpin, K. M. Finlayson, J. E. Ashton, Primer on composite materials analysis, (1992).

[49] Y. Itoh, M. Takahashi, H. Takano, Design of tungsten/copper graded composite for high heat flux components, Fusion Engineering and Design 31 (1996) 279-289.

[50] ABAQUS 6.6 User's Manual Analysis, ABAQUS, Inc., Providence, RI, 2006.

[51] P. Norajitra, S.I. Abdel-Khalik, L.M. Giancarli, T. Ihli, G. Janeschitz, S.Malang, I.V. Mazul, P. Sardain, Divertor conceptual designs for a fusion power plant, Fusion Engineering and Design 83 (2008) 893–902.

[52] R. von Mises, Mechanik der plastischen Formänderung von Kristallen, ZAMM 8 (1928) 161-185.

[53] F. Tavassoli, Fusion Demo Interim Design Criteria (DISDC)/Appendix A: Material Design Limit Data/A3.S18E Eurofer Steel, DMN Technical Report, DMN/DIR/NT/2004-000/A (2004).

[54] ITER Materials Properties Handbook (MPH), ITER Doc. G 74 MA 16 04-05-07 R0.1 (internal project document distributed to the ITER Participants).

[55] R. Lindau, Karlsruhe Institute of Technology - Institute for Applied Materials, Karlsruhe, Germany, Private communication, (2011).

[56] P. Fernández, A. Lancha, J. Lapeña, R. Lindau, M. Rieth, M. Schirra, Creep strength of reduced activation ferritic/martensitic steel EUROFER97, Fusion Engineering and Design 75-79 (2005) 1003–1008.

[57] J. Linke, Plasma facing materials and components for future fusion devices: development, characterization and performance under fusion specific loading conditions, Physica Scripta T123 (2006) 45-53.

[58] M. Fujitsuka, B. Tsuchiya, I. Mutoh, T. Tanabe, T. Shikama, Effect of neutron irradiation on thermal diffusivity of tungsten-rhenium alloys, Journal of Nuclear Materials 283-287, Part 2 (2000) 1148-1151.

[59] M. Gilbert, J.-C. Sublet, Neutron-induced transmutation effects in W and W-alloys in a fusion environment, Nuclear Fusion 51 (2011) 043005.

[60] T. Noda, M. Fujita, M. Okada, Transmutation and induced radioactivity of W in the armor and first wall of fusion reactors, Journal of Nuclear Materials 258-263, Part 1 (1998) 934-939.

[61] I. Smid, M. Akiba, G. Vieider, L. Plöchl, Development of tungsten armor and bonding to copper for plasma-interactive components, Journal of Nuclear Materials 258-263, Part 1 (1998) 160-172.

[62] J. Aktaa, M. Weick, M. Walter, High Temperature Creep-Fatigue Structural Design Criteria for Fusion Components Built from EUROFER97, FZKA 7309, (2007).

[63] B.F. Langer, Design of pressure vessels for low cycle fatigue, J. Basic Engg. 84 (1962) 389-402.

[64] P. Plantin, A.-L. Thomann, P. Brault, B. Dumax, J. Mathias, T. Sauvage, A. Pineau, Study of deposition and post-oxidation of d.c. magnetron sputtered W/Fe bilayers, Surface and Coatings Technology 200 (2005) 408-412.

[65] A. Brückner-Foit, A. Heger, K. Heiermann, P. Hülsmeier, A. Mahler, A. Mann, Ch. Ziegler, STAU 4 User's manual, Forschungszentrum Karlsruhe (2003).

[66] S.B. Batdorf, H.L. Heinisch, J. Am. Ceram. Soc. 61 (1978) 355.

[67] D. Munz, T. Fett, Mechanisches Verhalten keramischer Werkstoffe, Werkstoff-Forschung und -Technik 8, Springer Verlag, Berlin (1989).

[68] C. Ziegler, Bewertung der Zuverlässigkeit keramischer Komponenten bei zeitlich veränderlichen Spannungen und bei Hochtemperaturbelastung, Forschritt-Berichte VDI, Reihe 18, Nr. 238, (1998).

[69] D. Rupp, S. M. Weygand, Loading rate dependence of the fracture toughness of polycrystalline tungsten, Journal of Nuclear Materials 417 (2011) 477-480.

[70] D. Rupp, S. M. Weygand, Anisotropic fracture behaviour and brittle-to-ductile transition of polycrystalline tungsten, Philosophical Magazine, Taylor & Francis, 90 (2010) 4055-4069.

[71] J.-H. You, I. Komarova, Probabilistic failure analysis of a water-cooled tungsten divertor: Impact of embrittlement, Journal of Nuclear Materials 375 (2008) 283-289.

[72] J. J. Fernandes, C. P. Da Silva, L. G. Rosa, C. S. Martins, Effects of surface roughness on the flexural strength of a hardmetal, Journal of Materials Science 29 (1994) 2008-2012.

[73] W. W. Basuki, J. Aktaa, Investigation on the diffusion bonding of tungsten and EUROFER97, Journal of Nuclear Materials 417 (2011) 524-527.

[74] A. von der Weth, H. Kempe, J. Aktaa, B. Dafferner, Optimization of the EUROFER uniaxial diffusion weld, Journal of Nuclear Materials 367-370 (2007) 1203-1207.

[75] T. Weber, J. Aktaa, Numerical Assessment of Functionally Graded Tungsten/Steel Joints for Divertor Applications, Fusion Engineering and Design 86 (2011) 220-226.

[76] H. Bolt, V. Barabash, W. Krauss, J. Linke, R. Neu, S. Suzuki, N. Yoshida and ASDEX Upgrade Team, Materials for the plasma-facing components of fusion reactors, Journal of Nuclear Materials 329-333 (2004) 66-73.

[77] T. Weber, Z. Zhou, D. Qu, J. Aktaa, Resistance sintering under ultra high pressure of tungsten/EUROFER97 composites, Journal of Nuclear Materials 414 (2011) 19-22.

[78] R. Kruessmann, P. Norajitra, Conceptual Design of a He-cooled Divertor with Integrated Flow and Heat Transfer Promoters (PPCS Subtask TW3-TRP-001-D2) Part II: Detailed Version, FZKA 6975, (2004).

[79] C. Wang, P. Brault, C. Zaepffel, J. Thiault, A. Pineau, T. Sauvage, Deposition and structure of W Cu multilayer coatings by magnetron sputtering, Journal of Physics D: Applied Physics 36 (2003) 2709-2713.

[80] R. Jedamzik, A. Neubrand, J. Rödel, Functionally graded materials by electrochemical processing and infiltration - application to tungsten copper composites, Journal of Materials Science 35 (2000) 477-486.

[81] E. Carton, M. Stuivinga, Explosive cladding for ITER components, Materials Science Forum 566 (2008) 149-154.

[82] James W. Sears, Direct Laser Powder Deposition - "State of the Art", Knolls Atomic Power Laboratory (1999).

[83] F. Petzoldt, M. Greul, H. Löffler, Direct metal laser sintering - Different applications/different material concepts, International Conference on Powder Metallurgy & Particulate Materials (1999).

[84] L. Thivillon, P. Bertrand, B. Laget, I. Smurov, Potential of direct metal deposition technology for manufacturing thick functionally graded coatings and parts for reactors components, Journal of Nuclear Materials 385 (2009) 236-241.

[85] J. M. Yellup, Laser cladding using the powder blowing technique, Surface and Coatings Technology 71 (1995) 121-128.

[86] Clifton W. Draper, John M. Poate, US Patent, No. 4 495 255 (1980).

[87] Fraunhofer Institut für Lasertechnik & Fraunhofer Institut für Produktionstechnologie, Abschlussbericht: Multifunktionale Gradientenwerkstoffe für den Werkzeugbau (2006).

[88] Y. Isshiki, J. Shi, H. Nakai, M. Hashimoto. Synthesis of Fe_2W by low pressure laser spraying, Surface and Coatings Technology 151-152 (2002) 325-328.

[89] C. Munez, M. Garrido, J. Rams, A. Urena, Experimental study of W-Eurofer laser brazing for divertor application, Journal of Nuclear Materials 418 (2011) 239-248.

[90] R. Malewar, K. S. Kumar, B. S. Murty, B. Sarma, S. K. Pabi, On sinterability of nanostructured W produced by high-energy ball milling, Journal Of Materials Research 22 (2007) 1200-1206.

[91] R. I. Cable, T. K. Gupta, Intermediate Stage Sintering, Sintering and Related Phenomena, New York, Gordon and Breach, (1967).

[92] F. A. da Costa, A. G. P. da Silva, U. U. Gomes, The influence of the dispersion technique on the characteristics of the W-Cu powders and on the sintering behavior, Powder Technology 134 (2003) 123-132.

[93] T. Ryu, K. S. Hwang, Y. J. Choi, H. Y. Sohn, The sintering behavior of nanosized tungsten powder prepared by a plasma process, International Journal of Refractory Metals and Hard Materials 27 (2009) 701-704.

[94] A. Ibrahim, M. Abdallah, S. Mostafa, A. A. Hegazy, An experimental investigation on the W-Cu composites, Materials & Design 30 (2009) 1398-1403.

[95] K. Inoue, US Patent, No. 3 241 956 (1966).

[96] K. Inoue, US Patent, No. 3 250 892 (1966).

[97] D. M. Hulbert, D. Jiang, U. Anselmi-Tamburini, C. Unuvar, A. K. Mukherjee, Continuous functionally graded boron carbide-aluminum nanocomposites by spark plasma sintering, Materials Science and Engineering: A 493 (2008) 251-255.

[98] Z.-J. Zhou, Y. Ma, J. Du, J. Linke, Fabrication and characterization of ultra-fine grained tungsten by resistance sintering under ultra-high pressure, Materials Science and Engineering: A 505 (2009) 131-135.

[99] K. Zhang, W. Shen, C. Ge, Properties of W/Cu FGMs containing 1%TiC or 1%La2O3 prepared using GSUHP, Acta Metallurgica Sinica (English Letters) 20 (2007) 59-64.

[100] R. Jedamzik, A. Neubrand, J. Rödel, Functionally graded materials by electrochemical processing and infiltration: application to tungsten/copper composites, Journal of Materials Science 35 (2000) 477-486.

[101] Z.-J. Zhou, S.-X. Song, J. Du, Z.-H. Zhong, C.-C. Ge, Performance of W/Cu FGM based plasma facing components under high heat load test, Journal of Nuclear Materials 363 (2007) 1309-1314.

[102] Y. Zhang, D. Li, X. Zhang, Gradient porosity and large pore size NiTi shape memory alloys, Scripta Materialia 57 (2007) 1020-1023.

[103] J. Rödel, R. Jedamzik, A. Neubrand, Characterisation of Electrochemically Processed Graded TungstenCopper Composites, Materials Science Forum 308-311 (1999) 782-787.

[104] J. Das, A. Chakraborty, T. Bagchi, B. Sarma, Improvement of machinability of tungsten by copper infiltration technique, International Journal of Refractory Metals and Hard Materials 26 (2008) 530-539.

[105] K. Zangeneh-Madar, M. Amirjan, N. Parvin, Improvement of physical properties of Cu-infiltrated W compacts via electroless nickel plating of primary tungsten powder, Surface and Coatings Technology 203 (2009) 2333-2336.

[106] W. Wang, K. Hwang, The Effect of Tungsten Particle Size on the Processing and Properties of Infiltrated W-Cu Compacts, Metallurgical And Materials Transactions A 29A (1998) 1509-1516.

[107] M. Mocker, G. Tegeder, G. Wolf, Werkstoff- und Schichtenentwicklung zum Korrosions- und Verschleißschuzt, Cluster Chemie - Symposium Intelligente Oberflächen (2008).

[108] H. Greuner, H. Bolt, B. Böswirth, S. Lindig, W. Kühnlein, T. Huber, K. Sato, S. Suzuki, Vacuum plasma-sprayed tungsten on EUROFER and 316L: Results of characterisation and thermal loading tests, Fusion Engineering and Design 75-79 (2005) 333-338.

[109] K. E. Schneider, V. Belashchenko, M. Dratwinski, S. Siegmann, A. Zagorski, Thermal Spraying for Power Generation Components, WILEY-VCH (2006).

[110] M. Jarratt, http://www.pvd-coatings.co.uk/theory/why-do-pvd-coatings-improve-performance/ (2012).

[111] K. Alameh, A. Grishin, Magneto-Opto Photonic Crystal Multiplayer Structure Having Enhanced Faraday Rotation With Visible Light, Patent No. 20090219602, (2009).

[112] H. Weis, Untersuchung gasochrom schaltender Wolframoxide, RWTH Aachen, (2002).

[113] V. Bekker, Entwicklung neuartiger thermisch stabiler weichmagnetischer Fe-Co-Al-N und Fe-Co-Ta-N Dünnschichtmaterialien für Hochfrequenzanwendungen, FZKA 7169, (2005).

[114] C. Bauer, Superharte, unterschiedlich gradierte PVD-Kohlenstoffschichten mit und ohne Zusätze von Titan und Silizium, FZKA 6740, (2003).

[115] J. A. Thornton, The microstructure of sputterdeposited coatings, Journal of Vacuum Science Technology A: Vacuum, Surfaces, and Films 4 (1986) 3059-3065.

[116] H. Maier, J. Luthin, M. Balden, J. Linke, F. Koch, H. Bolt, Properties of tungsten coatings deposited onto fine grain graphite by different methods, Surface and Coatings Technology 142-144 (2001) 733-737.

[117] P. Plantin, A.-L. Thomann, P. Brault, P.-O. Renault, S. Laaroussi, P. Goudeau, B. Boubeker, T. Sauvage, Oscillating composition of Fe-W alloy thin films grown by magnetron co-sputtering, Surface and Coatings Technology 201 (2007) 7115-7121.

[118] C. Ruset, E. Grigore, H. Maier, R. Neu, X. Li, H. Dong, R. Mitteau, X. Courtois, Tungsten coatings deposited on CFC tiles by the combined magnetron sputtering and ion implantation technique, Physica Scripta T128 (2007) 171-174.

[119] N. Tsyntsaru, J. Bobanova, X. Ye, H. Cesiulis, A. Dikusar, I. Prosycevas, J.-P. Celis, Iron-tungsten alloys electrodeposited under direct current from citrate-ammonia plating baths, Surface and Coatings Technology 203 (2009) 3136-3141.

[120] M.-C. Chou, C.-F. Chu, S.-T. Wu, Phase transformations of electroplated amorphous iron-tungsten-carbon films, Materials Chemistry and Physics 78 (2003) 59-66.

[121] L. Philippe, C. Heiss, J. Michler, Electroplating of Stainless Steel, Chemistry of Materials 20 (2008) 3377-3384.

[122] Y. Nishi, Y. Mogi, K. Oguri, T. Watanabe, Preparation of Fe-W amorphous films by an electroplating method, Journal Of Materials Science Letters 14 (1995) 1-3.

[123] M. Donten, H. Cesiulis, Z. Stojek, Electrodeposition and properties of NiW, FeW and FeNiW amorphous alloys. A comparative study, Electrochimica Acta 45 (2000) 3389-3396.

[124] C. Tharamani, P. Beera, V. Jayaram, N. S. Begum, S. Mayanna, Studies on electrodeposition of Fe-W alloys for fuel cell applications, Applied Surface Science 253 (2006) 2031-2037.

[125] F. Wang, T. Watanabe, Preparation and characterization of the electrodeposited Fe-Cr alloy film, Materials Science and Engineering A 349 (2003) 183-190.

[126] S. Put, J. Vleugels, O. V. D. Biest, Gradient profile prediction in functionally graded materials processed by electrophoretic deposition, Acta Materialia 51 (2003) 6303-6317.

[127] S. Put, J. Vleugels, O. V. der Biest, Functionally graded WC-Co materials produced by electrophoretic deposition, Scripta Materialia 45 (2001) 1139-1145.

[128] R. Prümmer, Explosivverdichtung pulvriger Substanzen: Grundlagen, Verfahren, Ergebnisse, Springer-Verlag (1987).

[129] M. A. Meyers, Dynamic Behavior of Materials, Wiley Interscience Publications, USA, (1994).

[130] K. Hokamoto, P. Manikandan, A. Mori, Some Trials on Underwater Explosive Welding of Thin W Plate onto Copper Substrate, Materials Science Forum 638 - 642 (2010) 1041-1046.

[131] P. Manikandan, J. Lee, K. Mizumachi, A. Mori, K. Raghukandan, K. Hokamoto, Underwater explosive welding of thin tungsten foils and copper, Journal of Nuclear Materials 418 (2011) 281-285.

[132] M. Zohoor, A. Mehdipoor, Explosive compaction of tungsten powder using a converging underwater shock wave, Journal of Materials Processing Technology 209 (2009) 4201-4206.

[133] H. S. Yadav, B. T. Patil, G. Haldar, Study of explosive and shock parameters for Compaction of Powders, Propellants, Explosives, Pyrotechnics 15 (1990) 194-200.

[134] M. Kompatscher, EQUOTIP - Rückprallhärteprüfung nach D. Leeb, DGM-Symposium Werkstoffprüfung (2004).

[135] W. Oliver, G. Pharr, An improved technique for determining hardness and elastic modulus using load and displacement sensing indentation experiments, Journal of Materials Research 7 (1992) 1564-1583.

[136] W. Oliver, G. Pharr, Measurement of hardness and elastic modulus by instrumented indentation: Advances in understanding and refinements to methodology, Materials Research Society 19 (2003) 3-20.

[137] D. Kiener, R. Pippan, C. Motz, H. Kreuzer, Microstructural evolution of the deformed volume beneath microindents in tungsten and copper, Acta Materialia 54 (2006) 2801-2811.

[138] K. Durst, M. Göken, Nanoindentierung - Eine Sonde für die lokalen mechanischen Eigenschaften, Sonderbande der Praktischen Metallographie 36 (2004) 319-328.

[139] A. Iost, R. Bigot, Indentation size effect: reality or artefact?, Journal of Materials Science 31 (1996) 3573-3577.

[140] Karlsruher Institut für Technologie, Institut für Angewandte Materialien, Werkstoff- und Biomechanik, Dynamische Werkstoffprüfung, http://www.iam.kit.edu/wbm/642.php (2012).

[141] C. Eberl, Digital Image Correlation and Tracking, (2012), http://www.mathworks.com/matlabcentral/fileexchange/12413

[142] A. -A. F. Tavassoli, A. Alamo, L. Bedel, L. Forest, J. -M. Gentzbittel, J. -W. Rensman, E. Diegele, R. Lindau, M. Schirra, R. Schmitt et al., Materials design data for reduced activation martensitic steel type EUROFER, Journal of Nuclear Materials 329-333 (2004) 257-262.

[143] M. Stüber, Karlsruhe Institute of Technology - Institute for Applied Materials, Karlsruhe, Germany, Private communication, (2011).

[144] S. M. Rossnagel, I. C. Noyan, C. Cabral, Phase transformation of thin sputter-deposited tungsten films at room temperature, Journal of Vacuum Science Technology B: Microelectronics and Nanometer Structures 20 (2002) 2047-2051.

[145] M. Winter, http://www.webelements.com (2012).

[146] P. Gustafson, An experimental study and a thermodynamic evaluation of the cr- fe- w system, Metallurgical and Materials Transactions A 19 (1988) 2531-2546.

[147] S.V.N. Haidu , A.M. Sriramamurthy , P.R. Rao, The iron-tungsten system, J. Alloy Phase Diagrams 2 (1986) 176–188.

[148] J. R. Trelewicz, C. A. Schuh, The Hall-Petch breakdown in nanocrystalline metals: A crossover to glass-like deformation, Acta Materialia 55 (2007) 5948-5958.

[149] G. Abadias, S. Dub, R. Shmegera, Nanoindentation hardness and structure of ion beam sputtered TiN, W and TiN/W multilayer hard coatings, Surface and Coatings Technology 200 (2006) 6538-6543.

[150] Y. X. Yao, Y. Zhu, Molecular Dynamics Simulation for Nanohardness Experiments Based on Single Crystal Silicon Substrate, Key Engineering Materials 259 - 260 (2004) 180-185.

[151] C. Paturaud, G. Farges, M. S. Catherine, J. Machet, Influence of sputtering gases on the properties of magnetron sputtered tungsten films, Surface and Coatings Technology 86-87 (1996) 388-393.

[152] H. Sun, Z. Song, D. Guo, F. Ma, K. Xu, Microstructure and Mechanical Properties of Nanocrystalline Tungsten Thin Films, J. Mater. Sci. Technol. 26 (2010) 87-92.

[153] M. Wen, Q. Meng, W. Yu, W. Zheng, S. Mao, M. Hua, Growth, stress and hardness of reactively sputtered tungsten nitride thin films, Surface and Coatings Technology 205 (2010) 1953-1961.

[154] P. Hones, R. Consiglio, N. Randall, F. Lévy, Mechanical properties of hard chromium tungsten nitride coatings, Surface and Coatings Technology 125 (2000) 179-184.

[155] T. H. de Keijser, J. I. Langford, E. J. Mittemeijer, A. B. P. Vogels, Use of the Voigt function in a single-line method for the analysis of X-ray diffraction line broadening, Journal of Applied Crystallography 15 (1982) 308-314.

[156] J. I. Langford, A rapid method for analysing the breadths of diffraction and spectral lines using the Voigt function, Journal of Applied Crystallography 11 (1978) 10-14.

[157] P. Villars, L. D. Calvert, W. B. Pearson, Pearson's handbook of crystallographic data for intermetallic phases, American Society for Metals (1985).

[158] I. Djerdj, A. Tonejc, A. Tonejc, N. Radic, XRD line profile analysis of tungsten thin films, Vacuum 80 (2005) 151-158.

[159] R. Vaßen, 2012, Forschungszentrum Jülich - Institute for Energy and Climate Research, Jülich, Germany, Private communication.

[160] C. Adelhelm, Karlsruhe Institute of Technology - Institute for Applied Materials, Karlsruhe, Germany, Private communication, (2011).

[161] Y. Isshiki, K. Mizumoto, M. Hashimoto, Synthesis of iron-tungsten alloy on mild steel by laser surface alloying, Thin Solid Films 317 (1998) 468-470.

[162] R. Vaßen, Entwicklung neuer oxidischer Wärmedämmschichten für Anwendungen in stationären und Flug-Gasturbinen, Forschungszentrum Jülich (2004).

[163] Z.-J. Zhou, Y. Kwon, Fabrication of W-Cu composite by resistance sintering under ultra-high pressure, Journal of Materials Processing Technology 168 (2005) 107-111.

[164] Y. H. Ling, J. T. Li, Z.-J. Zhou, C. C. Ge, J. Univ. Sci. Technol. Beijing 8 (2001) 198-202.

[165] Z. Zhou, University of Science and Technology Beijing - Labority of Special Ceramics and P/M, Peking, China, Private communication, (2009).

[166] F. Marquis, A. Mahajan, A. Mamalis, Shock synthesis and densification of tungsten based heavy alloys, Journal of Materials Processing Technology 161 (2005) 113-120.

[167] P. Norajitra, R. Giniyatulin, T. Hirai, W. Krauss, V. Kuznetsov, I. Mazul, I. Ovchinnikov, J. Reiser, G. Ritz, H.-J. Ritzhaupt-Kleissl, V. Widak, Current status of He-cooled divertor development for DEMO, Fusion Engineering and Design 84 (2009) 1429-1433.

[168] J. Reiser, Karlsruhe Institute of Technology - Institute for Applied Materials, Germany, Private Communication, (2011).

[169] W. W. Basuki, Karlsruhe Institute of Technology - Institute for Applied Materials, Karlsruhe, Germany, Private communication, (2012).

[170] Plansee AG, Broschüre: Tantal / Niob, www.plansee.com (2012).

[171] ASM International, ASM Ready Reference: Thermal Properties of Metals (Materials Data Series), (2002).

[172] W. Basuki, J. Aktaa, Investigation of tungsten/EUROFER97 diffusion bonding using Nb interlayer, Fusion Engineering and Design 86 (2011) 2585-2588.

[173] I. T. Northdrop, The joining of tungsten carbide hardmetal to steel, J. S. Afr. Inst. Min. Metall. 87 (1987) 125-135.

[174] Jack Willingham, Filler Metals and Fluxes for brazing Tungsten Carbide, Johnson Matthey Metal Joining (2012), www.jm-metaljoining.com.

[175] G. Butterworth, Objectives and prospects for low-activation materials, Journal of Nuclear Materials 179-181 (1991) 135-142.

[176] G. Butterworth, L. Giancarli, Some radiological limitations on the compositions of low-activation materials for power reactors, Journal of Nuclear Materials 155-157 (1988) 575-580.

[177] N. Chawla, Y.-L. Shen, Mechanical Behavior of Particle Reinforced Metal Matrix Composites, Advanced Engineering Materials 3 (2001) 357-370.

[178] M. Bartholomeusz, J. Wert, Modeling the minimum creep rate of discontinuous lamellar- reinforced composites, Metallurgical and Materials Transactions A 26 (1995) 3257-3264.

[179] L. Davis, J. Allison, Micromechanics effects in creep of metal-matrix composites, Metallurgical and Materials Transactions A 26 (1995) 3081-3089.

[180] AFCEN, Design and Construction Rules for mechanical components of nuclear installations applicable to high temperature structures and to the ITER vacuum vessel, (2002).

[181] ITER Structural Design Criteria for In-Vessel Components (SDC-IC), G 74 MA 8 01-05-28 W 0.2.

[182] P. Norajitra, A. Gervash, R. Giniyatulin, T. Ihli, W. Krauss, R. Kruessmann, V. Kuznetsov, A. Makhankov, I. Mazul, I. Ovchinnikov, He-cooled divertor for DEMO: Experimental verification of the conceptual modular design, Fusion Engineering and Design 81 (2006) 341-346.

[183] C. Mattheck, I. Tesari, Wir haben verglichen – Die Methode der Zugdreiecke im Vergleich mit anderen Kerbformen, Konstruktionspraxis 5 (2008).

[184] A. Mehrling, Entwicklung eines Flachzugproben-Designs für spröde metallische Werkstoffe, Bachelorarbeit, Karlsruher Institut für Technologie, Institut für Angewandte Materialien Werkstoff- und Biomechanik, (2011).

[185] H. Riesch-Oppermann, M. Härtelt, O. Kraft, STAU - A review of the Karlsruhe weakest link finite element postprocessor with extensive capabilities, Int J Mat Res 99 (2008) 1055-1065.

[186] J. W. Davis, Iter Material Properties Handbook, ITER Document No. S 74 RE 1 (1997).

[187] L. F. Coffin, A study of the effects of cyclic thermal stresses on a ductile metal, Trans. Amer. Soc. Mech. Eng. 76 (1954) 931-950.

[188] O. H. Basquin, The exponential law of endurance tests, Proc. Amer. Soc. Testing Mater. 10, (1910) 625-630.

Schriftenreihe des Instituts für Angewandte Materialien

ISSN 2192-9963

Die Bände sind unter www.ksp.kit.edu als PDF frei verfügbar oder als Druckausgabe bestellbar.

Band 1 Prachai Norajitra
Divertor Development for a Future Fusion Power Plant. 2011
ISBN 978-3-86644-738-7

Band 2 Jürgen Prokop
Entwicklung von Spritzgießsonderverfahren zur Herstellung von Mikrobauteilen durch galvanische Replikation. 2011
ISBN 978-3-86644-755-4

Band 3 Theo Fett
New contributions to R-curves and bridging stresses – Applications of weight functions. 2012
ISBN 978-3-86644-836-0

Band 4 Jérôme Acker
Einfluss des Alkali/Niob-Verhältnisses und der Kupferdotierung auf das Sinterverhalten, die Strukturbildung und die Mikrostruktur von bleifreier Piezokeramik $(K_{0,5}Na_{0,5})NbO_3$. 2012
ISBN 978-3-86644-867-4

Band 5 Holger Schwaab
Nichtlineare Modellierung von Ferroelektrika unter Berücksichtigung der elektrischen Leitfähigkeit. 2012
ISBN 978-3-86644-869-8

Band 6 Christian Dethloff
Modeling of Helium Bubble Nucleation and Growth in Neutron Irradiated RAFM Steels. 2012
ISBN 978-3-86644-901-5

Band 7 Jens Reiser
Duktilisierung von Wolfram. Synthese, Analyse und Charakterisierung von Wolframlaminaten aus Wolframfolie. 2012
ISBN 978-3-86644-902-2

Band 8 Andreas Sedlmayr
Experimental Investigations of Deformation Pathways in Nanowires. 2012
ISBN 978-3-86644-905-3

Band 9 Matthias Friedrich Funk
Microstructural stability of nanostructured fcc metals during cyclic deformation and fatigue. 2012
ISBN 978-3-86644-918-3

Band 10 Maximilian Schwenk
Entwicklung und Validierung eines numerischen Simulationsmodells zur Beschreibung der induktiven Ein- und Zweifrequenzrandschichthärtung am Beispiel von vergütetem 42CrMo4. 2012
ISBN 978-3-86644-929-9

Band 11 Matthias Merzkirch
Verformungs- und Schädigungsverhalten der verbundstranggepressten, federstahldrahtverstärkten Aluminiumlegierung EN AW-6082. 2012
ISBN 978-3-86644-933-6

Band 12 Thilo Hammers
Wärmebehandlung und Recken von verbundstranggepressten Luftfahrtprofilen. 2013
ISBN 978-3-86644-947-3

Band 13 Jochen Lohmiller
Investigation of deformation mechanisms in nanocrystalline metals and alloys by in situ synchrotron X-ray diffraction. 2013
ISBN 978-3-86644-962-6

Band 14 Simone Schreijäg
Microstructure and Mechanical Behavior of Deep Drawing DC04 Steel at Different Length Scales. 2013
ISBN 978-3-86644-967-1

Band 15 Zhiming Chen
Modelling the plastic deformation of iron. 2013
ISBN 978-3-86644-968-8

Band 16 Fatih A. Çetinel
Oberflächendefektausheilung und Festigkeitssteigerung von niederdruckspritzgegossenen Mikrobiegebalken aus Zirkoniumdioxid. 2013
ISBN 978-3-86644-976-3

Band 17 Thomas Weber
Entwicklung und Optimierung von gradierten Wolfram/ EUROFER97-Verbindungen für Divertorkomponenten. 2013
ISBN 978-3-86644-993-0